国家出版基金项目
NATIONAL PUBLICATION FOUNDATION

"十二五""十三五"国家重点图书出版规划项目

风力发电工程技术丛书

风电场环境影响评价

陆忠民 编著

U0238681

中国水利水电出版社
www.waterpub.com.cn
·北京·

内 容 提 要

本书是《风力发电工程技术丛书》之一，以环境影响评价的基本理论和方法为基础，结合风电场工程的环境影响特性，系统阐述了不同类型风电场工程环境影响评价的内容、技术方法和工作要点，并重点介绍实际工程应用实例，以加深读者对风电场工程环境影响评价的理解和掌握。

本书可作为广大环境科学与工程、海洋工程、电力工程等领域的科研、环评、设计、监测、运行等技术和管理人员从事风电场环境影响评价或环境管理的技术参考书，也可供高等院校相关专业师生参阅。

图书在版编目（ＣＩＰ）数据

风电场环境影响评价 / 陆忠民编著. -- 北京 ： 中
国水利水电出版社，2016.10
　（风力发电工程技术丛书）
ISBN 978-7-5170-4851-0

Ⅰ．①风… Ⅱ．①陆… Ⅲ．①风力发电－发电厂－环
境影响－环境质量评价 Ⅳ．①X820.3

中国版本图书馆CIP数据核字(2016)第263097号

书　　名	风力发电工程技术丛书 **风电场环境影响评价** FENGDIANCHANG HUANJING YINGXIANG PINGJIA
作　　者	陆忠民 编著
出版发行	中国水利水电出版社 （北京市海淀区玉渊潭南路1号D座　100038） 网址：www.waterpub.com.cn E-mail：sales@waterpub.com.cn 电话：(010) 68367658（营销中心）
经　　售	北京科水图书销售中心（零售） 电话：(010) 88383994、63202643、68545874 全国各地新华书店和相关出版物销售网点
排　　版	中国水利水电出版社微机排版中心
印　　刷	北京纪元彩艺印刷有限公司
规　　格	184mm×260mm　16开本　19.25印张　456千字
版　　次	2016年10月第1版　2016年10月第1次印刷
印　　数	0001—3000 册
定　　价	**75.00元**

《风力发电工程技术丛书》

编 委 会

主要参编单位 （排名不分先后）

河海大学
中国长江三峡集团公司
中国水利水电出版社
水资源高效利用与工程安全国家工程研究中心
华北电力大学
水电水利规划设计总院
水利部水利水电规划设计总院
中国能源建设集团有限公司
上海勘测设计研究院有限公司
中国电建集团华东勘测设计研究院有限公司
中国电建集团西北勘测设计研究院有限公司
中国电建集团中南勘测设计研究院有限公司
中国电建集团北京勘测设计研究院有限公司
中国电建集团昆明勘测设计研究院有限公司
长江勘测规划设计研究院
中水珠江规划勘测设计有限公司
内蒙古电力勘测设计院
新疆金风科技股份有限公司
华锐风电科技股份有限公司
中国水利水电第七工程局有限公司
中国能源建设集团广东省电力设计研究院有限公司
中国能源建设集团安徽省电力设计院有限公司
同济大学
华南理工大学
中国三峡新能源有限公司

丛 书 总 策 划 李　莉

编 委 会 办 公 室

主　　　　任　胡昌支　陈东明
副　主　　任　王春学　李　莉
成　　　员　殷海军　丁　琪　高丽霄　王　梅　邹　昱
　　　　　　张秀娟　汤何美子　王　惠

本 书 编 委 会

主　　编　陆忠民

副 主 编　施　蓓　　薛联芳　　丁明明

参编人员　丁　玲　　俞士敏　　徐凌云　　冉光兴　　方　宁

　　　　　郑磊夫　　戴向荣　　蒋欣慰　　牛天祥　　胡　伟

　　　　　季　遥　　张德见　　屠佳钰　　曹建勇　　舒锦琼

　　　　　李羚君

前　言

　　环境影响评价是一门综合性学科，也是一项环境管理制度，旨在通过对人类社会中各类规划和建设项目实施可能造成的环境影响进行分析、预测和评估，并提出可行的减缓措施和跟踪监测计划，科学地引导人类活动，尽可能减小人类活动对环境造成的不良影响。自 1979 年我国颁布《中华人民共和国环境保护法（试行）》把环境影响评价作为法律制度确立，到 2003 年《中华人民共和国环境影响评价法》正式颁布实施以来，环境影响评价在协调我国经济发展与环境保护方面发挥了巨大作用。

　　在当前全球煤炭、石油、天然气等能源资源日益匮乏，温室气体排放威胁人类生存环境的严峻形势下，风能作为一种可以不断再生、永续利用的能源资源，越来越受到世界各国的重视，风力发电已成为目前新能源领域中最具规模开发条件和商业化发展前景的发电方式之一。我国可开发风能资源较为丰富，近年来风电产业取得了高速发展，风电场开发从平原、丘陵地区走向山区，从陆地走向海洋，但风电场建设运行给自然环境和生态带来的影响也不容忽视。为了适应风电产业的快速发展，有效协调好与环境保护之间的相互关系，对风电场工程开展全面深入的环境影响评价工作是十分必要的。

　　编者根据我国风电场工程环境影响评价发展的实际需要，按照国家相关法律法规、标准，并结合最新学科研究成果、风电场工程环境影响评价工作的实践经验，完成了本书的编撰。

　　本书共分 10 章，第 1 章、第 2 章介绍了风电场工程的概念、分类和发展趋势，风电场工程环境影响评价的主要内容、工作程序、相关法规政策和标准、评价等级和范围以及评价重点；第 3 章介绍了风电场工程特征分析的原则、内容和方法，阐述了陆上和海上风电场工程各自的工程特性和环境影响特征；第 4 章详细介绍了陆上、海上风电场工程环境现状调查的原则、范围、内容、方法和现状评价的具体内容和方法；第 5 章系统阐述了陆上风电场工程主要环境影响要素噪声、电磁辐射、生态、鸟类及其生境的环境影响预测评价内容和方法，以及水、大气、视觉、光影、社会、风险等其他环境影响评价内容；第 6 章系统阐述了海洋水文、海洋地形地貌与冲淤环境、海水水质、海洋沉积物、海洋生态、水下噪声、鸟类、电磁环境、环境风险的环境影响预测内容和方法；第 7 章～第 10 章为案例部分，分别选择了有代表性的近海风电场、潮间带风电场和山地型陆上风电场，详细介绍了环境影响评价文件的编制内容和方法，第 9 章针对目前海上风电场工程较为关注的水下噪声影响，介绍了水下噪声对海洋生物影响的探索性研究成果。

本书由我国从事风电场环境影响评价工作的主要企事业单位和科研院所合作编写，汇聚了团队多年在风电场环境影响评价领域的实践经验和科研成果。本书力求通俗易懂、简明实用，便于读者学习领会。

限于认知水平和视野，书中难免有不足之处，恳请读者批评指正。

编者

2016 年 5 月

目　录

第1章 概　　述

1.1 风电场及其分类

1.1.1 风电场

在全球气候变暖的背景下，以低能耗、低污染为基础的低碳经济已成为全球的热点。发展低碳经济是应对气候变化、实现社会可持续发展的重要手段。

风能利用在增加能源供应、改善能源结构、保障能源安全、减少温室气体、保护生产环境、构建和谐社会等方面可以起到重要的作用。经过努力，风能将与其他新能源和可再生能源一起成为发展低碳经济的重要途径，为实施"科学、绿色、低碳能源战略"做出贡献。

我国的风能资源十分丰富。根据全国第二次风能资源普查结果，全国陆地风能离地面10m 高度的经济可开发量达 2.53 亿 kW（贺德馨，2011），近海资源估计是陆上资源的 3 倍，10m 高度的经济可开发量约 7.5 亿 kW，全国陆地、海上风能离地面10m 高度的经济可开发量总共约 10 亿 kW。在世界 5 个风能大国中，我国风能资源与美国接近，远远高于印度、德国和西班牙。在全球资源危机日趋严重的背景下，在我国风能资源丰富的优势条件下，近年来风力发电在我国已经成为继水电之后最重要的可再生能源，陆上风电场建设得到快速发展，海上风电开发不断推进。

风电场是使风能成为补充能源和发挥规模效益的主要方式。目前国内风电场主要分布在三北地区和东南部沿海地区，三北地区以内以内蒙古和东北三省等分布较为密集。

1.1.2 风电场分类

风电场按区域总体上分为陆上风电场和海上风电场两种。陆上风电场中包括沿海滩涂风电场，海上风电场按水深又可分为潮间带风电场、近海风电场和深海风电场。

（1）陆上风电场。陆上风电场指在陆地和沿海多年平均大潮高潮线以上的潮上滩涂地区开发建设的风电场，包括有固定居民的海岛上开发建设的风电场。

（2）潮间带风电场。潮间带风电场指在沿海多年平均大潮高潮线以下至理论最低潮位以上 5m 水深内的泥砂质沉积地带区域开发建设的风电场，包括在相应海域内无固定居民的海岛和海礁上开发建设的风电场。

（3）近海风电场。近海风电场指在理论最低潮位以下 5~50m 水深的海域开发建设的风电场，包括在相应海域内无固定居民的海岛和海礁上开发建设的风电场。

（4）深海风电场。深海风电场指在理论最低潮位以下大于 50m 水深的海域开发建设的风电场，包括在相应海域内无固定居民的海岛和海礁上开发建设的风电场。

1.2　风电场建设概况及发展趋势

1.2.1　2014 年全球风电发展综述

根据全球风能理事会（Global Wind Energy Council）发布的 2014 年全球风电装机统计数据《Global Wind Statistics 2014》，2014 年全球风电装机继 2013 年出现小小低谷后回暖发展回到正轨，2014 年全球风电新增装机容量达到 51477MW，年新增装机市场增长 44%（图 1-1），全球装机首次超越 50GW，这一增长表明全球风电从近两年来的缓速增长中全面恢复。

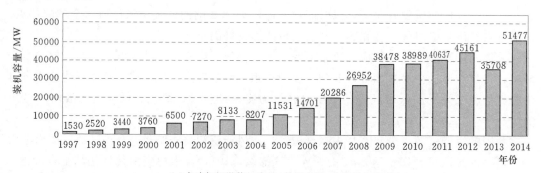

（a）全球年新增装机容量（数据来源：全球风能理事会）

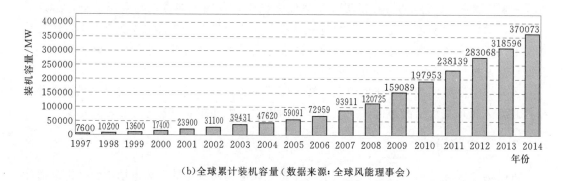

（b）全球累计装机容量（数据来源：全球风能理事会）

图 1-1　全球风电年度装机容量（1997—2014 年）

从 2014 年全球风电装机容量区域分布（表 1-1 和图 1-2）来看，亚洲成为全球装机容量最多的区域，年新增装机容量 26161MW。中国继续驱动全球风电增长，2014 年新增装机容量达到 23351MW，同比增长 45%。2014 年印度年新增装机容量达到 2315MW，位列亚洲第二，印度也将迎来风电发展的新一轮高潮。

欧洲风电装机 2014 年实现了小幅增长，新增装机容量达到 12819MW，比 2012 年的历史最高装机纪录稍低。德国以 5279MW 新增装机容量超越了之前的装机纪录，稳居欧洲首位。英国表现不俗，以 1736MW 装机容量位居欧洲第二。瑞典装机容量首次超过 1000MW，达到 1050MW。法国位列欧洲第四位，装机容量超过 1000MW，达到 1042MW。

表 1－1　2014 年全球风电装机区域分布　　　　　　　单位：MW

区域	全球风电装机			
	国家和地区	2013 年年底	2014 年新装	2014 年累计
非洲和中东	摩洛哥	487	300	787
	南非	10	560	570
	埃及	550	60	610
	突尼斯	255	—	255
	埃塞俄比亚	171	—	171
	佛得角	24	—	24
	其他	115	14	129
	总计	1612	934	2546
亚洲	中国	91412	23351	114763
	印度	20150	2315	22465
	日本	2669	130	2799
	中国台湾地区	614	18	632
	韩国	561	47	608
	泰国	223	—	223
	巴基斯坦	106	150	256
	菲律宾	66	150	216
	其他	167	—	167
	总计	115968	26161	142129
欧洲	德国	34250	5279	39529
	西班牙	22959	28	22987
	英国	10711	1736	12447
	法国	8243	1042	9285
	意大利	8558	108	8666
	瑞典	4382	1050	5432
	葡萄牙	4730	184	4914
	丹麦	4807	67	4874
	波兰	3390	444	3834
	土耳其	2958	804	3762
	罗马尼亚	2600	354	2954
	荷兰	2671	141	2812
	爱尔兰	2049	222	2271
	奥地利	1684	411	2095
	希腊	1866	114	1980
	其他	5715	835	6550
	欧洲总和	121573	12819	134392
	欧盟 28 国	117384	11791	129175

续表

区域	全球风电装机			
	国家和地区	2013 年年底	2014 年新装	2014 年累计
南美洲和加勒比地区	巴西	3466	2472	5938
	智利	331	506	837
	乌拉圭	59	405	464
	阿根廷	218	53	271
	哥斯达黎加	148	50	198
	尼加拉瓜	146	40	186
	洪都拉斯	102	50	152
	秘鲁	2	146	148
	加勒比地区	250	—	250
	其他	55	28	83
	总计	4777	3750	8527
北美洲	美国	61110	4854	65964
	加拿大	7823	1871	9694
	墨西哥	1859	522	2381
	总计	70792	7247	78039
大洋洲	澳大利亚	3239	567	3806
	新西兰	623	—	623
	太平洋群岛	12	—	12
	总计	3874	567	4441
全球	总计	318596	51477	370073

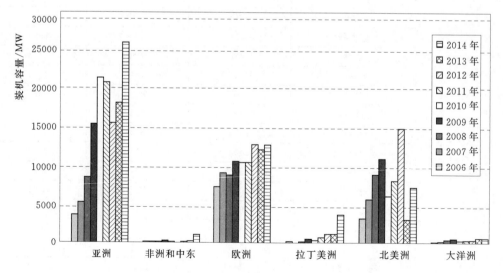

图 1-2　全球区域年新增装机容量（2006—2014 年）

非洲最大的风电场摩洛哥 Tarfaya 风电场（300MW）上网并投入运营，南非风电起步稳健，2014 年实现了 560MW 的新增装机容量，使得非洲总装机容量达到 934MW。

巴西以 2472MW 新增装机容量继续引领拉丁美洲。拉丁美洲总装机容量 3749MW。其中智利 506MW，乌拉圭 405MW。美国风电在 2013 年的低谷后开始回暖，年新增装机容量达到 4854MW。加拿大 1871MW 的装机容量创历史纪录。

澳大利亚由于过去一年政府政策的变化对可再生能源影响巨大，2014 年新增装机容量 567MW。

从装机容量各国排名来看，2014 年全球风电新增装机容量排名前 10 位的分别是中国、德国、美国、巴西、印度、加拿大、英国、瑞典、法国、土耳其等国家和地区，新增装机容量分别为 23351MW、5279MW、4854MW、2472MW、2315MW、1871MW、1736MW、1050MW、1042MW、804MW，占全球风电新增装机容量的市场份额分别为 45.2%、10.2%、9.4%、4.8%、4.5%、3.6%、3.4%、2%、2%、1.6%，见图 1-3。

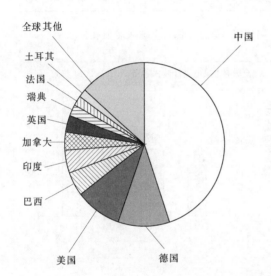

国家	新增装机容量/MW	百分比/%
中国	23351	45.2
德国	5279	10.2
美国	4854	9.4
巴西	2472	4.8
印度	2315	4.5
加拿大	1871	3.6
英国	1736	3.4
瑞典	1050	2
法国	1042	2
土耳其	804	1.6
全球其他	6702	13.3
前 10 名总计	44774	86.7
全球总和	51476	100

图 1-3　2014 年全球新增装机容量前 10 名国家（数据来源：全球风能理事会）

从累计装机容量看，2014 年中国、美国、德国、西班牙、印度、英国、加拿大、法国、意大利、巴西等国家和地区的累计装机容量位居全球前 10 位，2014 年累计装机容量分别为 114763MW、65964MW、39529MW、22987MW、22465MW、12447MW、9694MW、9285MW、8666MW、5938MW，占全球风电累计装机容量的市场份额依次为 31.1%、17.8%、10.6%、6.2%、6.1%、3.4%、2.6%、2.5%、2.3%、1.6%，见图1-4。

从海上风电装机容量看，2014 年全球海上风电累计装机容量高达 8771MW，同比增长 24.5%；新增装机容量为 1725MW。其中，英国、丹麦、德国、比利时、中国、荷兰、瑞典、日本、芬兰、爱尔兰等国家海上风电累计装机容量位居全球前列，累计装机容量见图 1-5。从海上风电新增装机容量看，英国、德国、中国、比利时等国家位居世界前列，2014 年上述国家海上风电新增装机容量分别为 813.4MW、529MW、241MW、141MW。

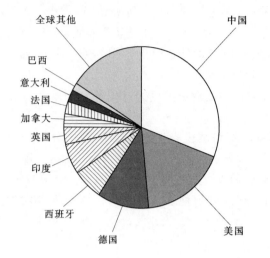

国家	累计装机容量/MW	百分比/%
中国	114763	31.1
美国	65879	17.8
德国	39165	10.6
西班牙	22987	6.2
印度	22465	6.1
英国	12440	3.4
加拿大	9694	2.6
法国	9285	2.5
意大利	8663	2.3
巴西	5939	1.6
全球其他	58275	15.8
前 10 名总计	311280	84.2
全球总和	369555	100

图 1-4　2014 年全球累计装机容量前 10 名国家（数据来源：全球风能理事会）

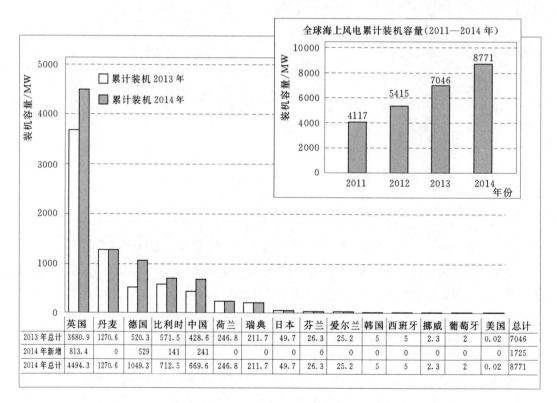

	英国	丹麦	德国	比利时	中国	荷兰	瑞典	日本	芬兰	爱尔兰	韩国	西班牙	挪威	葡萄牙	美国	总计
2013 年总计	3680.9	1270.6	520.3	571.5	428.6	246.8	211.7	49.7	26.3	25.2	5	5	2.3	2	0.02	7046
2014 年新增	813.4	0	529	141	241	0	0	0	0	0	0	0	0	0	0	1725
2014 年总计	4494.3	1270.6	1049.3	712.5	669.6	246.8	211.7	49.7	26.3	25.2	5	5	2.3	2	0.02	8771

图 1-5　2014 年全球海上风电装机容量（数据来源：全球风能理事会）

1.2.2　陆上风电场建设概况及发展趋势

根据陆上风能资源的分布，陆上风电场主要建于风能资源丰富的草原或戈壁区域、沿海地区以及内陆拥有较丰富风能资源的山地、丘陵和湖泊等特殊地形区域。由于受地形地貌影响，陆地风电场风资源通常不如海上风电场，在风速和空气密度方面都要低一些；且受交通运输条件限制，陆地风电场风力发电机组机型一般不宜太大，单机装机容量目前主要集中在 1.5～3MW。自 20 世纪七八十年代以来，风力发电技术日新月异，陆上风电开发已从小规模陆上风电场发展到目前的千万千瓦级风电基地，且在今后一段时期内，陆上风电场建设仍在风电开发中占主导地位。

1.2.2.1 国外陆上风电场发展现状

1. 亚洲

在亚洲，利用风能资源最好的国家是中国。2014 年，中国风电继续驱动全球增长，新增陆上装机容量 23110MW，约占世界陆上风电新增总装机容量的 46.5%，累计陆上装机容量 105992MW，居世界首位。由于中国的强劲表现，亚洲也成为全球装机最多的区域，2014 年新增陆上装机容量 25920MW。印度是亚洲风电发展的第二大国。过去两年来，由于风电支持政策的间断，印度的风电发展受到了较大的影响。但 2014 年印度新增陆上装机容量 2315MW，仍位居世界第五。长期来看，印度的电力需求和对可再生能源的需求很大，风电发展前景依然较好。此外，巴基斯坦和菲律宾风电发展势头强劲，2014 年两国新增陆上装机容量均达到 150MW，成为除中国和印度以外新增装机容量最高的亚洲国家。

2. 北美洲

美国和加拿大是北美利用风能最好的国家（王素霞，2007）。美国的陆上风电场大都建在西海岸的加利福尼亚州地区和中西部的大平原地区。美国风电市场在经历了 2013 年的低谷后有所回暖，2014 年美国陆上新增装机容量 4854MW，较 2013 年增长了约 3.5 倍，累计陆上装机容量 65879MW，位居世界第二。加拿大具有丰富的风能资源，2014 年加拿大新增陆上装机容量 1871MW，同比增长 17%，创该国历史新高，且 2014 年累计陆上装机容量位列全球第七。墨西哥 2014 年新增陆上装机容量 522MW，累计陆上装机容量 2381MW，到 2024 年将有 35% 的电力来自可再生能源。

3. 欧洲

欧洲风电发展一直处于全球前列，其中丹麦是最早利用风力发电的国家之一。19 世纪末，丹麦首先研制成功了风力发电机组，并建成了世界上第一座风力发电站。丹麦陆上风电的特征是装机容量大，风力发电机组技术提高很快（沈又幸等，2008）。根据全球风能理事会统计数据，2014 年丹麦新增陆上风电装机容量 67MW，累计陆上风电装机容量 3574MW。2014 年欧洲风电发展高度集中在德国、英国、法国和瑞典，四国 2014 年陆上新增装机容量之和占欧洲年新增总装机容量的 68.5%。德国 2014 年新增陆上装机容量 4750MW，累计陆上装机容量 38116MW；英国 2014 年新增陆上装机容量 923MW，累计陆上装机容量 7946MW；瑞典和法国 2014 年新增陆上装机容量分别为 1050MW 和 1042MW，均创本国新高。

4. 非洲和南美洲

非洲拥有非常丰富的风资源，特别是在沿海地区和东部高地，如东非裂谷地带。尽管非洲风电发展较为缓慢，但越来越多的国家开始认识到风电的重要性，南非、埃塞俄比

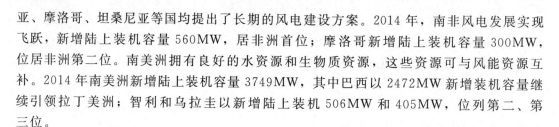

亚、摩洛哥、坦桑尼亚等国均提出了长期的风电建设方案。2014 年，南非风电发展实现飞跃，新增陆上装机容量 560MW，居非洲首位；摩洛哥新增陆上装机容量 300MW，位居非洲第二位。南美洲拥有良好的水资源和生物质资源，这些资源可与风能资源互补。2014 年南美洲新增陆上装机容量 3749MW，其中巴西以 2472MW 新增装机容量继续引领拉丁美洲；智利和乌拉圭以新增陆上装机 506MW 和 405MW，位列第二、第三位。

5. 大洋洲

2014 年大洋洲新增陆上装机容量 567MW，累计陆上装机容量 4441MW。澳大利亚依然是大洋洲的风电大国，新增陆上装机容量 567MW，累计陆上装机容量 3806MW。新西兰和其他大洋洲国家在 2014 年并无新增风电装机容量。

1.2.2.2　国内陆上风电场发展现状

我国是世界上风力资源较为丰富的国家之一。根据中国气象局实施的"全国风能资源详查和评价"项目成果，在年平均风功率密度达到 300W/m² 的风能资源覆盖区域内，考虑自然地理和国家基本政策对风电开发的制约因素，并剔除装机容量小于 1.5MW/km² 的区域后，我国陆上 50m、70m、100m 高度层年平均风功率密度大于等于 300W/m² 的风能资源技术开发量分别为 2000GW、2600GW 和 3400GW。

我国陆上风电场主要集中在三大风能丰富带。一是"三北"地区（东北、华北和西北地区），包括东北三省和河北、内蒙古、甘肃、青海、西藏、新疆等省和自治区，该地区风电场地形平坦，交通方便，没有破坏性风速，是我国连成一片的最大风能资源区，有利于大规模地开发风电场。二是东南沿海地区，受台湾海峡峡管效应的影响，冬春季的冷空气、夏秋季的台风能影响到沿海及其岛屿，是我国风能最佳丰富区，包括广东、福建、浙江、上海、江苏、山东等省市。三是内陆局部风能丰富区，内陆地区普遍风能资源一般，但在山地、丘陵、湖泊等局部区域，受特殊地形的影响，风能也较丰富，内陆风电场主要分布在山西、云南、陕西、贵州、湖北等省。

我国在 20 世纪 70 年代末期开始进行并网风电的研究，主要是通过引进国外风力发电机组建设示范风电场。1986 年，我国第一座"引进机组、商业示范性"陆上风电场——马兰风电场在山东荣成并网发电，标志着我国风电产业的揭幕，并从此走向快速发展道路。据中国风能协会统计数据，2014 年中国（除台湾地区外）新增安装风力发电机组 13121 台，新增装机容量 23196MW，同比增长 44.2%；累计安装风力发电机组 76241 台，累计装机容量 114609MW，同比增长 25.4%。2014 年，我国各省区市风电新增装机容量中，排名前五的省份有甘肃、新疆、内蒙古、宁夏和山西，占全国新增装机容量的 52.6%；风电累计装机容量内蒙古自治区依然保持全国首位，达到 22312.31MW，占全国 19.5%，其次为甘肃，占全国 9.36%，河北和新疆占比相当，分别为 8.61% 和 8.44%。规划到 2020 年我国风电装机容量将达到 200GW 以上。

我国陆上风电自 20 世纪 80 年代发展至今，已从小规模陆上风电场走向大型化、集中化、复杂化的陆上风电场。为了加快风电开发进程，国家能源局 2008 年启动了大型风电基地建设计划，规划在甘肃、新疆、河北、蒙东、蒙西、吉林、山东、江苏和黑龙江等地建设 9 个千万千瓦级风电基地。

（1）内蒙古是我国风力发电大省，一直在风电开发领域居于领先地位，风能资源主要分布在典型草原、荒漠草原及荒漠区域。内蒙古辉腾锡勒风电场2007年全部建成投产，装机容量达140MW，是亚洲最大的陆上风电场。内蒙古幅员辽阔，风能资源丰富，是我国开发建设百万及千万千瓦级风电基地的重要地区，被我国确定为"风电三峡"基地。目前，通辽开鲁风电基地、巴彦淖尔乌拉特中旗风电基地、达茂旗风电基地已核准在建，锡林郭勒盟外送风电基地、兴安盟桃合木风电基地、呼伦贝尔风电基地正在组织开展建设前期工作。

（2）甘肃省风能资源丰富。据报道，甘肃的理论风能资源储量约为237GW，技术可开发资源近40GW，约占全国储量的4.5%。酒泉地区位于河西走廊的西部，其风能资源理论开发量约占全省的85%，其中，酒泉地区的瓜州、金塔、玉门、乌鞘岭等河西地区的风能分布约占全省风能的23%。甘肃酒泉千万千瓦级风电基地是我国确定的首个千万千瓦级风电基地，目前酒泉基地一期工程3.8GW已全部建成投产，二期工程3GW项目已核准在建。此外，甘肃民勤红沙岗基地也已核准在建。

（3）河北省风能储量达到74GW，陆上风电开发量超过25GW，主要分布地区为张家口、承德、坝上、秦皇岛、苍山以及太行山燕山山区。目前，张家口风电基地一期工程1.35GW已全部建成，张家口风电基地二期工程、承德风电基地一期工程均已核准在建。

（4）江苏是我国沿海风能资源丰富的省份之一，同时也是尝试低风速风电场建设的省份之一。江苏的风能资源总储量约为34.7GW，陆上风能资源主要集中在沿海的三个市，从北至南依次为连云港市、盐城市和南通市。2014年风电新增装机容量760.5MW，累计装机容量3676MW。根据《江苏省风电发电发展规划（2006—2020年）》，江苏省规划陆上风电基地4个，包括连云港及盐城北部基地、盐城东部基地、盐城南部基地和南通基地，规划风电场36个，容量在20~400MW之间，总装机容量3780MW，大部分位于沿海滩涂。

长期以来，"三北"地区由于风能资源丰富、建设条件简单、可成片开发等优势，一直是我国陆上风电发展的主要地区，但随着不断增加的限电、"弃风"和低风速机组研发技术的提高，沿海及内陆省份风电场的优势渐渐凸显。目前，我国风电场建设已遍布全国各省区市，云南、广东、贵州、湖南等省份近年来风电场建设力度也明显加大，风电场开发正向更多的不同气候和资源条件的区域发展。

1.2.3 海上风电场建设概况及发展趋势

1.2.3.1 国外海上风电场发展现状

早在二十世纪八九十年代，欧洲就开始了大范围的海上风能资源评估及相关技术研究。1990年，世界上第一台海上风力发电机组安装于瑞典的Nogersund，装机容量220kW，离岸距离250m，水深6m。1991年，世界上第一个海上风电场建于丹麦波罗的海的洛兰岛西北沿海的Vindeby附近。迄今，在海上风电发展的20多年里，海上风电的发展经历了3个阶段：第一个阶段是从1990—2000年，海上风电处于小规模研究和开发阶段；第二个阶段是从2000—2008年，海上风电进入大规模商业化开发阶段；第三个阶段是 2008 年至今，全球风电产业掀起了新一轮的"下海"热潮。

截至 2013 年，全球已建成的海上风电场概况见表 1-2。其中比较有代表性的海上风电场有丹麦 Middelgrunden、丹麦 Horns Rev、苏格兰 Beatrice、荷兰 Princess Amalia（Q7）、德国 Bard Offshore Ⅰ 和英国 London Array Ⅰ 等（图 1-6）。丹麦 Middelgrunden 海上风电场位于丹麦哥本哈根附近海域，2001 年 3 月建成，为全球第一个具有商业化规模的海上风电场，总装机容量 40MW，该项目开启了规模开发海上风电的大门，也标志着海上风电步入了商业化阶段。丹麦 Horns Rev 海上风电场位于丹麦 Esbjerg 北海海域，2002 年 12 月建成，为世界上第一个大型海上风电场，总装机容量 160MW。苏格兰 Beatrice 海上风电场位于苏格兰东海岸的 Beatrice，2007 年 5 月建成，为全球首个单机容量 5MW 的海上风电场，该项目的建设和运行为全球大容量海上风力发电机组的开发、建设、运行和维护提供了宝贵的经验和教训。荷兰 Princess Amalia（Q7）海上风电场是荷兰第一个商业性海上风电场，该风电场位于北海海域，2008 年 3 月建成，离岸 23km，风电场水深 25m，采用单桩式基础。德国 Bard Offshore Ⅰ 海上风电场位于北海，2013 年 8 月竣工投运，由 80 台 5MW 风力发电机组组成，距离 Borkum 岛西北 100km，距离北海海岸 130km，水深 40m，是目前世界上离岸距离最远的海上风电场。英国 London Array Ⅰ 海上风电场位于英格兰东南部的肯特郡，共有 175 个风力发电机组，总装机容量 630MW，是目前世界上最大的海上风电场。

表 1-2 全球已建成的海上风电场概况（截至 2013 年年底）

海上风电场	国家	投产年份	机组数量/台	机型/单机容量	总装机容量/MW
Vindeby	丹麦	1991	11	Bonus 35/450kW	4.95
Lely	荷兰	1994	4	Nedwind 40/500kW	2
Tuna Knob	丹麦	1995	10	Vestas V 39/500kW	5
Dronten	荷兰	1997	28	Nordtank 43/600kW	16.8
Bockstigen	瑞典	1998	5	Wind World 37/550kW	2.75
Utgrundon	瑞典	2000	7	Enron Wind 70/1.5MW	10.5
Blyth	英国	2000	2	Vestas V66/2MW	4
Middelgrunden	丹麦	2001	20	Bonus 76/2MW	40
YttreStengrund	瑞典	2001	5	NEG-Micon 72/2MW	10
Horns Rev	丹麦	2002	80	Vestas V80/2MW	160
Ronland	丹麦	2003	4	Vestas V80/2MW	17.2
			4	Bonus 82/2.3MW	
Sams Φ	丹麦	2003	10	Bonus 82/2.3MW	23
Nysted	丹麦	2003	72	Bonus 82/2.3MW	165.6
Fredrickshavn	丹麦	2003	2	Vestas V90/3MW	10.6
			1	Bonus 82/2.3MW	
			1	Nordex N90/2.3MW	

续表

海上风电场	国家	投产年份	机组数量/台	机型/单机容量	总装机容量/MW
Arklow Bank	爱尔兰	2003	7	GEW 104/3.6MW	25.2
North Hoyle	英国	2003	30	Vestas V80/2MW	60
Hokkaido	日本	2003	2	Vestas V47/600kW	1.2
Scroby Sands	英国	2004	30	Vestas V80/2MW	60
Emden, Dolllard	德国	2004	1	Enercon E112/4.5MW	4.5
Kentish Flats	英国	2005	30	Vestas V90/3MW	90
Barrow	英国	2006	30	Vestas V90/3MW	90
Rostock	德国	2006	1	Nordex N90/2.5MW	2.5
Breitling	德国	2006	1	Nordex N90/2.5MW	2.5
Bilbao Harbour	西班牙	2006	5	Gamesa 2.0/2MW	10
Beatrice	苏格兰	2007	2	Repower 5M/5MW	10
Egmond aan Zee	荷兰	2007	36	Vestas V90/3MW	108
Lillgrund	瑞典	2007	48	Siemens 93/2.3MW	110.4
Burbo Bank	英国	2007	25	Siemens 107/3.6MW	90
Princess Amalia (Q7)	荷兰	2008	60	Vestas V80/2MW	120
Lynn and Inner Dowsing	英国	2008	54	Siemens 107/3.6MW	194.4
Kemi Ajos Ⅰ+Ⅱ	芬兰	2008	10	WinWinD/3MW	30
Bremerhaven Harbour	德国	2008	1	Repower 126/5MW	5
Thornton Bank	比利时	2008	6	Repower 126/5MW	30
Alpha Ventus	德国	2009	6	Multibrid 116/5MW	60
			6	Repower 126/5MW	
Gunfleet Sands	英国	2009	48	Siemens 107/3.6MW	172.8
Robin Rigg	英国	2009	60	Vestas V90/3MW	180
Rhyl Flats	英国	2009	25	Siemens 107/3.6MW	90
Horns Rev Ⅱ	丹麦	2009	91	Siemens 93/2.3MW	209.3
Store Baelt	丹麦	2009	7	Vestas V90/3MW	21
Thanet	英国	2010	100	Vestas V90/3MW	300
Seine Maritime	法国	2010	21	Multibrid 116/5MW	105
Bard Offshore Ⅰ	德国	2013	80	Bard 122/5MW	400
Nysted Ⅱ	丹麦	2010	90	Siemens 93/2.3MW	207
上海东海大桥海上风电场	中国	2010	34	Sinovel 90/3MW	102
Bligh Bank	比利时	2010	55	Vestas V90/3MW	165
江苏如东潮间带试验风电场	中国	2010	2	3MW	32
			2	2.5MW	
			6	2MW	
			6	1.5MW	

续表

海上风电场	国家	投产年份	机组数量/台	机型/单机容量	总装机容量/MW
Thornton Bank Ⅱ	比利时	2012	30	REpower 126/6.15MW	184.5
Walney	英国	2012	102	Siemens 107/3.6MW	367.2
Sheringham Shoal	英国	2012	88	Siemens 107/3.6MW	316.8
如东潮间带项目一期	中国	2012	21/17/20	2.38/3/2.5MW	150.98
如东潮间带项目一期扩容	中国	2013	20	金风科技/2.5MW	50
龙源如东潮间带试验风电场工程扩容	中国	2012	2	重庆海装/5MW	10
London Array Ⅰ	英国	2013	175	Siemens 120/3.6MW	630
Lincs	英国	2013	75	Siemens 120/3.6MW	270
Gunfleet Sands 3	英国	2013	2	Siemens 120/6MW	12
Teesside	英国	2013	27	Siemens 93/2.3MW	62.1
Gwynty Mor	英国	2013	7	Siemens 107/3.6MW	25.2
Anholt	丹麦	2013	111	Siemens 120/3.6MW	399.6
Bard Offshore Ⅰ	德国	2013	80	Bard 122/5MW	400
Thornton Bank Ⅲ	比利时	2013	18	Senvion 126/6.15MW	110.7
Karehamn	瑞典	2013	16	Vestas V112/3MW	48
Kamisu Ⅱ	日本	2013	8	Hitachi 80/2MW	16
龙源如东潮间带示范风电场增容项目	中国	2013	20	Gold Wind 109/2.5MW	50
江苏响水海上试验风电场	中国	2013	5	2～3MW	12.5

注：数据源自 Navigant Research。

（a）Middelgrunden 海上风电场

图 1-6（一）　全球有代表性的海上风电场

（b）Horns Rev 海上风电场

（c）Beatrice 海上风电场

（d）Princess Amalia 海上风电场

（e）Bard Offshore I 海上风电场

（f）London Array I 海上风电场

图 1-6（二） 全球有代表性的海上风电场

1.2.3.2　我国海上风电场发展现状

我国海上风电起步较晚，2005 年《可再生能源发展"十一五"规划》中提出，主要在苏沪海域和浙江、广东沿海，探索近海风电开发的经验，努力实现百万千瓦级海上风电基地的目标；中华人民共和国国家发展和改革委员会（以下简称国家发改委）于 2005 年在《可再生能源产业发展指导目录》中，收录了近海并网风电的技术研发项目。

2009 年 4 月，国家能源局发布了《海上风电场工程规划工作大纲》［国能新能（2009）130 号］。该大纲提出了以资源定规划、以规划定项目的原则，要求对沿海地区风能资源进行全面分析，初步提出具备风能开发价值的滩涂风电场、近海风电场范围及可装机容量，这意味着全国海上风资源评估和规划工作正式拉开了帷幕。

2010 年，为了加速推动海上风电发展，国家能源局正式启动了总计 100 万 kW 的首轮海上风电招标工作，分别为滨海和射阳的两个 30 万 kW 的近海风电项目、大丰和东台的两个 20 万 kW 的潮间带项目。上海、江苏、浙江、山东、福建、广东等沿海省份都制定了各自的海上风电发展规划。

在大力发展海上风电的政策推动下，我国海上风电建设也取得了实质性的进展。2007年 11 月 8 日，中海油在距离陆地约 70km 的渤海湾，建成我国第一个海上风电站——中海油绥中 36-1 风电站，该风电站为一台 1.5MW 机组，通过长约 5km 的海底电缆送至海上油田独立电网。2010 年 6 月，我国首座大型海上风电场——上海东海大桥海上风电场（图 1-7）全部 34 台机组正式并网发电，装机容量 102MW，成为欧洲之外的第一个大型海上风电场。2010 年 9 月，我国第一个潮间带试验风电场——江苏如东潮间带试验风电场 16 台海上试验机组全部建成，装机容量 32MW。另外江苏省响水县海上风电场的一台 2.5MW 机组和两台 2MW 机组也于 2010 年并网运行。2011 年年底，龙源江苏如东150MW 海上（潮间带）示范风电场一期工程投产发电，一期工程包括 17 台华锐 3MW 风力发电机组和 21 台西门子 2.38MW 风力发电机组，装机容量 100MW。2012 年 11 月，龙源江苏如东 150MW 海上（潮间带）示范风电场二期工程投产发电，二期工程包括 20台金风科技 2.5MW 风力发电机组，装机容量 50MW；至此，龙源江苏如东 150MW 海上（潮间带）示范风电场（图 1-8）全部投产发电，为目前我国规模最大的海上风电场。2013 年 3 月，在龙源江苏如东 150MW 海上（潮间带）示范风电场基础上开展的 50MW增容项目并网发电；同年，江苏响水 12.5MW 海上试验风电场建成投产。

图 1-7　上海东海大桥海上风电场

图 1-8　江苏如东海上 150MW（潮间带）示范风电场

　　截至 2014 年年底，我国累计潮间带风电装机容量达到 430.48MW，近海风电装机容量 227.4MW，海上风电装机容量共计 657.88MW，主要分布于江苏省和上海市。除已建成的海上风电项目外，还有许多在建或已核准的项目，主要集中在江苏、上海、福建、河北、广东、浙江等省市，具体见表 1-3。

表 1-3　我国海上风电场建设现状（截至 2014 年年底）

名　　　称	投产年份	离岸距离/km	机组数量/台	机型/单机容量	总装机容量/MW
上海东海大桥海上风电场	2010	6	34	华锐/3MW	102
江苏如东潮间带试验风电场	2010	4	2	3MW	32
			2	2.5MW	
			6	2MW	
			6	1.5MW	
龙源江苏如东 150MW 海上（潮间带）示范风电场	2012	3	17	华锐/3MW	150.98
			21	西门子/2.38MW	
			20	金风/2.5MW	
龙源江苏如东潮间带示范风电场增容项目	2013	3	20	金风/2.5MW	50
江苏响水海上试验风电场	2013	3.5	5	2～3MW	12.5
上海东海大桥海上风电二期项目	在建	5	27	3.6MW	102.2
			1	5MW	
中水电如东海上风电场（潮间带）100MW 示范项目	在建	0.7	42	2MW，2.5MW	100
江苏响水 200MW 海上风电示范项目	在建	10	55	3MW，4MW	200
中广核如东海上风电场项目	在建	25	38	4MW	152
福建莆田南日岛海上风电场	在建	—	100	4MW	400
江苏滨海 300MW 海上风电特许权项目	已核准	21	100	3MW	300

续表

名　　称	投产时间	离岸距离/km	机组数量/台	机型/单机容量	总装机容量/MW
江苏大丰 200MW 海上风电特许权项目	已核准	24	80	2.5MW	200
江苏东台 200MW 海上风电特许权项目	已核准	28	56	3.6MW	201.6
华能江苏大丰 300MW 海上风电示范工程	已核准	55	100	3MW	300
国电舟山普陀 6 号海上风电场 2 区工程	已核准	11	50	5MW	250
福建莆田平海湾海上风电场	已核准	8.3	10	5MW	50
华能如东 300MW 海上风电场	已核准	17	75	4MW	300
河北唐山乐亭月坨岛海上风电场	已核准	15	75	4MW	300
上海临港海上风电一期示范风电场	已核准	10	17	6MW	102
河北唐山乐亭菩提岛海上风电场示范项目	已核准	18	100	3MW	300

1.2.3.3　海上风电场发展趋势

海上风能资源十分丰富，各国纷纷制定鼓励政策和措施，积极推动海上风电的发展。德国实行风电固定上网电价，推动了德国风电产业的迅猛发展。英国通过对可再生能源政策体系的不断尝试和改革，推动英国逐步成为海上风电大国。丹麦政府制定和采取了一系列政策和措施，支持风力发电的发展，通过强化风能研发团队、财政补贴、税收优惠、绿色认证、市场准入等多重政策，促进了丹麦风力发电技术的日益成熟和市场化。我国在推进海上风电发展和管理方面，开展了大量积极有效的工作，出台了一系列规定，并采取了一些举措，海上风电规划及建设等政策和标准不断完善，有力地加快了海上风电开发的步伐。在全球大力发展可再生能源的大背景下，世界多个国家积极制定了海上风电发展计划。据欧洲风能协会称，目前欧洲有超过 1 亿 kW 海上发电项目处于规划之中，并且欧洲海上风电的发展目标是2030 年达 1.5 亿 kW。世界主要海上风电开发国家未来海上风电开发计划见表 1 - 4。

表 1 - 4　世界主要海上风电开发国家未来海上风电开发计划

国　　家	年　　份	计划装机容量/GW	国　　家	年　　份	计划装机容量/GW
英国	2020	33	美国	2020	10
丹麦	2025	9	日本	2020	1
德国	2020	6.5	韩国	2019	1.5
比利时	2020	2	中国	2020	30

我国海岸线长约 18000km，岛屿 6000 多个。近海风能资源主要集中在东南沿海及其附近岛屿，有效风能密度在 300W/m² 以上。2009 年 1 月，国家能源局组织召开全国海上风电工作会议，正式启动海上风电规划工作，沿海各省（市）区均开展了海上风能资源调查和海上风电工程规划工作。根据《2014 中国风电发展报告》（中国循环经济协会可再生能源专业委员会等，2014），截至 2014 年年底，国家能源局已批复河北、山东、上海、广东、江苏以及辽宁（大连）的海上风电规划报告，海南省风电规划为报批阶段，浙江省海上风电规划已完成审查正在完善，福建省海上风电规划为报审阶段，广西的海上风电规划正在编制中。

我国沿海地区海上风电规划装机容量见表 1-5。根据风电发展"十二五"规划，到 2015 年年底，我国海上风电装机容量达到 5GW，2020 年年底，海上风电装机容量将达到 30GW。

因此，从海上风电发展前景来看，全球海上风电的总装机容量在未来几年仍将迅速发展。

表 1-5　我国各省（自治区、直辖市）海上风电规划装机容量

省（自治区、直辖市）	2020 年规划装机/GW
上海	1.55
江苏	9.45
浙江	3.7
山东	7
福建	1.1
其他（暂定）	10
合计	32.8

在海上风电 20 多年的发展历程中，海上风电场开发、建设和运行维护的技术水平不断进步，经验不断积累，但同时海上风电场也面临了成本、技术和环境保护等诸多方面的挑战。未来海上风电场的发展主要有三大趋势。

（1）单机容量趋向大型化。国外运行的海上风电场单机容量已由 20 世纪 90 年代的 500～600kW 提高至目前主流的 3～5MW，一些风力发电机组制造商已开始研制 10MW 海上风力发电机组。这些无不表明海上风力发电机组将继续向单机容量大型化的方向发展。

（2）海上风电场规模趋向大型化。随着海上风电场开发、建设和运行维护的技术水平的不断进步和经验的不断积累，海上风电场规模逐步由最初的 1～2 台试验机组发展到如今的上百兆瓦的机组群。目前，世界上最大规模的海上风电场——"伦敦阵列"已建成投产，规模达 630MW。未来海上风电场将朝着更大型化发展。

（3）海上风电场由近海向深海发展。目前，由于海上风电开发技术的局限性，海上风电场多建在近海海域。但近海海域通常还有海洋保护、港口、航运、渔业、军事设施等多种服务功能，海上风电场的建设需协调与其他用海功能的关系，尤其是近海区域一般分布有野生动植物栖息地和海洋保护区，海上风电场的选址必须要远离保护区。德国由于其海域的特殊情况，尤其是北海地区，很大一部分已经被划为自然保护区，因此德国的海上风电场比其他国家的海上风电场离岸距离更远。目前德国 Bard Offshore Ⅰ海上风电场离岸距离最远，距离北海海岸达 130km。

可以预见的是，为了避免对其他海洋活动的干扰，并实现海上风电大规模开发，随着海上风电施工及输配电技术的不断进步，未来海上风电场将逐步扩展到深海海域。

1.3　风电场环境影响特征

风能虽然是清洁能源，但是风电开发和营运过程中都会对环境产生直接或间接影响。风电场对环境的影响一般可分为施工期和营运期两个阶段。而陆上风电场和海上风电场因

其建设地点的差异各自表现出不同的环境影响特征。

1.3.1 陆上风电场环境影响特征

按照立地类型，以我国为例，陆上风电场一般可分为风沙草原型、山地丘陵型和滨海型，主要分布地区及特点具体见表 1-6。

表 1-6 不同类型陆上风电场分布及其主要特点

风电场类型	主要分布地区	主 要 特 点
风沙草原型	内蒙古、河西走廊	多分布在荒漠戈壁或草原上，地势平坦广阔，不需占用耕地，投资成本低
山地丘陵型	相对较广，内陆及沿海省份山地区域均有分布	开放式，无具体场界，根据风力资源特点，主要分布于山脊和山梁上
滨海型	广东、福建、浙江、上海、山东、河北、辽宁、江苏等省市沿海地区	地形平坦，风能资源分布及变化规律较为一致

陆上风电场的设计、安装、运行、维护等环节与海上风电场相比较为简单，其对环境的影响也没有海上风电场复杂。一般来说，陆上风电场对地表（下）水环境、声环境、大气环境、电磁环境、生态环境、鸟类、水土流失、景观等会产生一定的影响。陆上风电场在施工期施工机械和车辆的噪声会对周围的声环境产生影响；施工过程中将产生生产废水和生活污水，处理不当会影响水环境；施工扬尘和施工机械、施工车辆排放的废气会污染大气环境；风电场施工土方开挖和平整场地将会产生弃土弃渣，若处置不当会引起水土流失；施工期间人员和设备的进驻会对周边生态环境造成扰动，对植被和野生动物均会产生不利影响。陆上风电场营运期对环境的影响主要表现为风力发电机组噪声对声环境的影响、风力发电机组转动对鸟类活动的影响、风电场变电站和输电线路产生的电磁环境影响、风力发电机组阵列和风力发电机组转动对视觉景观的影响等。陆上风电场的主要环境影响见表 1-7。

表 1-7 陆上风电场主要环境影响

时 期	影响要素	影响来源	影响后果
施工期	陆生生态	升压站及风力发电机组机位土方开挖、场地平整、施工便道修建	植被破坏，干扰野生动物活动
	鸟类	升压站及风力发电机组机位土方开挖、施工便道修建、施工机械和施工人员活动	破坏鸟类生境，干扰鸟类活动，导致鸟类数量减少、多样性降低
	水土流失	场地平整、施工便道修建	水土流失
	噪声	施工设备、车辆运输	周边噪声级增加，影响居民等声环境敏感目标
	废气	土方开挖、建材堆放、车辆运输、施工机械废气排放	产生扬尘和 SO_2、NO_x 等废气，污染大气环境
	废水	混凝土搅拌、车辆机械冲洗、施工人员生活污水	产生含悬浮物和石油类废水，处置不当，会污染地表（下）水环境
	固体废弃物	风电场施工	产生弃方、废建筑材料等，处置不当会污染周边环境

时期	影响要素	影响来源	影响后果
营运期	鸟类	架空线路、风力发电机组运转	破坏鸟类生境，干扰鸟类繁殖、栖息、觅食活动，对鸟类迁徙产生影响
	噪声	风力发电机组运转	产生低频噪声，影响周边声环境及居民点等敏感保护目标
	电磁辐射	发电机、变电站、输电线路	产生电磁辐射污染，造成无线电干扰，影响周边敏感保护目标
	废水	管理人员生活污水、设备检修废水	处置不当会污染地表（下）水环境
	固体废弃物	管理人员生活垃圾、设备检修废弃物	处置不当会污染周边环境
	视觉及景观影响	风力发电机组矗立、风力发电机组转动	对周围景观造成一定干扰，产生光影，对部分人群视觉和心理上产生压迫感

1.3.2 海上风电场环境影响特征

海上风电场由于主体工程在海里，在风电场建设和营运期间除陆上升压站的建设运行会对陆域的电磁辐射、地表水、声环境、水土流失等产生不利影响外，重点表现为对海洋环境的影响，一般包括潮流动力环境、海床冲淤环境、海水水质、沉积物环境、鸟类种群及生境、海洋生态环境、渔业资源、海洋生物、声环境、电磁辐射等多个方面。海上风电场在施工过程中风力发电机组基础的打桩和海底电缆的铺设等施工活动会导致海底泥沙再悬浮引起水体浑浊，污染局部海水水质，并可能影响局部沉积物环境；风力发电机组基础及海底电缆敷设施工时对作业范围内的底栖及潮间带生境的直接破坏和悬浮泥沙的扩散均会对海洋生态和渔业资源产生影响；打桩及各类施工船舶航行产生的水下噪声会对鱼类产生一定的不利影响。海上风电场在营运阶段由于风力发电机组墩柱在一定程度上改变了局部海底地形，因此对风电场海域附近潮流流场尤其是风力发电机组墩柱周围的流场将产生一定影响，同时将在一定程度上改变局部海床自然性状，使风电场区域的冲淤情况发生一定改变；营运期风力发电机组运转产生的水下噪声和水下输电线路产生的电磁波可能干扰鱼类及海洋哺乳动物捕食、躲避掠食动物或躲开障碍物，进而影响其生存；营运期海上风电场的另一主要影响表现为对鸟类的影响，海上风电场的阻隔会对鸟类的栖息、觅食、迁飞等行为产生影响，并造成鸟机碰撞的风险。

海上风电场的主要环境影响见表1-8。

表1-8 海上风电场主要环境影响

时期	影响要素	影响来源	影响后果
施工期	海水水质	风力发电机组基础打桩、海底电缆敷设、钢管桩吸泥	引起泥沙再悬浮，造成局部海域悬浮物浓度升高，影响海水水质
	海洋沉积物环境	施工污水和悬浮物沉降进入沉积物中	影响表层沉积物环境质量
	海洋生态环境	风力发电机组基础打桩、海底电缆敷设、钢管桩吸泥	悬浮物浓度增加，破坏浮游动植物、底栖生物和鱼类的生境，造成底栖生物和鱼卵、仔鱼资源量的损失

续表

时期	影响要素	影响来源	影响后果
施工期	鸟类及其生境	施工机械和施工人员活动	破坏鸟类生境，干扰鸟类栖息、觅食、繁殖活动，造成该区域的鸟类在种类、数量及群落结构上发生一定变化
	海洋生物	风力发电机组基础打桩、施工船舶行驶	产生不同声压级水下噪声，会对不同种类鱼类或海洋哺乳动物产生逃离、昏迷、死亡等反应
	声环境	风力发电机组基础打桩、施工船舶行驶、陆域施工机械运转	影响陆上、海上声环境质量
	空气环境	施工扬尘、施工机械和施工车船尾气排放	影响大气环境质量
	固体废弃物	钢管桩吸泥、施工人员生活垃圾	钢管桩吸出的泥浆外运或倾倒对环境产生影响，生活垃圾处置不当会影响环境卫生
	航运	各类施工船舶	频繁进入施工海域，干扰海域原有通航秩序，增加通航风险
	渔业生产	海上施工活动	施工海域制约或禁止渔船在工程区周围作业，造成渔业生产面积减小
营运期	海洋水文动力环境	风力发电机组阵列	风力发电机组基础改变了局部海底地形，对风电场海域附近潮流场产生一定影响
	海洋地形地貌与冲淤环境	风力发电机组阵列	潮流场的变化引起泥沙起悬、沉降运动的变化，改变区域海域的地形地貌和冲淤情况
	海洋沉积物环境	牺牲阳极金属溶解	造成沉积物中重金属（如锌）含量增加
	海洋生态环境	风力发电机组基础永久占海	破坏底栖生物生境，造成风力发电机组基础群占海部分范围内的原有泥质型的底栖生物类群不可恢复
	鸟类及其生境	风力发电机组运转	干扰鸟类栖息、觅食活动，风力发电机组叶片的光反射可能造成鸟类迷途甚至改变鸟类的迁徙方向，增加鸟机相撞的风险，造成鸟类资源的损失
	海洋生物	风力发电机组运转产生的水下噪声，海底电缆产生的电磁辐射	干扰鱼类及海洋哺乳动物听觉和行为活动，进而影响其生存；电磁辐射干扰海洋生物行为活动
	声环境	风力发电机组运转、陆（海）上升压站电气设备	产生噪声，影响陆上和海上声环境及敏感保护目标
	电磁环境	海底电缆、陆（海）上升压站	产生电磁辐射，影响电磁环境和敏感保护目标
	事故风险	船舶碰撞等引起的溢油事故	造成油膜扩散，污染海洋环境
	航运	风电场运行	影响通航安全
	渔业生产	风电场征用海域	渔业生产面积减小
	景观	风力发电机组矗立	对视觉景观造成一定干扰

第 2 章　风电场环境影响评价的主要内容及工作程序

2.1　环境影响评价的概念和意义

2.1.1　环境影响评价的概念

环境影响评价（Environmental Impact Assessment，EIA）这一概念是 1964 年在加拿大召开的"国际环境质量评价会议"上首次提出的，是在人们认识到环境质量的优劣取决于人们对之产生的影响，仅仅事后评价并无法保证其质量后，而提出的一个新概念，是指对拟议中的建设项目（Project）、区域开发计划（Program）、规划（Plan）和国家政策（Policy）实施后可能对环境产生的影响（或后果）进行的系统性识别（Identify）、预测（Predict）和评估（Evaluation），其根本目的是鼓励在规划和决策中考虑环境因素，使人类活动更具环境相容性（钱瑜，2012）。

各国对环境影响评价概念的解释并不完全一致，根据百科大词典："环境影响评价是为规划与决策服务的一项政策和管理手段，是识别、预测和评估拟议的开发项目、规划和政策的可预见的环境影响。环境影响评价的研究结果帮助决策者和公众确定项目能否建设、以什么样的方式建设。环境影响评价并不做出决策，但对于决策者而言却是必需的。"

在《中华人民共和国环境影响评价法》中，环境影响评价被定义为对规划和建设项目实施后可能造成的环境影响进行分析、预测和评估，提出预防或者减轻不良环境影响的对策和措施，进行跟踪监测的方法与制度。

2.1.2　环境影响评价的意义

环境影响评价是一门技术性很强的学科，是强化环境管理的有效手段，对确定经济发展方向和环境保护措施等一系列重大决策上都有重要作用。具体表现在以下几个方面：

（1）保证开发活动选址和布局的合理性。合理的经济布局是保证环境与经济持续发展的前提条件，而不合理的布局则是造成环境污染的重要原因。环境影响评价是从开发活动所在地区的整体出发，考察开发活动的不同选址和布局对区域整体的不同影响，并进行比较和取舍，选择最有利的方案，保证建设活动选址和布局的合理性。

（2）指导环境保护措施的设计，强化环境管理。一般来说，开发建设活动和生产活动都要消耗一定的资源，给环境带来一定的污染与破坏，因此必须采取相应的环境保护措施。环境影响评价是针对具体的开发建设活动或生产活动，综合考虑开发活动特征和环境特征，通过对污染治理设施的技术、经济和环境论证，可以得到相对最合理的环境保护对策和措施，把因人类活动而产生的环境污染或生态破坏限制在最小范围。

（3）为区域的社会经济发展提供导向。环境影响评价可以通过对区域的自然条件、资源条件、社会条件和经济发展状况等进行综合分析，掌握该地区的资源、环境和社会承受能力等状况，从而对该地区发展方向、发展规模、产业结构和产业布局等作出科学的决策和规划，以指导区域活动，实现可持续发展。

（4）推进科学决策、民主决策进程。环境影响评价是在决策的源头考虑环境的影响，并要求开展公众参与，充分征求公众的意见，其本质是在决策过程中加强科学论证，强调公开、公正，对我国决策民主化、科学化具有重要的推进作用。

（5）促进相关环境科学技术的发展。环境影响评价涉及自然科学和社会科学的广泛领域，包括基础理论研究和应用技术开发。环境影响评价工作中遇到的问题，必然是对相关环境科学技术的挑战，进而推动相关环境科学技术的发展。

2.2　风电场环境影响评价的主要内容

根据《中华人民共和国环境影响评价法》的定义，风电场环境评价即为对风电场工程实施后可能造成的环境影响进行分析、预测和评估，提出预防或者减轻不良环境影响的对策和措施，进行跟踪监测的方法与制度。

我国环境影响评价实行分类管理制度，建设单位需根据风电场的规模和所处环境的敏感度，按照下列规定组织编制环境影响报告书或环境影响报告表：

（1）涉及环境敏感区的总装机容量 5 万 kW 及以上的风电场应当编制环境影响报告书，对产生的环境影响进行全面评价。

（2）除（1）之外的其他风电场应当编制环境影响报告表，对产生的环境影响进行分析或者专项评价。

对需要进行环境影响评价的风电场，建设单位应当委托具有相应环境影响评价资质证书的单位来承担。为风电场进行环境影响评价提供技术服务的机构，要按照资质证书规定的等级和评价范围，从事环境影响评价服务工作，并对评价结论负责。

2.2.1　风电场环境影响报告书的主要内容

根据《环境影响评价技术导则　总纲》（HJ 2.1—2011）的要求，风电场环境影响报告书的主要内容包括工程分析、周围地区的环境现状调查与评价、环境影响预测与评价、清洁生产分析、环境风险评价、环境保护措施及其技术、经济论证、环境影响经济损益分析、公众参与、环境管理与监测计划、评价结论与建议等。对鸟类、陆生及海洋生物影响较大的风电场，需编写鸟类影响、珍稀动植物影响、噪声对海洋生物影响等专题报告；对涉及保护区等环境敏感区的风电场，需编写保护区专题报告。陆上风电场和海上风电场环境影响报告书的主要内容基本相同，但根据各自所处的环境条件和环境影响特征各有侧重。

1. 总则

（1）编制依据。包括风电场工程应执行的相关法律法规、相关政策及规划、相关导则及技术标准、有关技术文件和工作文件，以及环境影响报告书编制中引用的资料等。

（2）评价因子与评价标准。分列现状评价因子和预测评价因子，给出各评价因子所执行的环境质量标准、污染物排放标准、其他有关标准及具体限值。

（3）评价工作等级和评价重点。说明各专项评价工作等级，明确重点评价内容。

（4）评价范围及环境敏感区。以图、表形式说明评价范围和各环境要素的环境功能类别或级别，各环境要素环境敏感区和功能及其与风电场工程的相对位置关系等。

（5）相关规划及环境功能区划。附图、列表说明风电场工程所在城镇、区域或流域发展总体规划、环境保护规划、生态保护规划、环境功能区划或保护区规划等。

2. 工程概况

（1）工程一般特性。概要说明风电场工程的项目名称、建设性质、工程地理位置（附图）、项目组成、建设与投资规模（改、扩建项目应说明原有规模）、建设工期、工程技术方案等，给出项目工程特性表。

（2）工程建设方案。概述风力发电机组（陆上风力发电机组或海上风力发电机组）、集电线路（陆上风电场集电线路或海上风电场集电线路）、升压变电站（陆上升压变电站、海上升压变电站、陆上集控中心）、配套工程、施工辅助工程等建设方案。给出风电场工程总体施工流程和风电场总平面布置，简述风力发电机组、升压变电站、集电线路、道路等主要建（构）筑物的布置，并分别附图说明。

（3）工程施工概述。概述风力发电机组基础、风力发电机组安装、集电线路（陆上集电线路或海底电缆）敷设、升压变电站等施工方案、施工工艺流程；概述工程主要工程量、作业时间；概述施工总布置，包括施工厂区和仓储系统区；概述施工交通运输、主要建筑材料及来源、土石方平衡、主要施工机械设备、数量、参数、施工总进度等；概述项目管理，包括项目管理机构范围、项目运行和维护等概况。

（4）海域占用或工程占地概述。海上风电项目需明确利用或占用海域、海岸线和滩涂情况，并给出对应数量和图表；陆上风电项目需明确占地性质、占地规模等情况，并列表标示。

3. 工程分析

分析施工期和营运期风力发电机组、集电线路、升压变电站、配套工程、辅助工程等的主要工艺流程及产污环节，并图示。分析风电场工程的全部组成和施工期、运行期及事故阶段各种污染物产生量、排放量、排放去向和排放方式等，确定污染物产生量和排放源强。分析工程施工、运行及事故阶段对区域敏感目标和各环境要素的影响途径、方式、性质、范围和可能产生的结果；从保护周围环境、景观等目标要求出发，分析工程布置及施工方案的合理性。对各阶段环境影响因素进行识别，判断其影响性质和影响范围，通过综合判断对评价因子进行筛选。

4. 改、扩建项目回顾性影响评价

对改、扩建风电场工程，应增加已建（已运营）风电场工程的回顾性环境影响评价内容，包括已建（已运营）的工程概况、主要环境问题、原有环评结论与批复情况、污染物排放状况、污染和非污染（生态）防治控制设施的能力和运行状况、环保设施运行情况、环境事故风险应急设施、采取的环境保护对策措施的有效性、污染防治整改措施、已建风电场的环境影响实际结果、环境质量现状等，作出分析评价。

5. 环境现状调查与评价

根据风电场当地的环境特征、项目特点和专项评价设置情况，从自然环境、社会环境、环境质量和区域污染源等方面选择相应内容进行现状调查与评价。

6. 环境影响预测与评价

对风电场环境影响进行预测，给出预测时段、预测内容、预测范围、预测方法及预测结果，并根据环境质量标准或评价指标对风电场环境影响进行评价。

7. 环境风险评价

根据风电场环境风险识别、分析情况，给出环境风险评估后果、环境风险的可接受程度，从环境风险角度论证风电场工程的可行性，提出具体可行的风险防范措施和应急预案。

8. 清洁生产分析

量化分析风电场工程清洁生产水平，提高资源利用率、优化废物处置途径，提出节能、降耗、提高清洁生产水平的改进措施与建议。

9. 环境保护措施及其经济、技术论证

明确风电场工程拟采取的具体环境保护措施。结合环境影响评价结果，论证拟采取环境保护措施的可行性，并按技术先进、适用、有效的原则，进行多方案比选，推荐最佳方案。

按工程实施不同时段，分别列出其环境保护投资额，并分析其合理性，给出各项措施及投资估算一览表。

10. 环境影响经济损益分析

根据风电场环境影响所造成的经济损失与效益分析结果，提出补偿措施与建议。

11. 公众意见调查

给出采取的调查方式、调查对象、风电场环境影响信息、拟采取的环境保护措施、公众对环境保护的主要意见、公众意见的采纳情况等。

12. 环境管理与监测计划

根据风电场环境影响情况，提出设计期、施工期、运营期的环境管理及监测计划要求，包括环境管理制度、机构、人员、监测点位、监测时间、监测频次、监测因子等。

13. 方案比选

风电场工程的选址、选线和规模，应从是否与规划相协调、是否符合法规要求、是否满足环境功能区要求、是否影响环境敏感区或造成重大资源经济和社会文化损失等方面进行环境合理性论证。如要进行多个场址或电缆线路方案的优选时，应对各选址或选线方案的环境影响进行全面比较，从环境保护角度，提出选址、选线意见。

14. 环境影响评价结论

环境影响评价结论是全部评价工作的结论，应在概括全部评价工作的基础上，简洁、准确、客观地总结风电场工程实施过程各阶段的生产和生活活动与当地环境的关系，明确一般情况下和特定情况下的环境影响，规定采取的环境保护措施，从环境保护角度分析，得出风电场工程是否可行的结论。

环境影响评价的结论一般应包括风电场工程的建设概况、环境现状与主要环境问题、环境影响预测与评价结论、项目建设的环境可行性、结论与建议等内容，可有针对性地选择其中的全部或部分内容进行编写。环境可行性结论应从与法规政策及相关规划一致性、清洁生产和污染物排放水平、环境保护措施可靠性和合理性、公众参与接受性等方面分析得出。

2.2.2 风电场环境影响报告表的主要内容

根据原国家环保总局公布的《建设项目环境影响报告表》（试行）内容及格式要求，风电场环境影响报告表应由具有从事环境影响评价工作资质的单位编制。风电场环境影响报告表的主要内容包括建设项目基本情况、风电场总平面布置图建设项目所在地环境简况、评价适用标准、建设项目工程分析、环境影响分析与拟采取的防治措施及预期治理效果、环境效益、评价结论与建议。

1. 建设项目基本情况

（1）基本信息。包括风电场工程项目名称、建设单位、建设地点、建设性质、建设规模、占地面积、工程投资（总投资和环保投资）、预期投产日期等信息。

（2）工程内容及规模。简述风电场单机容量和台数。主要工程内容，如变电站、道路、风力发电机组基础等及其工程量。

2. 风电场总平面布置图

应标明风电场范围、风力发电机组布置、变电站位置、道路、周边环境敏感区域（如有）等。

3. 建设项目所在地环境简况

（1）自然环境简况。简述风电场工程所在区域的地形、地貌、地质、气候、气象、动植物等内容。

（2）社会环境简况。简述风电场工程所在区域的社会经济结构、土地利用、交通旅游、文物保护等内容。

（3）主要环境保护对象。列出风电场工程涉及的主要环境保护对象名单及保护级别。

4. 评价适用标准

明确风电场环境影响评价的环境质量标准、污染物排放标准。环境质量和污染物排放标准包括地面水、大气、声、电磁辐射等要素。

5. 建设项目工程分析

（1）工艺流程简述。阐述施工期和营运期风力发电机组、集电线路、升压变电站、配套工程、辅助工程等的主要工艺流程，并图示。

（2）主要污染源强。分析风电场工程施工期、营运期可能产生的各种污染物，包括大气污染物、水污染物、固体废物、噪声、电磁场，以及可能产生的对生态环境的影响；明确各污染物名称、产生量、排放量及排放去向、排放方式等。

6. 环境影响分析与拟采取防治措施及预期治理效果

分析风电场工程施工期、营运期排放的噪声、弃渣、生活污水、施工期粉尘等各类污染物可能产生的环境影响和生态影响，明确其影响性质、影响范围及程度。针对上述环境影响和生态影响，分别提出具体可行的污染防治措施和生态保护措施，并给出预期治理效果。

7. 环境效益

从节能效益（节约原煤）、减排效益（减排有害气体）等角度分析论证风电场环境效益。

8. 评价结论与建议

结论包括风电场工程选址合理性分析、环境质量现状分析、环境影响分析、污染控制措施达标分析、清洁生产分析等内容。从环境保护角度分析，给出风电场工程是否可行的结论。

2.3　风电场环境影响评价的工作程序

根据《中华人民共和国环境影响评价法》，我国环境影响评价的主要技术工作由环境影响评价机构完成。对于环境影响评价机构而言，环境影响评价的工作是从接受建设单位委托开始，直至环评文件报批结束。环境影响评价工作一般分为3个阶段，即前期准备、调研和工作方案阶段，分析论证和预测评价阶段，环境影响评价文件编制阶段。

（1）前期准备、调研和工作方案阶段。环境影响评价第一阶段，接受环境影响评价委托后，研究国家和地方有关环境保护的法律法规、政策、标准及相关规划等文件，确定环境影响评价文件类型。在研究相关技术文件和其他有关文件的基础上，进行初步的工程分析，同时开展初步的环境状况调查及公众意见调查。结合初步工程分析结果和环境现状资料，可以识别建设项目的环境影响因素，筛选主要的环境影响评价因子，明确评价重点和环境保护目标，确定环境影响评价的范围、评价工作等级和评价标准，最后制订工作方案。

（2）分析论证和预测评价阶段。环境影响评价第二阶段，主要工作是做进一步的工程分析，进行充分的环境现状调查、监测并开展环境质量现状评价，之后根据污染源强和环境现状资料进行建设项目的环境影响预测，评价建设项目的环境影响，并开展公众意见调查。若建设项目需要进行多个场址的比选，则需要对各个场址分别进行预测和评价，并从环境保护角度推荐最佳场址方案。如果对原选场址得出了否定的结论，则需要对新选场址重新进行环境影响评价。

（3）环境影响评价文件编制阶段。环境影响评价第三阶段，其主要工作是汇总、分析第二阶段工作所得的各种资料、数据，根据建设项目的环境影响、法律法规和标准等的要求以及公众的意愿，提出减少环境污染和生态影响的环境管理措施和工程措施。从环境保护的角度确定项目建设的可行性，给出评价结论和提出进一步减缓环境影响的建议，并最终完成环境影响报告书或报告表的编制。

陆上风电场环境影响评价工作程序可参考 HJ 2.1—2011 中的工作流程，见图 2-1。海上风电场环境影响评价工作程序依据《海上风电工程环境影响评价技术规范》中的工作程序要求，具体见图 2-2。

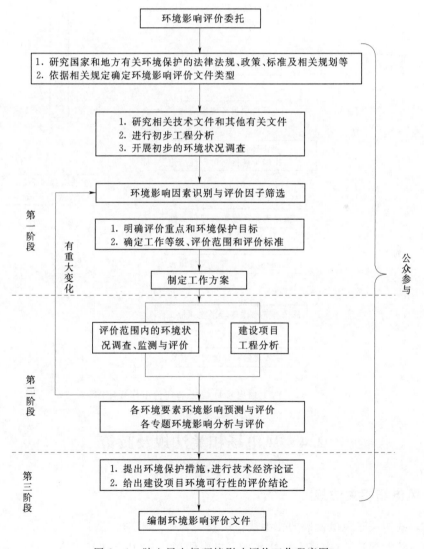

图 2-1　陆上风电场环境影响评价工作程序图

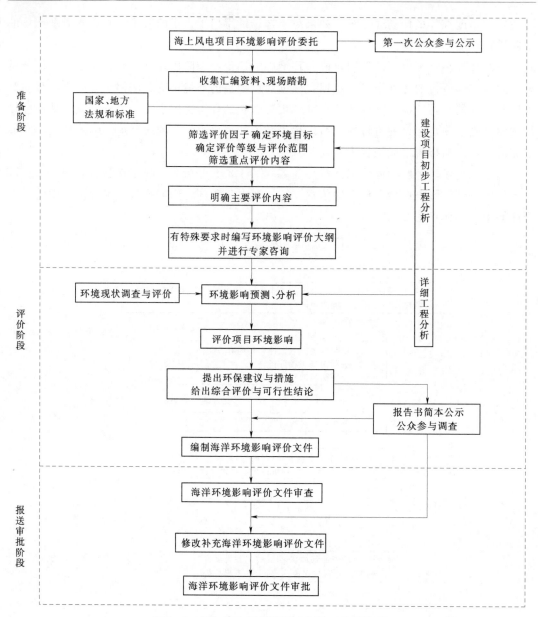

图 2-2　海上风电场环境影响评价工作程序图

2.4　风电场相关法规及政策

2.4.1　风电场相关法规

目前，我国关于风电发展的相关法律法规主要有《中华人民共和国电力法》《中华人民共和国节约能源法》《中华人民共和国可再生能源法》《中华人民共和国可再生能源法修正案》等。

《中华人民共和国可再生能源法》要求电网企业要全额收购其电网覆盖范围内可再生能源并网发电项目的上网电量，并对我国风电能源制造和并网标准作出了规定，这为风力发电发展提供了保障；《中华人民共和国可再生能源法修正案》在《中华人民共和国可再生能源法》的基础上，确定了国家实行对可再生能源发电全额保障性收购制度，并公布对电网企业应达到的全额保障性收购可再生能源发电量的最低限额指标，并对我国未来十年的风电装机容量发展提出了规划，要求到2020年实现全国风电装机容量达到30GW，以及明确了国家设立可再生能源发展基金等内容。

2.4.2　风电发展相关规划

我国关于风电发展的相关规划主要有《风力发电科技发展"十二五"专项规划》（国科发计〔2012〕197号）、《"十二五"国家战略性新兴产业发展规划》（国发〔2012〕28号）和《风电发展"十二五"规划》（国能新能〔2012〕195号）等。

为了加快我国能源结构的优化调整，近年来国家相关部门对风电发展目标不断进行调整，2007年颁布的《可再生能源中长期发展规划》（发改能源〔2007〕2174号）对我国可再生能源发展中长期的发展目标做出了规定。就风电发展规划而言，2012年4月，科技部颁发的《风力发电科技发展"十二五"专项规划》（国科发计〔2012〕197号）提出到2015年实现风电累计并网装机超过1亿kW，年发电量达到1900亿kW时的目标；2012年5月，国务院颁发的《"十二五"国家战略性新兴产业发展规划》（国发〔2012〕28号）要求，"十二五"期间，可再生能源发电装机1.6亿kW，其中风电装机7000万kW。《风电发展"十二五"规划》（国能新能〔2012〕195号）对我国"十二五"期间的风电发展目标、开发布局和建设重点做出了明确的规定，以实现风电规模化开发利用，提高风电在电力结构中的比重，使风电成为对调整能源结构、应对气候变化有重要贡献的新能源。

2.4.3　海上风电场相关政策和规划

近年来，我国在推进海上风电发展和管理方面，开展了大量积极有效的工作，出台了一系列规定，并采取了一些举措，海上风电规划及建设等政策和标准不断完善，有力地加快了海上风电开发的步伐，见表2-1。

2011年7月国家能源局和国家海洋局联合发布的《海上风电开发建设管理暂行办法实施细则》（以下简称《细则》）是近期最重要的政策规定，该《细则》明确了海上风电项目建设管理的程序和内容，力求解决用海管理部门间的不协调问题，避免用海矛盾。《细则》在之前颁布的《海上风电开发建设管理暂行办法》的基础上，针对海上风电开发建设，从特许权招标、省级海上风电规划、项目前期工作方案、可行性研究、项目核准、海域使用权报批的整个流程进行了清晰的规定，并对国家和省级的能源主管部门、海洋主管部门的职能职责进行了明确。该《细则》对我国海上风电开发建设的一个重要影响是关于"双十"原则的规定，即海上风电场原则上应在离岸距离不少于10km，滩涂宽度超过10km时海域水深不得少于10m的海域布局。"双十"原则虽然增加了海上风电场的建设成本和运维成本，但有利于减轻海上风电场建设对海洋环境的影响，并能在一定程度上规避各行业海域使用的矛盾，有助于实现长期的社会、经济、环境等综合效益，也有利于维护国家海洋权益。

由以上法规、政策可知，我国为风电发展提供了相对健全的法律保障和明朗的发展空间，在未来一段时间内，我国风电发展仍旧处于国家大力推动状态。

表 2-1　我国海上风电场相关法规和政策

日　期	部　门	法规、政策及相关会议名称	海上风电场相关内容
2005 年 2 月	全国人民代表大会常务委员会	《中华人民共和国可再生能源法》	国家鼓励和支持可再生能源并网发电
2005 年 8 月	国家发改委、国土资源部、原国家环境保护总局	《风电场工程建设用地和环境保护管理暂行办法》（发改能源〔2005〕1511 号）	明确风电场工程建设项目实行用地预审和环境影响评价制度的原则、内容和要求
2005 年 11 月	国家发改委	《可再生能源产业发展指导目录》（发改能源〔2005〕2517 号）	将近海风力发电机组技术研发列入指导目录
2008 年 3 月	国家发改委	《可再生能源发展"十一五"规划》（发改能源〔2008〕610 号）	沿海风电基地准备，近海风电技术研发、试验、设备制造和试点示范
2009 年 1 月	国家能源局	《近海风电场工程规划报告编制办法（试行）》（FD 005—2008）、《近海风电场工程预可行性研究报告编制办法（试行）》（FD 006—2008）	规范近海风电场规划和预可行性研究报告编制
2009 年 4 月	国家能源局	《海上风电场工程规划工作大纲》（国能新能〔2009〕130 号）	对海上风电场工程规划的工作范围、原则、内容、方法、职责、组织管理等进行规定
2010 年 1 月	国家能源局、国家海洋局	《海上风电开发建设管理暂行办法》（国能新能〔2010〕29 号）	规定海上风电发展各环节的程序和要求，明确部门分工
2010 年 3 月	工业和信息化部	《风电设备制造行业准入标准（征求意见稿）》	将海上风电设备产业列入优先发展内容
2011 年 7 月	国家能源局、国家海洋局	《海上风电开发建设管理暂行办法实施细则》	进一步明确海上风电规划和项目建设的具体程序和管理要求
2011 年 8 月	国家能源局	能源行业风电标准技术委员会会议暨能源行业风电标准化工作会议	发布涉及海上风电建设的多项重要技术标准，并提出"五个转变"，要求从以陆上风电为主向陆上和海上风电全面发展转变
2011 年 8 月	国家能源局	《风电开发建设管理暂行办法》（国能新能〔2011〕285 号）	明确风电场工程的建设规划、项目前期工作、项目核准、竣工验收、运行监督等环节的行政组织管理和技术质量管理要求

2.4.4　风电场环境影响评价相关法规与政策

1. 风电场环境影响评价相关法律法规

依据的法律法规见表 2-2。

表 2-2　法　律　法　规

序号	文　件　名　称
1	《中华人民共和国环境保护法》
2	《中华人民共和国环境影响评价法》
3	《中华人民共和国大气污染防治法》

续表

序号	文　件　名　称
4	《中华人民共和国水污染防治法》
5	《中华人民共和国环境噪声污染防治法》
6	《中华人民共和国固体废物污染环境防治法（2013 年修正）》
7	《中华人民共和国清洁生产促进法（2012 年修正）》
8	《中华人民共和国海洋环境保护法（2014 年修正）》
9	《中华人民共和国可再生能源法》
10	《中华人民共和国渔业法》
11	《中华人民共和国水土保持法》
12	《中华人民共和国野生动物保护法》
13	《中华人民共和国海域使用管理法》
14	《中华人民共和国海岛保护法》
15	《中华人民共和国海上交通安全法》
16	《建设项目环境保护管理条例》
17	《中华人民共和国防治海岸工程建设项目污染损害海洋环境管理条例》
18	《中华人民共和国海洋倾废管理条例》
19	《中华人民共和国自然保护区条例》
20	《陆生野生动物保护实施条例》
21	《防治海洋工程建设项目污染损害海洋环境管理条例》
22	《中华人民共和国防治陆源污染物污染损害海洋环境管理条例》
23	《中华人民共和国防治船舶污染海洋环境管理条例》

2. 风电场环境影响评价相关部门规章及规范性文件

依据的规章及规范性文件见表 2-3。

表 2-3　规章及规范性文件

序号	文　件　名　称
1	《风电场工程建设用地和环境保护管理暂行办法》（发改能源〔2005〕1511 号）
2	《风电开发建设管理暂行办法》（国能新能〔2011〕285 号）
3	《环境影响评价公众参与暂行办法》（环发〔2006〕28 号）
4	《近岸海域环境功能区管理办法（2010 年修改）》
5	《国务院关于落实科学发展观加强环境保护的决定》（国发〔2005〕39 号）
6	《电磁辐射环境保护管理办法》
7	《全国生态环境保护纲要》（国发〔2000〕38 号）
8	《国家重点生态功能保护区规划纲要》（环发〔2007〕165 号）
9	《国家重点保护野生动物名录》
10	《海上风电开发建设管理暂行办法》（国能新能〔2010〕29 号）
11	《海上风电开发建设管理暂行办法实施细则》

序号	文　件　名　称
12	《海洋工程环境影响评价管理暂行规定》
13	《海洋功能区划管理规定》
14	《海洋自然保护区管理办法》
15	《海底电缆管道保护规定》
16	《无居民海岛保护与利用管理规定》（国海发〔2003〕10号）
17	《中华人民共和国船舶污染海洋环境应急防备和应急处置管理规定》
18	《中华人民共和国船舶及其有关作业活动污染海洋环境防治管理规定》
19	《沿海海域船舶排污设备铅封管理规定》（交海发〔2007〕16号）
20	《关于推行清洁生产的若干意见》（环控〔1997〕0232号）
21	《国务院关于加强环境保护重点工作的意见》（国发〔2011〕35号）
22	《关于加强国家重点生态功能区环境保护和管理的意见》（环发〔2013〕16号）

3. 风电场环境影响评价相关技术导则和标准

依据的技术导则和标准见表2-4。

表2-4　技术导则和标准

序号	文　件　名　称
1	《环境影响评价技术导则　总纲》（HJ 2.1—2011）
2	《环境影响评价技术导则　地面水环境》（HJ/T 2.3—93）
3	《环境影响评价技术导则　大气环境》（HJ 2.2—2008）
4	《环境影响评价技术导则　声环境》（HJ 2.4—2009）
5	《环境影响评价技术导则　生态影响》（HJ 19—2011）
6	《建设项目环境风险评价技术导则》（HJ/T 169—2004）
7	《环境影响评价技术导则　输变电工程》（HJ 24—2014）
8	《辐射环境保护管理导则　电磁辐射环境影响评价方法与标准》（HJ/T 10.3—1996）
9	《海洋工程环境影响评价技术导则》（GB/T 19485—2014）
10	《海上风电工程环境影响评价技术规范》（国海环字〔2014〕184号）
11	《船舶污染海洋环境风险评价技术规范》（试行）（海船舶〔2011〕588号）
12	《交流输变电工程电磁环境监测方法（试行）》（HJ 681—2013）
13	《电磁环境控制限值》（GB 8702—2014）
14	《海洋监测规范》（GB 17378—2007）
15	《近岸海域环境监测规范》（HJ 442—2008）
16	《海洋调查规范》（GB 12763—2007）

2.5 风电场相关环境标准

2.5.1 风电场相关环境质量标准

陆上风电场环境影响评价相关环境质量标准见表2-5。

表2-5 陆上风电场环境质量标准

环 境 要 素	环 境 质 量 标 准
地表水环境	《地表水环境质量标准》（GB 3838—2002）
空气环境	《环境空气质量标准》（GB 3095—2012）
声环境	《声环境质量标准》（GB 3096—2008）
电磁环境	《电磁环境控制限值》（GB 8702—2014）

海上风电场相关环境质量标准见表2-6。

表2-6 海上风电场环境质量标准

环 境 要 素	环 境 质 量 标 准
海水水质	《海水水质标准》（GB 3097—1997）、《渔业水质标准》（GB 11607—1989）
海洋沉积物环境	《海洋沉积物质量标准》（GB 18668—2002）
双壳类海洋生物质量	《海洋生物质量标准》（GB 18421—2001）
空气环境	《环境空气质量标准》（GB 3095—2012）
声环境	《声环境质量标准》（GB 3096—2008）
电磁环境	《电磁环境控制限值》（GB 8702—2014）

2.5.1.1 水环境质量标准

1. 地表水环境质量标准

GB 3838—2002按照地表水环境功能分类和保护目标，规定了水环境质量应控制的项目及限值，以及水质评价、水质项目的分析方法和标准的实施与监督。适用于陆上风电场的水环境质量评价。

（1）功能区分类和标准分级。该标准依据地表水水域环境功能和保护目标，按功能高低依次划分为五类。

1）Ⅰ类。主要适用于源头水、国家自然保护区。

2）Ⅱ类。主要适用于集中式生活饮用水地表水源地一级保护区、珍稀水生生物栖息地、鱼虾类产卵场、仔稚幼鱼的索饵场等。

3）Ⅲ类。主要适用于集中式生活饮用水地表水源地二级保护区、鱼虾类越冬场、洄游通道、水产养殖区等渔业水域及游泳区。

4）Ⅳ类。主要适用于一般工业用水区及人体非直接接触的娱乐用水区。

5）Ⅴ类。主要适用于农业用水区及一般景观要求水域。

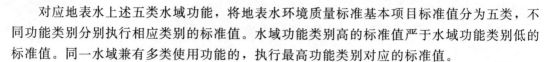

对应地表水上述五类水域功能，将地表水环境质量标准基本项目标准值分为五类，不同功能类别分别执行相应类别的标准值。水域功能类别高的标准值严于水域功能类别低的标准值。同一水域兼有多类使用功能的，执行最高功能类别对应的标准值。

（2）标准限值。各类地表水环境质量标准限值见表 2-7。

表 2-7 地表水环境质量标准基本项目标准限值

序号	项目		分类				
			Ⅰ类	Ⅱ类	Ⅲ类	Ⅳ类	Ⅴ类
1	水温/℃		人为造成的环境水温变化应限制在：周平均最大温升≤1 周平均最大温降≤2				
2	pH 值		6～9				
3	溶解氧/(mg·L^{-1})	≥	饱和率90%（或7.5）	6	5	3	2
4	高锰酸盐指数/(mg·L^{-1})	≤	2	4	6	10	15
5	化学需氧量（COD）/(mg·L^{-1})	≤	15	15	20	30	40
6	五日生化需氧量（BOD$_5$）/(mg·L^{-1})	≤	3	3	4	6	10
7	氨氮（NH$_3$-N）/(mg·L^{-1})	≤	0.15	0.5	1.0	1.5	2.0
8	总磷（以P计）/(mg·L^{-1})	≤	0.02（湖、库0.01）	0.1（湖、库0.025）	0.2（湖、库0.05）	0.3（湖、库0.1）	0.4（湖、库0.2）
9	总氮（湖、库，以N计）/(mg·L^{-1})	≤	0.2	0.5	1.0	1.5	2.0
10	铜/(mg·L^{-1})	≤	0.01	1.0	1.0	1.0	1.0
11	锌/(mg·L^{-1})	≤	0.05	1.0	1.0	2.0	2.0
12	氟化物（以F$^-$计）/(mg·L^{-1})	≤	1.0	1.0	1.0	1.5	1.5
13	硒/(mg·L^{-1})	≤	0.01	0.01	0.01	0.02	0.02
14	砷/(mg·L^{-1})	≤	0.05	0.05	0.05	0.1	0.1
15	汞/(mg·L^{-1})	≤	0.00005	0.00005	0.0001	0.001	0.001
16	镉/(mg·L^{-1})	≤	0.001	0.005	0.005	0.005	0.01
17	铬（六价）/(mg·L^{-1})	≤	0.01	0.05	0.05	0.05	0.1
18	铅/(mg·L^{-1})	≤	0.01	0.01	0.05	0.05	0.1
19	氰化物/(mg·L^{-1})	≤	0.005	0.05	0.2	0.2	0.2
20	挥发酚/(mg·L^{-1})	≤	0.002	0.002	0.005	0.01	0.1
21	石油类/(mg·L^{-1})	≤	0.05	0.05	0.05	0.5	1.0
22	阴离子表面活性剂/(mg·L^{-1})	≤	0.2	0.2	0.2	0.3	0.3
23	硫化物/(mg·L^{-1})	≤	0.05	0.1	0.2	0.5	1.0
24	粪大肠菌群/(个·L^{-1})	≤	200	2000	10000	20000	40000

2. 海水水质标准

GB 3097—1997 规定了海域各类使用功能的水质的要求。适用于海上风电场水环境质量评价。

（1）海水水质分类。按照海域的不同使用功能和保护目标，海水水质分为四类。

1）第一类适用于海洋渔业水域，海上自然保护区和珍稀濒危海洋生物保护区。

2）第二类适用于水产养殖区，海水浴场，人体直接接触海水的海上运动或召娱乐区，以及与人类食用直接有关的工业用水区。

3）第三类适用于一般工业用水区，滨海风景旅游区。

4）第四类适用于海洋港口水域，海洋开发作业区。

（2）各类海水水质标准。各类海水水质标准见表 2-8。

表 2-8 海 水 水 质 标 准

项　　目	一类	二类	三类	四类
pH	7.8～8.5 同时不超出该海域正常变动范围的 0.2 pH 单位		6.8～8.8 同时不超出该海域正常变动范围的 0.5 pH 单位	
水温	人为造成的海水温升夏季不超过当 时当地 1℃，其他季节不超过 2℃		人为造成的海水温升不超过当时当 地 4℃	
溶解氧（DO）/(mg·L^{-1})	>6	>5	>4	>3
化学需氧量（COD）/(mg·L^{-1})	≤2	≤3	≤4	≤5
生化需氧量（BOD$_5$）/(mg·L^{-1})	≤1	≤3	≤4	≤5
无机氮（以 N 计）/(mg·L^{-1})	≤0.2	≤0.3	≤0.4	≤0.5
非离子氨（以 N 计）/(mg·L^{-1})	≤0.020			
活性磷酸盐（以 P 计）/(mg·L^{-1})	≤0.015	≤0.030		≤0.045
悬浮物质（SS）/(mg·L^{-1})	人为增加的量≤10		人为增加的量 ≤100	人为增加的量 ≤150
石油类/(mg·L^{-1})	≤0.05		≤0.30	≤0.50

3. 渔业水质标准

GB 11607—1989 适用鱼虾类的产卵场、索饵、越冬场、洄游通道和水产增养殖区等海、淡水的渔业水域。海上风电场工程及周边海域涉及渔业水域的，水环境质量评价需执行该标准。具体标准见表 2-9。

表 2-9 渔 业 水 质 标 准

序号	项　　目	标　准　值
1	悬浮物质/(mg·L^{-1})	人为增加的量不得超过 10，而且悬浮物质沉积于底部后，不得对鱼、虾、贝类产生有害的影响
2	pH 值	淡水 6.5～8.5，海水 7.0～8.5

序号	项　目	标　准　值
3	溶解氧（DO）/（mg·L⁻¹）	连续 24h 中，16h 以上必须大于 5，其余任何时候不得低于 3
4	生化需氧量（BOD₅）/（mg·L⁻¹）	对于鲑科鱼类栖息，除水域冰封期外其余任何时候不得低于 4 不超过 5，冰封期不超过 3
5	汞/（mg·L⁻¹）	≤0.0005
6	镉/（mg·L⁻¹）	≤0.005
7	铜/（mg·L⁻¹）	≤0.01
8	锌/（mg·L⁻¹）	≤0.1
9	石油类/（mg·L⁻¹）	≤0.05
10	硫化物/（mg·L⁻¹）	≤0.2

2.5.1.2　环境空气质量标准

GB 3096—2012 规定了环境空气功能区分类、标准分级、污染物项目、平均时间及浓度限值、监测方法、数据统计的有效性规定及实施与监督等内容。适用于陆上风电场的环境空气质量评价。

1. 功能区分类和标准分级

环境空气功能区分为两类：一类区为自然保护区、风景名胜区和其他需要特殊保护的区域；二类区为居住区、商业交通居民混合区、文化区、工业区和农村地区。一类区适用一级浓度限值，二类区适用二级浓度限值。

2. 浓度限值

该标准规定了各项环境空气污染物浓度限值，见表 2-10。

表 2-10　环境空气污染物浓度限值

序号	污染物项目	平均时间	浓度限值 一级	浓度限值 二级	单位
1	二氧化硫（SO₂）	年平均	20	60	μg/m³
		24h 平均	50	150	
		1h 平均	150	500	
2	二氧化氮（NO₂）	年平均	40	40	
		24h 平均	80	80	
		1h 平均	200	200	
3	一氧化碳（CO）	24h 平均	4	4	mg/m³
		1h 平均	10	10	
4	臭氧（O₃）	日最大 8h 平均	100	160	μg/m³
		1h 平均	160	200	
5	颗粒物（粒径小于等于 10μm）	年平均	40	70	
		24h 平均	50	150	

续表

序号	污染物项目	平均时间	浓度限值 一级	浓度限值 二级	单位
6	颗粒物（粒径小于等于2.5μm）	年平均	15	35	μg/m³
		24h平均	35	75	
7	总悬浮颗粒物（TSP）	年平均	80	200	
		24h平均	120	300	
8	氮氧化物（NO$_x$）	年平均	50	50	
		24h平均	100	100	
		1h平均	250	250	
9	铅（Pb）	年平均	0.5	0.5	
		季平均	1	1	
10	苯并[a]芘（BaP）	年平均	0.001	0.001	
		24h平均	0.0025	0.0025	

2.5.1.3 声环境质量标准

GB 3096—2008 规定了五类环境功能区的环境噪声限值及测量方法。适用于陆上风电场声环境质量评价。各类声环境功能区环境噪声限值见表 2-11。

表 2-11 环境噪声限值 单位：dB（A）

时段声环境功能区类别		昼间	夜间
0		50	40
1		55	45
2		60	50
3		65	55
4	4a 类	70	55
	4b 类	70	60

2.5.1.4 电磁环境质量标准

风电场电磁环境质量标准依据《电磁环境控制限值》（GB 8702—2014），该标准规定了电磁环境中控制公众暴露的电场、磁场、电磁场（1Hz～300GHz）的场量限值、评价方法，适用于陆上风电场和海上风电场的电磁辐射环境质量评价。

该标准规定，环境中电场、磁场、电磁场场量参数的方均根值应满足表 2-12 要求。

表 2-12 公众暴露控制限值

频率范围	电场强度 E /(V·m^{-1})	磁场强度 H /(A·m^{-1})	磁感应强度 B /μT	等效平面波功率密度 S_{eq}/(W·m^{-2})
1～8Hz	8000	32000/f^2	40000/f^2	—
8～25Hz	8000	4000/f	5000/f	—
0.025～1.2kHz	200/f	4/f	5/f	—

频率范围	电场强度 E /(V·m^{-1})	磁场强度 H /(A·m^{-1})	磁感应强度 B /μT	等效平面波功率 密度 S_{eq}/(W·m^{-2})
1.2～2.9kHz	200/f	3.3	4.1	—
2.9～57kHz	70	10/f	12/f	—
57～100kHz	4000/f	10/f	12/f	—
0.1～3MHz	40	0.1	0.12	4
3～30MHz	67/$f^{1/2}$	0.17/$f^{1/2}$	0.21/$f^{1/2}$	12/f
30～3000MHz	12	0.032	0.04	0.4
3000～15000MHz	0.22$f^{1/2}$	0.00059$f^{1/2}$	0.00074$f^{1/2}$	f/7500
15～300GHz	27	0.073	0.092	2

注：1. 频率 f 的单位为所在行中第一栏的单位。

　　2. 0.1MHz～300GHz 频率，场量参数是任意连续 6min 内的方均根值。

　　3. 100kHz 以下频率，需同时限制电场强度和磁感应强度；100kHz 以上频率，在远场区，可以只限制电场强度或磁场强度，或等效平面波功率密度，在近场区，需同时限制电场强度和磁场强度。

　　4. 架空输电线路线下的耕地、园地、牧草地、畜禽饲养地、养殖水面、道路等场所，其频率 50Hz 的电场强度控制限值为 10kV/m，且应给出警示和防护指示标志。

对于脉冲电磁波，除满足上述要求外，其功率密度的瞬时峰值不得超过表 2-12 中所列限值的 1000 倍，或场强的瞬时峰值不得超过表 2-12 中所列限值的 32 倍。

2.5.1.5　海洋沉积物质量标准

GB 18668—2002 规定了海域各类使用功能的沉积物质量要求。适用于海上风电场沉积物环境质量评价。

按照海域的不同使用功能和环境保护的目标，海洋沉积物质量分为三类。

（1）第一类适用于海洋渔业水域、海洋自然保护区、珍稀与濒危生物自然保护区、海水养殖区、海水浴场、人体直接接触沉积物的海上运动或娱乐区、与人类食用直接有关的工业用水区。

（2）第二类适用于一般工业用水区、滨海风景旅游区。

（3）第三类适用于海洋港口水域、特殊用途的海洋开发作业区。

各类沉积物质量标准见表 2-13。

表 2-13　海洋沉积物质量标准

项　　目		标　准　值		
		第一类	第二类	第三类
汞（×10^{-6}）	≤	0.20	0.50	1.00
镉（×10^{-6}）	≤	0.50	1.50	5.00
铅（×10^{-6}）	≤	60.0	130.0	250.0
铜（×10^{-6}）	≤	35.0	100.0	200.0
锌（×10^{-6}）	≤	150.0	300.0	600.0

续表

项　目		标　准　值		
		第一类	第二类	第三类
铬（×10⁻⁶）	≤	80.0	150.0	270.0
砷（×10⁻⁶）	≤	20.0	65.0	93.0
硫化物（×10⁻⁶）	≤	300.0	500.0	600.0
石油类（×10⁻⁶）	≤	500.0	1000.0	1500.0
有机碳（×10⁻⁶）	≤	2.0	3.0	4.0

2.5.1.6　海洋生物质量标准

双壳类海洋生物质量执行 GB 18421—2001，鱼类、甲壳类、软体类海洋生物质量（除砷、铬和石油烃外）评价标准采用《全国海岸和海涂资源综合调查简明规程》中的海洋生物体内污染物评价标准，鱼类、甲壳类和软体类海洋生物体内砷、铬和石油烃评价标准采用《第二次全国海洋污染基线调查技术规程》（第二分册）中的生物残留标准。

GB 18421—2001 以海洋贝类（双壳类）为环境监测生物，规定海域各类使用功能的海洋生物质量要求。海洋生物质量按照海洋的使用功能和环境保护的目标划分为三类。

（1）第一类适用于海洋渔业水域、海水养殖区、海洋自然保护区、与人类食用直接有关的工业用水区。

（2）第二类适用于一般工业用水区、滨海风景旅游区。

（3）第三类适用于港口水域和海洋开发作业区。

海洋生物质量（双壳类）分类标准值见表 2-14。

表 2-14　海洋生物质量（双壳类）　　　　　单位：mg/kg

项　目		标　准　值		
		第一类	第二类	第三类
总汞	≤	0.05	0.10	0.30
镉	≤	0.2	2.0	5.0
铅	≤	0.1	2.0	6.0
铜	≤	10	25	50（牡蛎100）
锌	≤	20	50	100（牡蛎500）
铬	≤	0.5	2.0	6.0
砷	≤	1.0	5.0	8.0
石油烃	≤	15	50	80

海洋鱼类、甲壳类、软体类生物质量标准值见表 2-15。

表 2-15　海洋鱼类、甲壳类、软体类生物质量评价标准　　　　　单位：mg/kg

项目	标准值			备注
	甲壳类	鱼类	软体类	
汞	0.2	0.3	0.3	《全国海岸和海涂资源综合调查简明规程》中的"海洋生物体内污染物评价标准"
镉	2.0	0.6	5.5	
铅	2.0	2.0	10	
铜	100	20	100	
锌	150	40	250	
砷	—	1.0	1.0	《第二次全国海洋污染基线调查技术规程》（第二分册）中的生物残留标准
铬	1.5	1.5	5.5	
石油烃	20	20	20	

2.5.2　风电场相关污染物排放标准

陆上风电场相关污染物排放标准见表 2-16。

表 2-16　陆上风电场相关污染物排放标准

污染物分类	污 染 物 排 放 标 准
污水	《污水综合排放标准》（GB 8978—1996）（若有地方标准，执行地方污水综合排放标准）、《城市污水再生利用 城市杂用水水质》（GB/T 18920—2002）
大气污染物	《大气污染物综合排放标准》（GB 16297—1996）
噪声	《建筑施工场界环境噪声排放标准》（GB 12523—2011）、《工业企业厂界环境噪声排放标准》（GB 12348—2008）
电磁辐射	《电磁环境控制限值》（GB 8702—2014）

海上风电场污水、大气、噪声和电磁辐射执行的排放标准及原则和陆上风电场相同。此外，海上风电场主体工程位于海域，需动用船舶进行施工建设，因此船舶污水和固体废弃物需执行《船舶污染物排放标准》（GB 3552—1983）。

2.5.2.1　水污染物排放标准

1. 污水综合排放标准

GB 8978—1996 按照污水排放去向，分年限规定了各种水污染物最高容许排放浓度及部分行业最高容许排水量。适用于现有风电场水污染物的排放管理，以及风电工程建设项目的环境影响评价、环境保护设施设计、竣工验收及其投产后的排放管理。

（1）标准分级。①排入 GB 3838—2002 中Ⅲ类水域（划定的保护区和游泳区除外）和排入 GB 3097—1997 中二类海域的污水，执行一级标准；②排入 GB 3838—2002 中Ⅳ、Ⅴ类水域和排入 GB 3097—1997 中三类海域的污水，执行二级标准；③排入设置二级污水处理厂的城镇排水系统的污水，执行三级标准；④排入未设置二级污水处理厂的城镇排水系统的污水，必须根据排水系统出水受纳水域的功能要求，分别执行一级或二级标准。

GB 3838—2002 中Ⅰ、Ⅱ类水域和Ⅲ类水域中划定的保护区，GB 3097—1997 中一类海域，禁止新建排污口，现有排污口应按水体功能要求，实行污染物总量控制，以保证受纳水体水质符合规定用途的水质标准。

（2）标准值。风电场工程各类水污染物最高容许排放浓度见表 2-17。

表 2-17　各类水污染物最高容许排放浓度

序号	污染物	一级标准	二级标准	三级标准
1	pH 值	6～9	6～9	6～9
2	色度/(mg·L^{-1})	50	80	—
3	悬浮物/(mg·L^{-1})	70	150	400
4	BOD$_5$/(mg·L^{-1})	20	30	300
5	化学需氧量/(mg·L^{-1})	100	150	500
6	石油类/(mg·L^{-1})	5	10	20

2. 城市污水再生利用 城市杂用水水质

GB/T 18920—2002 适用于风电工程建设项目城市绿化、车辆冲洗、道路清扫、建筑施工杂用水水质标准，具体见表 2-18。

表 2-18　城市杂用水水质标准

序号	项　目		城市绿化	车辆冲洗	道路清扫	建筑施工
1	pH 值		6～9			
2	色度/(mg·L^{-1})	≤	30			
3	浊度/NTU	≤	10	5	10	20
4	BOD$_5$/(mg·L^{-1})	≤	20	10	15	15
5	氨氮/(mg·L^{-1})	≤	20	10	10	20
6	溶解氧/(mg·L^{-1})	≥	1.0			
7	溶解性总固体/(mg·L^{-1})	≤	1000	1000	1500	—

2.5.2.2 大气污染物排放标准

GB 16297—1996 规定了 33 种大气污染物的排放限值，同时规定了标准执行中的各种要求。适用于现有风电场大气污染物排放管理，以及风电工程建设项目的环境影响评价、设计、环境保护设施竣工验收及其投产后的大气污染物排放管理。

1. 标准分级

该标准规定的最高容许排放速率，现在污染源分为一级、二级、三级，新污染源分为二级、三级。按污染源所在的环境空气质量功能区类别，执行相应级别的排放速率标准。

（1）位于一类区的污染源执行一级标准（一类区禁止新、扩建污染源，一类区现有污染源改建时执行现有污染源的一级标准）。

（2）位于二类区的污染源执行二级标准。

（3）位于三类区的污染源执行三级标准。

1997年1月1日前设立的污染源为现有污染源，1997年1月1日起设立（包括新建、扩建、改建）的污染源为新污染源。一般情况下应以建设项目环境影响报告书（表）批准日期作为其设立日期。未经环境保护行政主管部门审批设立的污染源，应按补做的环境影响报告书（表）批准日期作为其设立日期。

2. 标准值

风电场各类大气污染物最高容许排放浓度见表2-19。

表2-19 新污染源大气污染物排放限值
（无组织排放监控浓度限值）　　　　　　　　单位：mg/m³

项目	SO_2	NO_x	TSP
监控点	周界外浓度最高点	周界外浓度最高点	周界外浓度最高点
浓度	0.4	0.12	1.0

2.5.2.3 噪声污染控制标准

风电场噪声控制按《建筑施工场界环境噪声排放标准》（GB 12523—2011）、《工业企业厂界环境噪声排放标准》（GB 12348—2008）执行。具体噪声标准值见表2-20和表2-21。

表2-20 建筑施工场界噪声限值　　　　　　单位：dB（A）

噪声排放限值	昼间	70
	夜间	55

表2-21 工业企业厂界噪声限值　　　　　　单位：dB（A）

类别	昼间	夜间
0	50	40
1	55	45
2	60	50
3	65	55
4	70	55

2.5.2.4 电磁辐射污染控制标准

GB 8072—2014规定了电磁环境中控制公众暴露的电场、磁场、电磁场（1Hz～300GHz）的场量限值，适用于风电场中控制电磁辐射污染公众暴露的评价和管理。

2.5.2.5 船舶污染物排放标准

本标准为贯彻《中华人民共和国环境保护法》，防治船舶排放的污染物对水域污染而制订，适用于海上风电场船舶污染物排放的污染控制，具体船舶污染物的排放要求见表2-22。

表 2-22　船舶污染物排放要求

污染物种类	排放区域	排放浓度或规定	备注
污压载水、洗舱水、泵舱舱底水	距最近陆地 50n mile① 以上海域	航行途中，瞬间油量排放率不超过 30L/n mile	73/78 防污公约
	距最近陆地 50n mile① 以内海域	禁排	
机舱所处的舱底含油污水	排放口铅封处理，定期交海事部门指定的处理单位处理		铅封管理规定
船舶生活污水	距最近陆地 4n mile 以内	生化需氧量不大于 50mg/L 悬浮物不大于 150mg/L 大肠菌群不大于 250 个/100mL	船舶污染物排放标准
	距最近陆地 4～12n mile	无明显悬浮物固体 大肠菌群不大于 1000 个/100mL	
船舶垃圾	沿海	塑料制品：禁止投入水域 漂浮物：距最近陆地 25n mile 以内，禁止投入水域 食品废弃物及其他垃圾：未经粉碎的禁止在距最近陆地 12n mile 以内弃入海。经过粉碎颗粒直径小于 25mm 时，可允许在距最近陆地 3n mile 之外投弃入海	

① 1n mile＝1.852km。

2.6　风电场环境影响评价等级和范围的确定

根据《建设项目环境影响评价分类管理名录》，风力发电项目应依据其对环境的影响程度，分别组织编制环境影响报告书或环境影响报告表。总装机容量 5 万 kW 以上的风力发电项目及涉及环境敏感区的风力发电项目应编制环境影响报告书，其他风力发电项目应编制环境影响报告表。编制环境影响报告表的风电场工程无须划定具体评价等级和范围，编制环境影响报告书的风电场工程，需根据涉及的环境影响要素对应的专项环境影响评价技术导则的要求确定评价等级和评价范围。

2.6.1　陆上风电场

2.6.1.1　水环境

陆上风电场工程对水环境的影响主要来自于施工期的施工污废水和营运期的生活污水，因污水量较小，一般不进行地表水环境影响评价，只需进行一些简单的环境影响分析。

2.6.1.2　大气环境

陆上风电场工程对大气环境的影响主要来自于施工期的扬尘和施工车辆机械排放的废气，一般主要进行较简单的影响分析。

2.6.1.3　声环境

依据 HJ 2.4—2009 的规定，陆上风电场声环境影响评价等级根据风电场所在区域的声环境功能区类别、风电场建设前后所在区域的声环境质量变化程度和受风电场影响的人口的数量来确定。

若风电场位于 GB 3096—2008 规定的 0 类声环境功能区，以及涉及对噪声有特别限制要求的保护区等敏感目标，或风电场建设前后评价范围内敏感目标噪声级增高量达 5dB（A）以上 [不含 5dB（A）]，或受风电场噪声影响人口数量显著增多时，评价等级为一级。需进行全面、详细、深入评价。

若风电场所处的声环境功能区为 GB 3096—2008 规定的 1 类、2 类地区，或风电场建设前后评价范围内敏感目标噪声级增高量达 3～5dB（A）[含 5dB（A）]，或受风电场噪声影响人口数量增加较多时，评价等级为二级。需进行较为详细、深入的评价。

若风电场所处的声环境功能区为 GB 3096—2008 规定的 3 类、4 类地区，或风电场建设前后评价范围内敏感目标噪声级增高量在 3dB（A）以下 [不含 3dB（A）]，或受风电场噪声影响人口数量变化不大时，评价等级为三级。只需进行一般环境影响分析。

若符合两个以上级别的划分原则，按较高级别的评价等级评价。

风电场声环境影响评价范围依据评价等级确定。一级评价项目以风电场工程边界向外 200m 为评价范围，二级、三级评价范围可根据风电场所在区域和相邻区域的声环境功能区类别及敏感目标等实际情况适当缩小。如根据风电场声源计算得到的贡献值到 200m 处仍不能满足相应功能区标准值时，应将评价范围扩大到满足标准值的距离。

2.6.1.4　生态环境

依据 HJ 19—2011 的规定，陆上风电场生态影响评价等级可依据区域的生态敏感性和项目的工程占地范围（包括永久占地和临时占地）划定。划定依据具体见表 2-23。

表 2-23　生态影响评价工作等级划分

影响区域生态敏感性	工程占地（水域范围）		
	面积≥20km² 或长度≥100km	面积 2～20km² 或长度 50～100km	面积≤2km² 或长度≤50km
特殊生态敏感性	一级	一级	一级
重要生态敏感区	一级	二级	三级
一般区域	二级	三级	三级

风电场生态影响评价工作范围应从生态完整性角度考虑，需涵盖项目全部活动的直接影响区域和间接影响区域。

2.6.1.5　电磁环境

陆上风电场电磁环境影响评价范围可依据 HJ 24—2014 的规定确定。评价范围根据电压等级为架空线路边导线地面投影外两侧各 30250m 带状区域，地下电缆管廊两侧边缘各外延 5m（水平距离）带状区域，升压站（变电站）站界外 30～50m 区域。

2.6.2　海上风电场

海上风电场环境影响评价各环境要素评价等级和范围的确定根据《海上风电工程环境影响评价技术规范》的规定确定。海上风电工程鸟类生态和水下声环境影响评价工作不划定具体评价等级，其余各单项海洋环境影响评价工作等级，依据海上风电场工程类型、工程规模和工程所在区域的环境特征和海洋生态类型划分为 3 个评价等级。当海上风电场工程所在地区的海洋环境特征较为特殊或对环境质量有特殊要求时，各单项评价内容的评价等级可作适当调整，调整幅度应小于一个等级。

海上风电场调查与评价范围应覆盖项目所有工程建设可能影响到的全部海域范围，应说明其边界位置、范围、面积等内容，并图示出。

2.6.2.1 海洋水文动力、水质、沉积物、生态环境影响

海洋水文动力、水质、沉积物、生态环境影响评价工作等级依据表2-24确定。

表2-24 海上风电场工程海洋水文动力、水质、沉积物、生态环境影响评价等级依据

海上风电项目工程类型	工程规模	工程所在海域特征和生态环境类型	海洋水环境影响评价等级			海洋生态
			水文动力环境	水质环境	沉积物环境	
海上风力发电机组工程	装机容量≥300MW	海洋生态环境敏感区	1	1	1	1
		近岸海域且非海洋生态环境敏感区	2	1	2	1
		其他海域	2	2	2	2
	100MW≤装机容量<300MW	海洋生态环境敏感区	1	1	2	1
		近岸海域且非海洋生态环境敏感区	2	2	2	2
		其他海域	3	3	3	2
	装机容量<100MW	海洋生态环境敏感区	2	2	2	1
		近岸海域且非海洋生态环境敏感区	3	3	2	2
		其他海域	3	3	3	3
海底电缆工程	长度≥100km	海洋生态环境敏感区	1	1	1	1
		近岸海域且非海洋生态环境敏感区	2	2	2	1
		其他海域	2	2	2	1
	20km≤长度<100km	海洋生态环境敏感区	2	1	2	1
		近岸海域且非海洋生态环境敏感区	3	2	3	2
		其他海域	3	2	3	2
	5km≤长度<20km	海洋生态敏感区	2	2	2	1
		近岸海域且非海洋生态敏感区	3	2	3	2
		其他海域	3	3	3	2

注：海上风电场中的填海工程的评价工作等级按照《围填海工程环境影响评价技术规范》确定。

海洋水质、海洋沉积物、海洋生态环境影响评价范围主要依据评价区域及周边区域生态完整性确定；以主要评价因子受影响方向的扩展距离确定，1级、2级、3级评价以海

上风电项目所有工程外缘线为起点向外扩展一般应分别不小于 15km、10km、8km。海底管线沿垂直海底管线路由方向从管线外缘向两侧扩展不少于 5km。

水下声环境影响评价范围应至少与海洋生态评价范围一致。

海洋水文动力影响评价范围应该根据工程特点和海域特性进行适当调整，原则上不低于海洋水质环境影响评价范围。

2.6.2.2　海洋地形地貌与冲淤环境影响

海洋地形地貌与冲淤环境影响评价工作等级依据表 2-25 确定。

表 2-25　海上风电场工程海洋地形地貌与冲淤环境影响评价等级依据

评价等级	工 程 类 型
1	海上风电场工程所有工程类型总占海面积超过 $50×10^4 m^2$ 的或严重改变海岸线、滩涂、海床自然性状和产生较严重冲刷、淤积的工程项目
2	海上风电场工程所有工程类型总占海面积在（50～30）$×10^4 m^2$ 的或较严重改变岸线、滩涂、海床自然性状和产生冲刷、淤积的工程项目
3	海上风电场工程所有工程类型总占海面积在（30～20）$×10^4 m^2$ 的或有改变海岸线、滩涂、海床自然性状和产生较轻微冲刷、淤积的工程项目

海洋地形地貌与冲淤环境影响评价范围应该根据工程特点和海域特性进行适当调整，原则上不低于海洋水质环境影响评价范围。

2.6.2.3　电磁环境影响

电磁环境影响评价工作等级依据表 2-26 确定。

表 2-26　海上风电场电磁环境影响评价等级依据

电流类型	电压等级	工程类型	条　　件	评价工作等级
交流电	110kV	输电线路	海底电缆	三级
			边导线投影外 10m 范围内有电磁环境敏感目标的架空输电线路	二级
			边导线投影外 10m 范围内无电磁环境敏感目标的架空输电线路	三级
		升压变电站	户外式	二级
			户内式、地下式	三级
	220～330kV	输电线路	海底电缆	三级
			边导线投影外 15m 范围内有电磁环境敏感目标的架空输电线路	二级
			边导线投影外 15m 范围内无电磁环境敏感目标的架空输电线路	三级
		升压变电站	户外式	二级
			户内式、地下式	三级

续表

电流类型	电压等级	工程类型	条 件	评价工作等级
交流电	500kV 及以上	输电线路	海底电缆	二级
			边导线投影外 20m 范围内有电磁环境敏感目标的架空输电线路	一级
			边导线投影外 20m 范围内无电磁环境敏感目标的架空输电线路	二级
		升压变电站	户外式	一级
			户内式、地下式	二级
直流电	±400kV 及以上	—	—	一级
	其他	—	—	二级

电磁环境影响评价范围见表 2-27。

表 2-27 海上风电场电磁环境影响评价范围

电压等级	评 价 范 围		
	变电站	输 电 线 路	
		架空线路	海底电缆
110kV	站界外 30m	边导线地面投影外两侧各 30m	电缆两侧边缘各外延 30m（水平）
220～330kV	站界外 40m	边导线地面投影外两侧各 40m	电缆两侧边缘各外延 40m（水平）
500kV	站界外 50m	边导线地面投影外两侧各 50m	电缆两侧边缘各外延 50m（水平）
直流	±100kV	极导线地面投影外两侧各 50m	电缆两侧边缘各外延 50m（水平）

2.6.2.4 风险评价

海上风电场主体工程位于海洋，由于海洋环境十分复杂，存在船舶碰撞溢油、通航安全、雷击台风自然灾害、基础及海缆掏空等环境事故风险。海上风电场环境事故风险影响评价等级划分参照 HJ/T 169—2004 确定，具体见表 2-28。

表 2-28 海上风电项目环境风险评价等级判据

名 称	剧毒危险性物质	一般毒性危险物质	可燃、易燃危险性物质	爆炸危险性物质
重大危险源	一	二	一	一
非重大危险源	二	二	二	二
环境敏感地区	一	一	一	一

海上风电场环境风险评价范围按 HJ/T 2.3—1993 规定执行，应包括环境风险事故可能影响到的海域，若评价范围外有环境敏感区，则评价范围需延伸至敏感区。环境敏感区指依法设立的各级各类自然、文化保护区，以及特别敏感的区域，主要有重要水生生物的自然产卵场及索饵场、越冬场和洄游通道、天然渔场等。

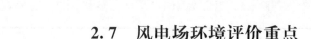

2.7　风电场环境评价重点

风电场环境影响评价的重点应考虑风电场所处的自然环境特点、主要的环境影响问题及对环境的危害程度等因素。

2.7.1　陆上风电场

陆上风电场除了产生噪声和电磁辐射污染对周边环境产生影响外，对周边生态环境的影响也是主要的问题，主要表现为地表植被破坏与退化、水土流失等。陆上风电场环境评价的重点一般包括：

（1）工程分析。产污环节及污染源强的估算。

（2）生态现状调查与分析。土地利用、植被类型与分布、水土流失、野生动植物资源、敏感保护目标等（主要针对风沙草原型和山地丘陵型风电场）。

（3）噪声及电磁辐射环境影响分析。预测分析风电场噪声和电磁辐射对周边环境的影响程度和范围及对敏感保护目标的影响。

（4）生态环境影响分析。预测分析风电场施工期和营运期对土壤植被、水土流失、野生动物和鸟类迁徙繁殖、生物多样性等的影响。

（5）环境保护对策措施。提出施工期和营运期污染防治措施和生态保护、修复和补偿措施。

2.7.2　海上风电场

海上风电场和陆上风电场不同，其主体工程位于海域，对环境的影响主要表现为对海洋环境的影响。海上风电场环境评价的重点一般包括：

（1）工程分析。产污环节及源强估算，项目方案环境比选及环境合理性分析。

（2）环境现状调查与评价。全面调查和评价工程及周边海域的海洋水文动力、地形地貌与冲淤环境、海水水质、海洋沉积物环境、海洋生态环境、渔业资源、鸟类及其生境以及声环境、大气环境、电磁环境的现状水平、资源分布、超标情况及主要环境问题。

（3）水文动力及地形冲淤环境影响预测评价。模拟预测风电场建设对海洋潮流动力场和海床冲淤变化的影响范围、程度和分布。

（4）海洋环境影响预测分析评价。风力发电机组及海底电缆施工悬浮物扩散影响及对海洋沉积物、海洋生态环境和渔业资源的影响；营运期对海洋沉积物环境、海洋生态环境、渔业资源（渔业生产）的影响评价。

（5）鸟类影响评价。风电场建设对鸟类种类数量、生境、行为活动、迁徙的影响及鸟类撞击风力发电机组的风险影响。

（6）水下噪声及电磁辐射对海洋生物的影响评价。风力发电机组基础打桩和风力发电机组运转对鱼类或海洋哺乳动物的影响，海底电缆等电磁辐射对海洋动物的影响。

（7）环境风险评价。施工及营运期船舶碰撞溢油对海洋水质、海洋生态的风险影响评价。

（8）环保对策措施。项目风力发电机组布置及施工方案环境合理性分析及方案优化，海洋水质、沉积物、生态环境（渔业资源）保护及修复补偿措施拟定。

第3章　风电场工程特征分析

工程分析是环境影响评价中分析项目建设影响环境内在因素的重要环节，是从环境保护的角度对建设项目可能产生的环境影响特征进行全面分析。其主要任务是通过对工程组成、一般特征和环境影响特征进行全面分析，从项目总体上纵观开发建设活动与环境全局的关系，同时从微观上为工程选址的环境可行性提供背景材料，为环境影响预测和评价提供所需的基础数据。

3.1　风电场工程分析概述

风电场工程的建设、营运过程中，将释放一定的污染物，如废水、废气、废渣，以及生态破坏等，对周围环境产生一定的影响。本章介绍风电场环境影响的产污环节、污染物类型及可能产生的环境影响，主要依据为 HJ 2.1—2011、HJ 19—2011、HJ 2.4—2009、GB/T 19485—2014。

3.1.1　工程分析的内容和作用

1. 工程分析的内容

根据风电场工程可行性研究报告，了解风电场工程组成、规模、工艺路线。从规划相符性方面论证风电场工程的合法性，从规模布局的合理性分析风电场工程与周边环境的相容性，通过对工程施工工艺的比选，找到环境最优施工方案。此外，在确定最优规模、布局、施工方案的基础上，对工程施工和营运可能产生对环境较大影响的主要因素进行深入分析，判断工程建设及营运环境影响因素、影响方式和影响强度。

2. 工程分析的作用

工程分析是风电场工程项目决策的重要依据之一。风电场工程建设项目工程分析衡量项目是否符合国家产业政策，环境保护政策和相关法律法规要求，从项目选址、规模布局、施工方案、设备选型等入手确定风电场建设和营运过程中的产污环节、生态影响，核算污染源强，从环保角度分析规模布局合理性、技术经济先进性、环保措施可行性，进而确定风电场工程的环境可行性。

工程分析是风电场环境影响评价的基础。工程分析中确定的污染源强、影响方式等，是环境要素影响预测的基础，为定量评价风电场环境影响的程度和范围提供了可靠的保证。

工程分析为风电场环境保护提供优化建议。通过对已知的可行性研究报告进行工程分析，明确了风电场建设过程中的产污环节和数量、生态影响方式和影响程度，经过环境影响评价对风电场施工工艺改进、设备选型优化、生态修复方案等论证，评价提出满足清洁生产要求和环境友好的建设运行方案，给出对受损环境的减免、修复和补偿措施，使风电场所在区域的环境质量得以维持原样或改善。

工程分析为风电场建设营运期的环境管理提供依据。工程分析筛选的主要污染因子和非污染影响是建设单位、监理单位和环境监管部门日常跟踪管理的对象，也是竣工验收的重要依据。

3.1.2 工程分析应遵循的技术原则

风电场建设项目的工程分析应进行全时段和完整性分析。风电场建设项目除了主要产生生态影响外，同样会有不同程度的污染影响，通过全时段和对工程组成进行完整性分析，识别可能带来生态影响或污染影响的来源，应尽可能给出定量或半定量的数据。

1. 全时段分析

风电场工程产生的环境影响一般从生态影响、环境污染和社会影响三个方面考虑。总体上，风电场属于生态影响型建设项目，其主要环境影响是非污染生态影响，但同时会伴有不同程度的污染影响。工程分析应涵盖勘察期、施工期、营运期和退役期，即应全时段分析，其中以施工期和营运期为调查分析的重点。

勘察期主要包括风电场初步勘察、选址和微观选址，一般风电场选址在进入环评阶段前已完成，其成果会在可行性研究报告中体现。因此风电场工程环评与可研编制的过程是一个互动的过程，评价过程中若发现初勘、选址和相关设计中存在环境影响问题，应及时提出调整或修改建议。

风电场的施工期根据风力发电机组数量的多少、装机规模大小，一般时间跨度少则几月，多则几年，尤其是海上风电场的施工，受天气条件影响较大，一般时间跨度较长。风电场营运期一般为 20～25 年，到达设计年限后，风力发电机组即退役。对生态影响来说，施工期和营运期影响同等重要且各具特点。施工期产生的生态影响一般为临时性的，但在一定条件下，其产生的间接影响可能是永久性的。因此，在实际环评工作中，注重施工期直接影响的同时，应关注可能造成的间接影响。营运期的生态影响可能会造成区域性的环境问题。比如风电场的阻隔作用，造成鸟类迁徙路径发生变化。

退役期不仅包括主体工程的退役，也涉及主要设备和相关配套工程的退役，退役过程中可能存在环境影响问题需要解决。比如埋于海底的电缆和桩基基础仍然占用海域资源等。

2. 完整性分析

工程分析应包含风电场工程建设全部内容，要求工程组成完整，包括临时性工程和永久性工程。工程组成应有完善的项目组成表，一般按主体工程、配套工程、辅助工程分别说明位置、规模、施工和营运设计方案。

主体工程和配套工程一般指永久性工程，主体工程在风电场工程建设中指风力发电机组及输电线路的建设。配套工程包括公用工程、环保工程。风电场工程建设项目中，配套工程一般指配套升压变电站、营运管理中心的建设。辅助工程一般指施工期的临时性工程，如施工临时道路等。

3. 影响源识别

生态影响分析时，应明确给出土地征用量、地表植被破坏面积、底栖生物破坏面积、取土量、弃土（渣）量，土地征用面积应包括临时占地和永久占地。同时应分析施工时间计划和施工方式带来的生态影响。

污染源分析时，从废水、废气、固体废弃物、噪声与振动、电磁等方面分别考虑，明确污染源位置、属性、产生量、处理处置量、排放量和最终去向。

4. 环境影响识别

风电场环境影响识别应在结合环境影响特点、区域环境特点和具体环境敏感目标的基础上开展。其中，生态影响识别不仅要识别项目工程行为造成的直接生态影响、间接生态影响，还要识别在时间和空间上形成的累积影响，通过列表法，明确各类影响的性质和属性。如有利与不利、短期与长期、可逆与不可逆等。

3.1.3 工程分析的方法

风电场工程建设项目工程分析中污染源分析主要采用的方法有：类比分析法、物料平衡计算法、实测法、实验法、查阅参考资料法。影响识别的主要方法有叠图法、列表清单法等。

1. 类比分析法

类比分析法是基于与拟建风电场类型相同、环境相似的现有已建成的风电场工程的设计资料或实测数据进行工程分析的一种常用方法。采用该方法时，应注意拟建项目与类比对象的相似性和可比性，应对以下方面进行可类比性分析。

（1）工程特征的相似性分析：包括风电场工程的性质、规模、布置方案、设备类型、桩基基础方案、进出线方案、变电站方案等。

（2）环境特征的相似性分析：包括气象条件、地形地貌、生态特点、环境功能、区域环境现状。

类比分析法也常用单位产品的经验排污系数计算污染物排放量，但需根据生产规模等工程特征和生产管理及外部因素等实际情况进行必要的修正。经验排污系数法的计算公式为

$$A = A_D \cdot M$$
$$A_D = B_D - (a_D + b_D + c_D + d_D)$$

式中　A——某污染物的排放总量；

A_D——单位产品某污染物的排放定额；

M——产品总产量；

B_D——单位产品投入或生成的某污染物量；

a_D——单位产品中某污染物的量；

b_D——单位产品所生成的副产物、回收品中某污染物的量；

c_D——单位产品分解转化掉的污染物量；

d_D——单位产品被净化处理掉的污染物量。

风电场工程建设项目工程分析中，生态影响方式和强度、输电线路和变电站的电磁辐

射强度常采用类比分析法。

2. 物料平衡计算法

物料平衡计算法是一种常规的，用于计算污染物排放量的最基本的方法，适用于所有的建设项目环境影响评价工作。其基本理论为物料守恒定理，即生产过程中投入的物料总量必须等于产品中消耗量与物料流失量之和。在风电场建设项目工程分析过程中，施工期和营运期三废排放强度常采用物料平衡计算法。其计算通式为

$$\sum G_{投入} = \sum G_{产品} + \sum G_{流失}$$

式中　$\sum G_{投入}$——投入系统的物料总量；

　　　$\sum G_{产品}$——产出产品总量；

　　　$\sum G_{流失}$——物料流失总量。

在可研文件提供的基础资料比较翔实或对工艺路线熟悉的基础上，优先采用物料平衡计算法。

3. 实测法

通过选择相同或类似工艺实测一些关键的污染参数。风电场工程项目分析中，建设场地的气象条件、地形地貌、水文情势、环境现状、风力发电机组噪声强度等常采用实测法。

4. 实验法

通过一定的实验手段来确定一些关键的污染参数。在海上风电场的工程分析中，为判断风力发电机组低频噪声和电磁辐射对海洋生物的影响，可采用实验法，在实验室建立模拟噪声和电磁辐射发生源，选取风电场所在区域特定生物物种，进行实验并记录数据，以反映影响程度与影响方式。

5. 查阅参考资料法

查阅参考资料法是利用同类工程已有的环境影响评价资料或可行性研究报告等资料进行工程分析的方法。但所得数据的准确性难以保证。所以只有在评价工作等级较低的情况下使用。

6. 叠图法

叠图法是利用风电场工程平面布置图与环境功能区划图、规划图、土地利用图、环境保护目标图叠置，分析项目与周边环境的关系及影响的方法。一般用于项目建设的合法性判断。

7. 列表清单法

列表清单法是将工程分析对象按环境要素逐一列表，分析其对环境可能存在的有利与不利、可逆与不可逆、短期与长期、是否存在累积效应等影响，并列表判断其影响程度。该方法一般用于自然环境影响、生态影响和社会影响的定性判断。

3.1.4　风电场环境合理性分析

1. 政策规划相符性分析

政策规划相符性分析即分析风电场工程规划选址、装机规模、总体布置与国家、地方政策法规和国家、地方规划的相符性。国家、地方政策法规一般包括与能源发展相关的法

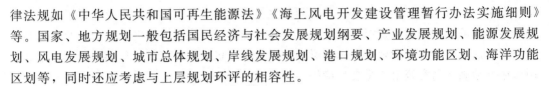

律法规如《中华人民共和国可再生能源法》《海上风电开发建设管理暂行办法实施细则》等。国家、地方规划一般包括国民经济与社会发展规划纲要、产业发展规划、能源发展规划、风电发展规划、城市总体规划、岸线发展规划、港口规划、环境功能区划、海洋功能区划等，同时还应考虑与上层规划环评的相容性。

2. 选址合理性分析

首先根据风电场工程的政策规划相符性分析结果，判断项目选址的合法性。通过叠图法分析风电场选址、取弃土场等临时设施是否与自然保护区、风景名胜区、重要生态敏感区、种质资源保护区、重要矿产资源分布区、饮用水源保护区相冲突，是否占用了敏感资源等。此外，还应当考虑其他利益相关者的诉求，如军队、农业、林业、规土、水利、海洋、海事部门，并获得相关部门有关项目选址的认可。

3. 规模布局合理性分析

对于陆上风电场来讲，一般选择沿山脉、道路或者岸线成线性排列，对于海上风电场来讲，一般采用阵列布置。因此风电场装机容量的大小、风力发电机组机型的选择直接决定了风电场占用的场地面积、布置长度。适宜的规模不仅能有效利用风力资源，避免过分占用土地或海域资源，也可以通过优化布局来减小和控制生态影响。规模布局合理性分析应综合项目自身特点和所在区域环境特点、环境功能、规划要求，通过规模比选、布置优化等手段选择环境最优规模布局，以减小项目带来的环境影响。

4. 施工工艺比选

施工工艺比选主要是对施工方案和施工设备的先进性和可靠性分析。风电场工程重点关注桩基基础施工方法、风力发电机组吊装施工方法、电缆施工方法、施工设备优化比选。从清洁生产、产污种类与数量、施工时间、占用资源、环境保护等角度来评价。

3.2　陆上风电场工程特征分析

我国陆上风电场目前已遍布全国各省区市，风力发电机组的单机容量一般从 1.5～3MW，风电场规模一般由几十兆瓦至几百兆瓦不等。

3.2.1　陆上风电场分布的环境特点

陆上风电场一般分布在风能资源较为丰富的区域，以我国为例常见的有分布于草原、荒漠、山脉、丘陵和沿海地区。风力发电机组根据其单机容量大小，一般间隔为几百米至1km 以上，呈线性布置。

分布在山脉和丘陵地区的风电场，由于山区具有生物多样性丰富、易产生水土流失、发生泥石流和山体滑坡等特点，工程分析中应重点关注项目建设导致的生物尤其是鸟类迁徙通道阻隔、植被破坏造成的水土流失，以及桩基基础施工造成的局部地质灾害等。此外，因陆上风电场风力发电机组线性布置，施工距离较远，临时施工场地、施工便道设置一般较多，且基本为临时征地，工程分析还需重点关注临时占地是否占用国家级重点保护物种、古树名木的生境。

分布在沿海平原地带的风电场，由于地处我国相对较为发达的东部沿海地区，居民分布密度大，沿海鸟类多样性丰富。环境问题主要在于风力发电机组噪声及电磁影响，对鸟类迁徙的影响、占用湿地资源影响等。工程分析应重点关注风力发电机组噪声及电磁辐射对周围居民、学校等环境敏感目标的影响，风力发电机组叶片旋转对鸟类的趋避作用、占用滩涂湿地破坏鸟类繁殖与觅食生境等。

陆上风电场的输电线路一般分架空和地埋两种形式。架空线路多影响地区景观，地埋线路则涉及开挖占地，破坏地表植被，改变地貌特征。当风电场输电线路为地埋形式时，还应注意电缆管线不同穿越方式可造成不同的影响。

（1）大开挖方式。管沟回填后多余土方一般就地平整，基本不产生弃方问题。

（2）定向钻穿越方式。存在施工期泥浆处理处置问题。

（3）隧道穿越方式。除隧道工程弃渣外，还可能对隧道区域的地下水和坡面植被产生影响；若有施工爆破则产生噪声、振动影响，甚至引起局部地质灾害。

3.2.2　项目组成及工艺流程

陆上风电场工程项目组成应明确项目规模、主体工程、辅助工程、主要生产设备、原辅材料等内容。陆上风电场工程建设内容包括风力发电场和输电线路两个部分。风力发电场包括风力发电机组、变压器、升压站和道路及生活附属建筑等配套工程，应明确风力发电机组型号及特征参数、风力发电机组布置排列方式、风力发电机组接线方式、变压器型号及参数、升压站设计及平面（分层）布置图、占地及土石方量等。输电线路应明确线路长度、架设方式和并网方式等内容。

风力发电是将自然风能转变为机械能，再将机械能转变为电能的过程，生产过程中不消耗燃料，不产生大气、水污染物和固体废弃物。陆上风电场工程项目工艺流程如图3-1所示。

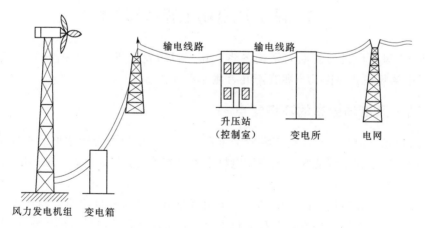

图 3-1　陆上风力发电场工艺流程示意图

3.2.3　产污环节分析

风力发电是一种不消耗矿物能源，比较清洁的生产项目，在生产运行过程中不产生废气、废水和废渣等污染物。陆上风电场对环境的影响分为施工期和营运期两个阶段。施工期环境影响主要为施工污废水、施工废气、施工噪声、固体废弃物及生态影响，运行期环境影响主要为噪声影响、电磁辐射影响、生态影响、景观影响等方面。

施工期工程分析对象应包括施工作业带清理（表土保存和回填）、施工便道、管沟开挖和回填、各类料场和弃土（渣）场设置、施工作业场地和生活区布置。重点分析其施工方案和相应的环保措施。

营运期主要是污染影响和风险事故。工程分析应重点关注升压变电站和风力发电机组运行噪声源强，运营中心的生活污水和生活垃圾以及相应的环保措施。

陆上风电场工程施工期和营运期生产工艺过程产污环节示意图见图3-2和图3-3。

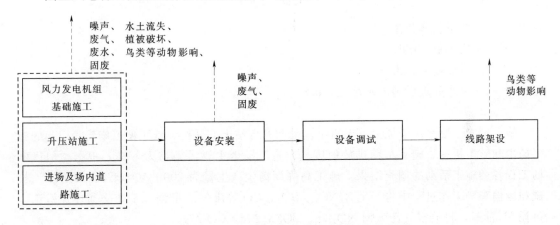

图3-2　陆上风电场工程施工期产污环节示意图

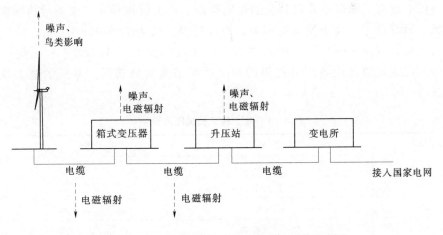

图3-3　陆上风电场工程营运期产污环节示意图

3.2.4　污染物分析

3.2.4.1　施工期主要污染源强

风电场工程施工主要污染源为施工污废水、施工废气、施工噪声、施工固废和生活垃圾。生态破坏主要表现为植被破坏、水土流失和野生动植物影响等。

1. 施工污废水

施工废水包括砂石料拌和废水、混凝土养护废水、机械维护冲洗废水。施工废水多偏碱性，主要含有悬浮物、石油类等污染物。施工废水的产生量根据可行性研究报告中给出的施工用水量，采用物料平衡计算法确定，废水的主要污染物含量可通过类比分析法或实测法确定。

施工污水主要来源于施工人员排放的生活污水，一般根据可研提供的施工人员数量计算用水量，采用类比分析法计算排污量。施工污废水中污染物排放量的计算公式为

$$I = QDC/1000$$

式中　I——污染物排放量，kg/d；

　　　Q——用水量，t/d；

　　　D——排放定额，无量纲；

　　　C——废水处理设施出水浓度，mg/L。

2. 施工废气

施工废气主要来源于风力发电机组基础和升压站土方开挖、施工便道修建等引起的施工扬尘和施工机械、施工车辆排放的废气。施工扬尘主要污染物为 TSP，根据类似风电场工程各类施工活动的调查结果，施工高峰期扬尘产生量为 $200\sim400$kg/d。施工燃油机械和运输车辆工作过程中将产生含 NO_x、SO_2、CO 等废气。根据《工业交通环保概论》，每耗 1L 油料，排放空气污染物 NO_x 9g、SO_2 3.24g，CO 27g。

3. 施工噪声

风电场工程施工噪声主要包括交通运输噪声、施工机械噪声。交通运输噪声来自于运输车辆、自卸汽车，属于流动噪声源，声级范围一般为 $75\sim90$dB（A）。施工机械主要包括打桩机、混凝土搅拌机、压路机等，声级范围在 $85\sim105$dB（A）。施工车辆和机械的噪声源强可通过设备厂商提供的产品说明书或实测获得。常见的施工设备噪声源强见表 3-1。

表 3-1　陆上施工机械噪声源强　　　　　　　　　　单位：dB（A）

序　号	设 备 名 称	噪声源强（距声源 10m）
1	打桩机	105
2	推土机	85
3	挖掘机	80
4	插入式振捣器	75
5	运输汽车	80
6	混凝土泵	80
7	装载机	78
8	压路机	75

4. 施工固废和生活垃圾

风电场工程施工固废主要来源为施工道路、风力发电机组基础土石方开挖，开挖后的

土料可以用于基础回填，工程分析中需对土石方平衡进行分析，明确挖方量、填方量和弃方量。

生活垃圾产生量根据施工人员数量确定。

5. 植被占压和损失

风电场工程施工期生态影响主要包括植被破坏、水土流失和野生动物影响等。植被破坏影响应分析临时占地的土地类型及面积，通过样方调查数据，可借助 GIS（地理信息系统）手段识别斑块面积，计算占用各类植被面积和损失量。

风电场工程水土流失类型以风力侵蚀为主，水力侵蚀为辅。施工期间挖土与回填土工程，如风力发电机组基础工程、升压站工程、施工便道修建、场地平整、电缆沟工程等，将破坏地表形态和土层结构，导致地表裸露，损坏植被，损害土壤肥力，导致水土流失发生。评价时应重点分析工程占地和扰动土地面积，计算造成的水土流失量。

3.2.4.2 营运期主要污染源强

风电场运行主要污染源为风力发电机组噪声、设备检修和维护产生的废水、工作人员产生的生活污水和生活垃圾、变电设施和输电线路产生的工频电磁场，以及工程永久占地造成的植被损失量。

1. 噪声

风力发电机组工作过程中在风及运动部件的激励下，叶片及机组部件产生了较大的噪声，其噪声源主要如下：

（1）机械噪声及结构噪声。

1）齿轮噪声。啮合的齿轮对或齿轮组，由于互撞和摩擦激起齿轮体的振动，而通过固体结构辐射齿轮噪声。

2）轴承噪声。由轴承内相对运动元件之间的摩擦和振动及转动部件的不平衡或相对运动元件之间的撞击引起振动辐射产生噪声。

3）周期作用力激发的噪声。由转动轴等旋转机械部件产生周期作用力激发的噪声。

4）电机噪声。不平衡的电磁力使电机产生电磁振动，并通过固体结构辐射电磁噪声。

机械噪声和结构噪声是风力发电机组的主要噪声源，而且对人的烦扰度最大。这部分噪声是能够控制的，其主要途径是避免或减少撞击力、周期力和摩擦力，如提高加工工艺和安装精度，使齿轮和轴承保持良好的润滑条件等。为减小机械部件的振动，可在接近力源的地方切断振动传递的途径，如以弹性连接代替刚性连接；或采取高阻尼材料吸收机械部件的振动能，以降低振动噪声。

（2）空气动力噪声。空气动力噪声由叶片与空气之间作用产生，其大小与风速有关，随风速增大而增强。处理空气动力噪声的困难在于其声源处在传播媒质中，因而不容易分离出声源区。

（3）通风设备噪声。散热器、通风机等辅助设备产生的噪声。风力发电机组噪声一般根据设备厂商提供的风力发电机组技术数据获得。

（4）低频噪声。风力发电机组运转时由于塔影效应、风剪切效应和尾流效应带来的流速变化，使叶片与周期性来流相互作用产生脉动，形成周期性的、频率为叶片转动频率整数倍的离散噪声。此外，齿轮、轴承、电机周期性转动，变压器等引起的结构振动经固体传播产生二次噪声。上述离散噪声和二次噪声均为低频噪声。低频噪声数据可通过对风力发电机组进行噪声测试获得。以某风电设备厂商生产的某型号风力发电机组为例，其风力发电机组噪声频谱见图 3-4。根据风力发电机组噪声图谱可计算 1/3 倍频程声压级，计算低频噪声出现的频率范围和强度。

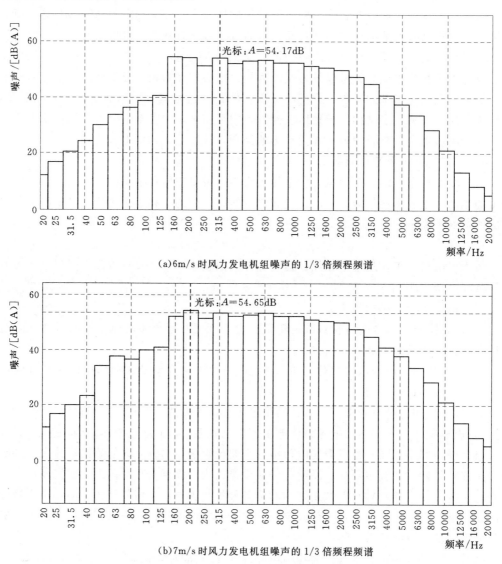

(a)6m/s 时风力发电机组噪声的 1/3 倍频程频谱

(b)7m/s 时风力发电机组噪声的 1/3 倍频程频谱

图 3-4　风力发电机组噪声频谱图
(10m 高度标准风速，A 计权，背景噪声修正)

（5）变电站噪声。变电站噪声主要来自于变电站和水泵房。变电站固定噪声源主要是变压器和电抗器，噪声主要是由硅钢片的磁致伸缩和器体上的电磁力使得铁心随着励磁的变化而周期地振动所引起。水泵房固定噪声源为各种类型的泵，变电站和水泵房噪声源强可通过类比或实测获得。

2. 污废水

生产废水和生活污水的排放量采用物料平衡计算法，与施工废水的计算方法类似。

3. 生活垃圾

采用类比法计算生活垃圾产生量，即职工人数与排放系数的乘积。

4. 电磁辐射

电磁场由升压站内的配电装置、导线等带高压的部件，通过电容耦合，在其附近的导电物体上感应出电压和电流而产生。工频电磁场是极低频率的电磁场，也是准静态场。

变电站和输变电线路一般采用已建成的相应电压等级的变电站和输变线路实测值进行类比分析。分析时应注意以下两点。

（1）输变线路类型、电压等级、回路数量应一致。

（2）变电站规模、变压器功率数量、建筑物构造等具有可比性。

3.2.5　陆上风电场的环境影响

1. 施工期环境影响

（1）施工污废水的影响。土建施工混凝土拌和、浇注、养护，施工机械维修保养产生的施工废水，施工人员产生的生活污水，若随意排放，将破坏当地环境，污染土壤、地下水和地表水质。

（2）对大气环境的影响。施工期对大气环境的影响主要是施工扬尘和施工机械、施工车辆排放的废气。施工起尘量的多少随风力的大小、物料的干湿程度、作业的文明程度、场地等因素而变化。据类比调查，在一般气象条件下（平均风速 2.5m/s），工地扬尘对大气影响的范围主要在工地扬尘点下风向 150m 内；工地道路扬尘影响的范围为道路两侧 60m 的区域。

施工机械和车辆排放一定量的含 NO_x、SO_2、CO 等废气，因这部分污染物排放强度很小，废气经稀释扩散后不会对周边空气环境产生明显影响。

（3）对声环境的影响。土方开挖、浇筑以及施工材料的运输等施工活动产生施工噪声，影响区域声环境质量。

（4）施工固废和生活垃圾的影响。施工道路、风力发电机组基础土石方工程产生的弃土（渣）、临时生产基地中进行钢结构制作、加工和风力发电机组拼装等作业产生少量废弃钢材以及施工人员产生的生活垃圾，若随意堆放，不及时清理外运，会破坏环境和景观，引起水土流失，也会为蚊虫、苍蝇、鼠类提供生存场所。

（5）对生态环境的影响。土建破坏植被，导致植被群落数量减少，多样性降低，间接影响动物栖息地、植食性动物的觅食。丘陵和山区植被的破坏易引起水土流失加重，可能产生局部山体滑坡和泥石流。

工程施工期间，主要由于人类活动、交通运输工具、施工机械的机械运动，相应施工过程中产生的噪声、灯光等对区域内的野生动物包括鸟类的觅食、迁徙产生一定影响，可能造成该区域动物在种类、数量及群落结构上发生一定变化。

2. 营运期环境影响

陆上风电场营运期间对环境的影响主要表现为风力发电机组噪声滋扰环境、产生电磁辐射和无线电干扰、影响鸟类栖息、迁飞等。

风电场场地附近若存在居民、学校等环境敏感目标，风力发电机组运转噪声将可能对其产生一定影响，尤其是当风力较大的时候。升压站和地埋的输电线路在做好绝缘防护的条件下，电磁辐射对周边影响不大。

陆上风电场运行一般对留鸟的影响不大，但对经过风电场区域的迁徙鸟类的影响可能相对明显。迁徙鸟类可根据鸟类群体在迁徙途中的飞行范围，分为宽面迁徙和窄面迁徙两种形式。有些鸟类分布在一个较广阔的地区，迁徙时各自从栖息地直线向目的地飞行，形成了一个宽阔的迁徙途径，这种类型称之为宽面迁徙；有些鸟类在迁徙前集聚成群体，然后沿一条固定的狭长通道飞行，同它们栖息地的面积相比，迁飞途径好似一条道路，这种类型称之为窄面迁徙。

迁徙鸟类繁殖地与越冬地之间的距离可从几百米直至上万米不等。鸟类迁徙速度随种类而异，通常陆地迁徙鸟速度大多在每小时 30～70km，鸟类在迁徙中每天飞行 6～8h，每小时飞行 30～40km，每天平均飞行 200～280km。候鸟的迁徙速度受气流的影响，顺风快，逆风慢；同时也受气温和季节的影响，冷慢热快、秋慢春快。故不少鸟类迁徙多在白天或季风时节，乘风而迁徙，这点在猛禽迁徙中表现尤为明显，它们在迁徙时经常成群结队以盘旋滑翔方式向前方作滚动式迁徙。

鸟类按种群不同，其迁飞高度也不同。鸟类迁徙高度一般低于1000m，小型鸣禽的迁徙高度不超过300m，大型鸟可达到3000～6300m，个别种类可以飞越9000m。鸟类夜间迁徙的高度往往低于白天，候鸟迁徙高度也与天气有关。天晴时飞行较高，在有云雾或强劲逆风时，则降至低空飞行。

根据上述鸟类迁飞的特点，风力发电机组运行时，叶片旋转高度为40～200m，迁飞高度在此范围内的鸟类穿越风电场时可能会受到风力发电机组运行的影响，甚至会发生碰撞。

3.3　海上风电场工程特征分析

3.3.1　海上风电场分布的环境特点

海上风电场一般分布在近岸海域，离岸 5～30km，有些位于潮间带，如江苏如东潮间带风电场，有些位于潮下带，如东海大桥海上风电场。海上风电场环境较陆域环境更为复杂，较陆域风电场施工难度更大，并需要考虑基础结构稳定性、海洋腐蚀、航运船舶误撞、后期维修等等一系列难题。

海上风电场的升压变电站，分陆上变电站和海上变电站两种。当风电场距离岸线较近时，一般选择将升压变电站设置在岸边的海堤内侧；当风电场距离岸线较远时，从输电线路连接便捷程度和工程投资考虑，将升压变电站设置在海上。

3.3.2　产污环节分析

海上风电场的生产工艺过程主要包括风力发电机组、海底电缆和升压站 3 个部分，其中升压站又分为陆上升压站和海上升压站两种形式。生产工艺过程分析应分析工程施工期和营运期各环节的环境影响及来源（附带产污节点的工艺流程图）。

施工期工程分析对象应包括基础施工、风力发电机组安装、海缆敷设、海缆穿堤和升压变电站施工，重点分析其施工方案和相应的环保措施。

营运期主要分析风电场工程对海域水文动力、地形冲淤、海域水质、海洋生态、渔业资源（渔业生产）、鸟类及其生境、通航环境、风力发电机组噪声和电磁辐射等带来的影响，以及可能产生的污染影响和风险事故。

施工期海上风电场风力发电机组施工过程的产污环节一般见图3-5，海底电缆施工过程的产污环节一般见图3-6，升压站施工过程的产污环节一般见图3-7、图3-8。营运期海上风电场的产污环节一般见图3-9。

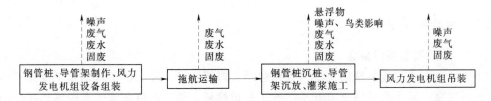

图3-5　海上风电场风力发电机组施工产污环节示意图

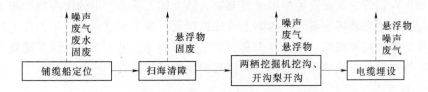

图3-6　海上风电场海底电缆施工产污环节示意图

图3-7　海上风电场陆上升压站施工产污环节示意图

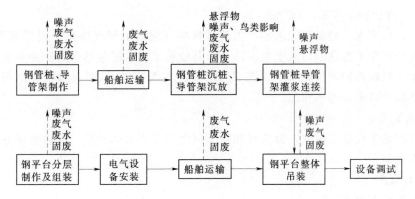

图3-8　海上风电场海上升压站施工产污环节示意图

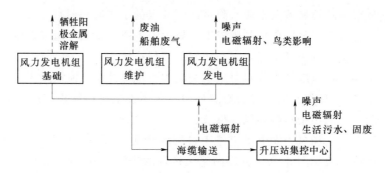

图 3-9　海上风电场营运期产污环节示意图

3.3.3　污染物分析

3.3.3.1　施工期主要污染源

海上风电场工程施工期的主要污染源包括：海缆敷设、陆上施工营地施工及施工船舶产生的污废水；陆上升压站土方开挖、施工便道修建、施工机械和施工车船运作产生的扬尘和废气；风力发电机组桩基础打桩、施工机械运作、施工车辆船舶行驶等产生的水面噪声和水下噪声；钢管桩吸泥产生的固体废弃物、陆上施工活动产生的废弃物和施工人员产生的生活垃圾。生态破坏主要表现为陆上升压站建设、施工便道修建、风力发电机组构件预制组装等产生的植被破坏、水土流失和野生动物影响等；风力发电机组基础施工、海底电缆沟开挖等对底栖生境的压占破坏及其引起的生物资源损失。

1. 施工污废水

（1）电缆敷设引起的悬浮物源强。电缆敷设引起的海底泥沙再悬浮与施工速度、沟槽开挖强度有关。可估算为

$$P = Adi\gamma$$

式中　P——施工悬浮物源强，kg/s；

　　　d——施工速度，m/s；

　　　A——开沟犁面积，m^2；

　　　i——悬浮物起伏比，%；

　　　γ——淤积物干容重，kg/m^3。

（2）其他污废水。船舶污废水的产生量可根据《港口工程环境保护设计规范》（JTS 149—1—2007）船舶舱底油污水水量表计算。其他施工废水还包括砂石料拌和废水、混凝土养护废水、机械维护冲洗废水等。施工污水主要来源于施工人员排放的生活污水。源强估算方法和陆上风电场基本相似。

2. 施工废气

海上风电场工程施工废气来源组成和陆上风电场工程大体相近，源强估算方法和陆上风电场基本相似。

3. 施工噪声

（1）水面噪声源强。

1）海上施工噪声污染源主要包括风力发电机组基础打桩、施工船舶行驶和电气接线

埋设等。相对于其他噪声源，风力发电机组基础打桩产生的噪声污染最为明显。水面噪声源强可通过实测或类比得到。

2) 陆上施工噪声污染源主要包括施工机械运作、车辆行驶等，其噪声源强估算方法和陆上风电场基本相似。

(2) 水下噪声源强。施工水下噪声污染主要来自基础打桩，桩基施打的水下噪声源强主要取决于液压振动锤，数据可通过实测获得。根据国外工程经验，桩基施打时水下噪声源强可达 200dB/re 1μPa。

4. 生态影响

(1) 海洋生态影响。海洋生态影响主要为风力发电机组基础施工、海底电缆沟开挖等对底栖生境的破坏和对海洋生物的影响。

1) 风力发电机组基础施工影响面积估算。影响面积可计算为

$$S_1 = MN\pi R^2$$

式中　S_1——基础占压面积，m^2；

　　　R——施工影响半径，一般以桩基础半径外扩 3～5m 计；

　　　N——单台风力发电机组桩数量；

　　　M——风力发电机组台数。

2) 电缆埋设开沟影响面积计算为

$$S_2 = WL$$

式中　S_2——开沟影响面积，m^2；

　　　W——影响宽度，一般以开沟犁宽度外扩 3～5m 计；

　　　L——电缆沟施工长度，m。

(2) 陆上生态影响。陆上生态影响的来源组成、影响方式和陆上风电场大体接近，影响分析和陆上风电场基本相似。

3.3.3.2 营运期主要污染源强

海上风电场工程营运期产生的主要污染源为防腐设计中牺牲阳极金属的溶解、管理人员的生活污水、风力发电机组运转产生的水下噪声以及海底电缆产生的电磁辐射等。生态破坏主要为风力发电机组基础对底栖生境的压占及其引起的生物资源损失。

1. 污废水

(1) 牺牲阳极金属溶解强度计算为

$$G = MNnm\delta I\eta c$$

式中　G——牺牲阳极金属元素释放量，kg/a；

　　　δ——单块牺牲阳极金属块设计年消耗率，kg/(A·a)；

　　　η——电流效率，%；

　　　n——单桩设计牺牲阳极金属块数量；

　　　m——单块牺牲阳极金属块质量，kg；

　　　I——阳极输出电流，A；

　　　c——单块牺牲阳极金属元素含量，%。

(2) 生活污水。源强估算和陆上风电场相同。

2. 噪声

海上风电场工程营运期产生的水下噪声主要是由风力发电机组运转而产生，尤其是低频噪声通过结构振动经塔筒、风力发电机组桩基等不同路径传入水中而产生了水下噪声。英国 North Hoyle 海上风电场 2003 年水下噪声实测变化范围为 90～150dB/re 1μPa，平均值约为 116dB/re 1μPa；英国 Scroby Sands 海上风电场水下噪声实测变化范围为 100～135dB/re 1μPa，平均值约为 120dB/re 1μPa；我国东海大桥海上风电场营运期水下噪声实测变化范围为 65～140dB/re 1μPa，噪声强度随频率增加而明显减小。总体上由于风力发电机组运转引起的水下噪声的强度变化不大，相较于背景噪声，增加幅度一般在 10～20dB/re 1μPa。

3. 固废

营运期管理人员的生活垃圾污染物量估算和陆上风电场相同。

4. 电磁辐射

海底电缆的电磁辐射主要包括电场辐射和磁场辐射两个方面。通常电缆护套可提供良好的电场屏蔽，使电缆线外的工频电场强度很小，接近背景值。工频磁场强度可根据计算公式或类比监测分析得出，根据已有类比监测经验，220kV 单根三芯海底电缆的电磁感应强度在海床面上很小，小于 10μT；220kV 单芯海底电缆在分开 20m、埋深 2m 的情况下铺设时，其辐射的电磁感应强度一般不超过 100μT。

5. 生态影响

营运期风力发电机组基础将永久占用海域，造成所占海域原有底栖生境的丧失和资源量的损失。影响面积为风力发电机组基础的实际占海面积，根据占海面积和生物资源调查结果，估算生物资源损失量。

3.3.4　海上风电场的环境影响

3.3.4.1　施工期环境影响

1. 对海域水质沉积物的影响

海上风力发电机组基础结构具有重心高、所受海洋环境荷载复杂、承受的水平风力和倾覆弯矩较大等受力特点。目前国外研究和应用的海上风力发电机组基础从结构型式上主要分为重力固定式、支柱固定式及浮置式基础。根据国内外现有海上风力发电机组塔架基础结构型式，并借鉴海上石油平台、海上灯塔及海上跨海大桥的设计经验，目前国内海上风电场风力发电机组基础均采用固定式桩柱基础。典型的风力发电机组桩基基础型式有 3 种：第一种为六桩导管架组合式基础，这种方案是参考海上石油平台、海上灯塔基础的结构型式；第二种为钢管桩高桩承台群桩基础，其参考了国内施工建设中已趋成熟的海上独立式墩台基础和跨海大桥桥墩基础结构型式，目前已建的上海东海大桥 100MW 海上风电示范项目采用这种基础型式；第三种为单根钢管桩基础方案，其为国外海上浅海风力发电机组基础的常用结构型式。无论选用哪种型式，都需要在水上施打钢管桩。

钢管桩施工时产生的振动导致海底泥沙再悬浮引起水体浑浊，污染局部海水水质，影响局部沉积物环境。铺设海底输电电缆时，开沟犁开槽导致海底泥沙再悬浮引起水体浑浊，污染局部海水水质，影响局部沉积物环境。

风力发电机组基础钢管桩内吸泥施工产生的淤泥若就地排放，产生的悬浮物对海洋水质将造成影响。承台混凝土灌注时可能发生混凝土砂浆泄漏、溢出，进而可能对桩基附近水质和沉积物环境造成污染。混凝土承台防腐施工时，防腐喷剂有可能发生滴漏进入海洋，对海水水质产生一定的影响。

2. 对大气环境的影响

施工期间，风力发电机组安装和海缆铺设环节，施工船舶和机械在运行中会排放一定量的废气，影响海上大气环境质量；若升压站建在陆域，施工期间土方开挖、回填、混凝土拌和以及土方、物料装卸、堆放、运输等将产生大量扬尘，污染环境；若升压站建在海上，升压站基础和构件安装时施工船舶和机械排放的废气会影响海上大气环境质量。

3. 对声环境的影响

风力发电机组基础的打桩作业以及施工船舶的行驶将产生噪声和振动，影响海上声环境质量；陆上各种施工机械运作和车辆运输也将产生施工噪声，影响周边声环境。

4. 固体废弃物影响

施工期间会产生一定量的固体废弃物，如施工人员生活垃圾、陆上升压站的废弃土石方和建筑渣土等，若处理不当，会对土壤和水环境造成污染，并影响环境卫生。

5. 对海洋生态和渔业的影响

风力发电机组基础结构施工时占用海域、施工打桩引起的悬浮泥沙对海洋生物可能产生一定的影响；与此同时基础打桩产生的噪声对海洋生物存在一定影响，有研究表明，基础打桩时水下噪声源强可达 200dB/re 1μPa，不同鱼类在不同声压级条件下会产生逃离、昏迷、死亡等的反应。

海缆施工前扫海清障作业会扰动底栖生境造成底栖生物的损失，风电场电缆需要开沟埋设，电缆沟开挖范围内的底栖生物受到完全的损害，同时，电缆沟开挖使海底泥沙再悬浮，增加所在海域的含沙量，降低海洋中浮游植物生产力，对海洋生态系统带来影响；同时对鱼卵、仔稚鱼的生境产生影响，进而对鱼卵仔鱼资源量造成影响。

施工期间，为保证施工作业及渔业生产船舶的安全需禁止渔船进入施工海域捕捞生产，由此导致作业渔场范围减少，同时受施工扰动影响，施工附近海域渔获率将有所降低，从而影响工程及周围海域捕捞产量。

6. 对鸟类的影响

工程施工期间，主要由于人类活动、交通运输工具、施工机械的机械运动，相应施工过程中产生的噪声、灯光等可能对岸边及近岸地区的鸟类栖息地和觅食的鸟类产生一定影响，使施工区域及周边区域中分布的鸟类迁移，导致数量减少、多样性降低。影响的种类多为滨水种类和空中飞翔种类，可能造成该区域的鸟类在种类、数量及群落结构上发生一定变化。

3.3.4.2　营运期环境影响

海上风电场营运期间对环境的影响主要表现为以下 6 个方面。

1. 对海域水文动力的影响

海上风电场建成后，风力发电机组墩柱在一定程度上改变了局部海底地形，对工程区附近，包括对风电场海域及邻近海工设施如跨海大桥、港口码头、航道、排污口、钻井平台等的潮流场将产生一定影响，工程区等流速线，尤其是风力发电机组墩柱周围的流速可能发生变化。

2. 对海域地形地貌与冲淤环境的影响

海上风电场在区域海域内呈斑点状分布，风力发电机组之间间距较大。由于底流在钢管桩周围产生涡流，将海底泥沙搅动悬浮带走，因此将在一定程度上改变局部海床自然性状，使该区域的冲淤情况发生一定改变。

3. 对海域水质、沉积物环境的影响

风电场运行无生产污水排放，但风力发电机组设备日常运行需定期更换润滑油机油等，部分油类可引起轻微水污染，若处置不当可能造成海水水体污染。

此外，由于海水、底泥等具有腐蚀性，钢管桩需采取防腐措施。国内海上风电场钢管桩目前普遍采用阴极保护的防腐方法，一般采用的牺牲阳极为高效合金。当阳极溶解时，释放金属元素，对海洋水质及钢管桩附近的沉积物环境可能产生一定的影响，进而可能被生物体富集。

4. 对海洋生态和渔业的影响

海上风电场营运期对海洋生态和渔业的影响主要来自于风力发电机组运转产生的水下噪声对海洋生物的影响、风力发电机组基础结构占压影响底栖生物和风电场用海影响渔业生产 3 个方面。

（1）风力发电机组运转引起的水下噪声值增加可能对鱼类等海洋生物的声学特性、行为和生理指标产生一定的影响。

（2）风力发电机组桩基群占海部分范围内的原有底栖生物类群不可恢复。

（3）风电场建成运行后，为保护海底电缆和风力发电机组的安全运行，风电场海域禁止底拖网、抛锚，渔业捕捞面积缩小，在一定程度上降低了渔业捕捞量，从而引起经济收入下降，对渔民的生活产生一定影响。

5. 对鸟类的影响

海上风电场对鸟类的影响与陆上风电场类似，目前的研究结果显示，潮间带风电场对鸟类的影响大于近海或远海风电场。

6. 对通航环境的影响

在风电场设计过程中，风力发电机组的布置会避开周围航道，从源头上减轻了对通航环境的影响。但在天气不好、视程不良的条件下，船舶和风力发电机组相撞的概率增加，可能造成船舶和风力发电机组设施受损。此外，由于风力发电机组桩的存在，特别是在迷雾天气，渔船与风力发电机组桩相撞的概率大大增加，对渔船和风力发电机组都存在一定的安全隐患。

第 4 章　风电场环境现状调查与评价

环境现状调查作为了解项目区环境背景与现状的手段，是环境影响评价工作中的一个重要基础环节。调查目的是为环境影响预测、评价和累积效应分析以及投产运行进行环境管理提供基础数据。

4.1　现状调查原则及范围

4.1.1　现状调查原则

现状调查所遵循的原则包括以下方面：

（1）资料收集与现场调查相结合的原则。一般遵循先收集分析现有资料的基础上再开展现场工作的顺序，当收集的现状资料不能满足评价要求时，再进行现场调查和监测。

（2）资料时效性和准确性的原则。通常环境影响评价对资料的时效性有具体要求。陆上风电场工程对地表水环境、大气环境、声环境、生态环境等的调查资料一般要求为近 3 年的数据。海上风电场工程对海洋水文动力、海洋地形地貌与冲淤、海洋地质等现状实测资料一般要求为近 5 年的数据，对海洋水质、海洋沉积物、海洋生物质量、海洋生物生态、鸟类生态等环境现状资料一般要求为近 3 年的数据。准确性要求则是以政府主管部门、专业权威研究部门、经过计量质量认证的监测部门提供的资料为重点，对其他资料，收集后需要进行验证分析后再使用，以确保基础资料的真实、客观、科学、正确。海洋环境现状分析测试数据应提供以计量认证形式出具的分析测试报告（即有 CMA 字样的分析测试报告）或实验室认可形式出具的分析测试报告（即有 CNAS 字样的分析测试报告）。

（3）现状调查的时间与代表性原则。应根据评价项目所在区域的地理与环境特点，各评价因子的时空差异，使现状调查结果做到全面而有代表性。如陆上风电场工程的生态调查、水环境调查等，具有季节和丰平枯水期的不同，现状调查工作时必须考虑到这些因素。海上风电场工程的海洋水文动力调查与海洋潮汐特性密不可分，调查时应考虑大、小潮等的潮型因素，若评价海域靠近河口区域，水文动力条件受径流影响较大时，还应考虑丰、平、枯水期的不同季节因素；海上风电场工程的海洋水质、海洋生态环境、海洋生物体质量、海洋渔业资源等调查则应根据海洋生态系统特征和海洋生物的生长繁殖特性等考虑春、秋季不同季节因素。而风电场工程中的鸟类调查则需根据鸟类的生活习性、生长繁殖状况和迁徙规律等考虑繁殖期、迁徙期、越冬期等不同季节周期因素。

（4）重点与一般相结合的原则。现状调查应做到突出重点环境因子、兼顾一般环境要素。从已建工程经验和工程分析可知，陆上风电场工程对环境影响较大的问题主要为工程占地、植被破坏、损害陆生生态系统结构与功能、干扰鸟类迁徙等几个方面，因此，现状调查工作中，对土地资源利用状况、植被、珍稀动植物、鸟类资源、项目区域的敏感保护目标等应列为重点，开展全面、详细调查；而对一般性自然环境与社会环境因子的调查，则应适当简化。海上风电场工程的主要环境影响问题为水文动力与冲淤环境变化、施工期海水水质污染、生物资源损失、噪声对海洋生物影响、干扰鸟类迁徙、损害海洋生态系统结构与功能、对周边海域开发利用活动的影响等几个方面，现状调查应将水文动力、海洋水质沉积物环境、海洋生态环境、海洋渔业资源、鸟类及生境、海域开发利用活动等作为调查重点，对水环境、大气环境等其他环境要素的调查可做适当简化。

4.1.2　环境现状调查范围

　　风电场环境现状调查范围的确定，一般来讲可从两个层次进行分析：一是根据风电场建设项目工程布置及环境影响的特点，将风电场工程直接影响区及周边一定区域范围，确定一个初步的现状调查范围；二是根据对风电场工程的工程分析，结合项目区的环境特点，按照环境影响评价技术导则和相关标准的要求，对各评价因子进行评价工作等级和评价工作范围的确定，由于不同评价因子的评价工作等级和评价工作范围不同，因此，各环境要素的现状调查范围大小也不完全相同。实际具体评价工作中应注意把握好以下几点：

　　（1）现状调查的范围应不小于评价工作的范围。从完整性考虑，现状调查的范围要覆盖项目全部活动的直接影响区域和间接影响区域。

　　（2）现状调查的范围应能够说明项目周围环境的基本状况，能够充分反映调查区域内已经存在的主要环境问题和敏感保护目标情况，并能充分满足环境影响预测分析的要求。

　　（3）各评价因子现状调查范围不一致时，在收集资料阶段，通常按照各评价因子中的最大调查范围，同时考虑项目所在的行政区划范围、流域单元、地理单元界限的完整性开展工作，而相关的实地调查、样方调查、现状监测调查等工作，则可以按照各评价因子的具体工作范围开展现场工作，做到在一个评价项目内将各评价因子的现状调查范围有机地协调起来。

4.2　现状调查内容

　　环境现状调查和评价是环境影响评价的基础工作，通过收集资料、现场调查和遥感、地理信息系统分析等方法，对自然环境和社会环境进行全面调查和评价。

　　陆上风电场环境现状调查与评价内容主要包括地形地貌、气候、气象、动植物、鸟类、生态环境、水土流失、水环境、大气环境、声环境、电磁环境等。海上风电场环境现状调查与评价内容主要包括海洋水文动力、海洋地形地貌与冲淤环境、海水水质、沉积物环境、海洋生物质量、海洋生态环境、渔业资源、鸟类、声环境、海域开发利用活动等。

4.2.1 陆上风电场现状调查内容

4.2.1.1 自然环境现状调查内容

陆上风电场自然环境现状调查内容包括以下方面：

（1）地理位置。风电场建设的地点、海拔，所在行政区的位置和交通环境情况，区域平面图等。

（2）地形、地貌、地质状况。一般只需根据现有资料，简要说明风电场所在地区海拔、地形特征、周围的地貌类型等情况。若陆上风电场建在山地、丘陵、沟谷等区域，地形地貌与风电场密切相关时，除详细叙述上述内容外，还应附风电场地区的地形图，详细说明可能对风电场有危害或被风电场诱发的地貌现象的现状和发展趋势，必要时还应进行一定的现场调查。

（3）气候与气象。概要说明项目地区的气候条件，比如：气候特征，年平均风速和主导风向，风玫瑰图，年平均气温，极端气温与最冷月和最热月的月平均气温，年平均相对湿度，平均降水量，降水天数，降水量极值，日照，冻土深度，积雪深度，主要灾害性天气等。一般情况气象资料以收集现有资料为主。

（4）土壤、矿藏、草原、森林植被情况。利用有关专业部门资料，概要描述项目区域的土壤类型、地下矿产资源、草原类型、草原植被状况、森林植被类型、主要植物群落、植物种类和珍稀动植物资源情况，上述资源保护、开发利用中存在的主要问题。

（5）水环境质量现状。风力发电为清洁能源项目，营运期不产生生产废水，仅产生升压站工作人员的少量生活污水；施工期会有施工污废水产生，总体来说对地表水环境影响不大。水环境现状调查可收集现有资料，概要说明项目地区的水系分布和主要河湖情况，水生态环境状况、水生植物动物资源与主要种类，地表水环境质量现状等级、水功能区目标达标情况，地下水环境质量等级，水环境主要污染源，水环境保护存在的主要问题等。水环境现状分析可充分收集常规监控断面成果，若资料不足时应进行现场监测和采样分析，调查方法和内容依据 HJ/T 2.3—1993 中的规定。

（6）环境空气质量现状。陆上风电场营运期不产生废气，仅施工期升压站土石方开挖、施工机械产生一定的扬尘和废气，对大气环境总体影响不大。现状调查以收集现有资料为主，概要叙述项目地区环境空气质量现状等级、功能区目标达标情况，主要空气污染物、主要污染源等。环境空气评价等级为一级、二级评价时，除收集利用常规监测资料外，必要时应适当布点进行现状监测。

（7）声环境质量现状。陆上风电场营运期风力发电机组噪声和升压站变压器等设备噪声均会对周边声环境产生影响。陆上风电场声环境现状调查首先应收集现有资料，说明风电场地区噪声功能区划，各功能区噪声现状及超标情况，现有噪声源的种类、数量及噪声级，现有的噪声敏感目标及应执行的噪声标准等内容。在此基础上开展声环境现状监测调查，调查范围应包括风力发电机组区域、升压站厂界及周边声环境敏感目标，调查方法和内容依据 HJ 2.4—2009 中的规定。

（8）电磁环境。陆上风电场营运期升压站变压器、输电线路产生的工频电场、工频磁场会对周边环境及居民等产生影响。陆上风电场电磁环境现状监测调查范围应包括升压

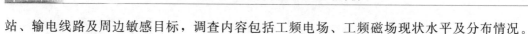

站、输电线路及周边敏感目标，调查内容包括工频电场、工频磁场现状水平及分布情况。

（9）动植物与生态。

1）若陆上风电场地区生态环境状况较为简单，不需进行生态影响评价专题时，可简要说明风电场周边地区的植被情况（覆盖度、生长情况），有无国家重点保护的或稀有的、受危害的或作为资源的野生动、植物，当地的主要生态系统类型及现状；若陆上风电场规模较小，这一部分内容可不叙述。

2）若陆上风电场地区生态环境复杂，特别是邻近或涉及自然保护区，需进行生态影响评价专题时，除详细叙述上述内容外，还应进行现状调查，包括概要描述项目地区的主要生态系统类型（如森林、草原、沼泽、荒漠、湿地等），主要植被类型、植物种类、覆盖度、生长情况（生物量），重点保护的珍稀动植物资源及种类，自然保护区、风景名胜区、世界文化和自然遗产地、饮用水水源保护区等重要生境、生态功能区等生态环境敏感目标；区域生态环境的功能与稳定状况，生态完整性（生产能力估测，恢复状况的调查），承受干扰的能力；区域生态环境演变的基本特征及当地生态环境的主要问题分析。生态环境现状评价的要求：评价等级 2 级以上项目的生态现状要在生态制图的基础上进行，3 级项目的生态现状评价必须配有土地利用现状图等基本图件；评价生态现状应选用植被覆盖率、频率、密度、生物量、土壤侵蚀程度、荒漠化面积、物种数量等测算值、统计值来支持评价结果。

（10）鸟类。鸟类现状调查首先应收集陆上风电场地区鸟类的历史调查资料，掌握风电场地区鸟类的种类组成、数量及分布、行为特征等。在此基础上，根据区域鸟类及其生境的重要性和陆上风电场对鸟类的影响程度，可开展迁徙期、繁殖期或越冬期鸟类及生境现状调查。调查范围应包含陆上风电场工程可能直接影响到的陆域、海域及周围主要鸟类栖息地。调查内容包括鸟类种类组成、数量、居留型及食性；主要迁徙鸟类的种类、数量、迁徙行为、飞行模式等；鸟类优势类群及其生境选择；国家级重点保护鸟类的种类与数量；邻近区域鸟类、湿地自然保护区鸟类种群资源群落统计分布情况等。

（11）土壤与水土流失。

1）当陆上风电场区域水土流失现象不明显时，只需收集现有资料，简要说明风电场周围地区的主要土壤类型及其分布，水土流失现状及原因，土壤的肥力与使用情况，土壤污染的主要来源及其质量现状等。

2）若陆上风电场位于山地、丘陵等水土流失较为严重的地区，除详细叙述上述内容外，还需进一步调查土壤的物理、化学性质，土壤结构，土壤一次、二次污染状况，水土流失的原因、特点、面积、元素及流失量等，同时附土壤分布图。

（12）其他环境因子。根据风电场工程项目特点及当地环境情况，决定光污染、人文景观等是否列入 现状调查。

上述所列内容，在实际评价工作中需要根据每个陆上风电场工程建设特点及区域环境特征，突出重点，对重点环境因子要比较详细描述，对一般环境要素则可简略分析，切记不应每个项目每个评价因子泛泛分析、千篇一律。

4.2.1.2　社会环境现状调查内容

社会环境现状调查的内容，通常包括以下方面：

1. 社会经济

（1）人口。居民区的分布情况及分布特点，人口数量、人口密度等；项目所在行政区的社会经济、人口、工业与能源、农业与土地利用、交通运输等基本情况。以及调查评价范围内居民、学校、医院及重要的政治文化设施等敏感保护目标情况。风电场选址与敏感保护目标的位置距离关系。

（2）工业与能源。建设项目周围地区现有厂矿企业的分布状况，工业结构，工业总产值及能源的供给与消耗方式等。

（3）农业与土地利用。包括可耕地面积，粮食作物与经济作物构成及产量，农业总产值以及土地利用现状，建设项目环境影响评价应附土地利用图。

（4）交通条件。建设项目所在地区公路、铁路或水路方面的交通运输概况以及与建设项目之间的关系。

（5）地区 GDP 总值及社会经济状况发展趋势等。

2. 文物与景观

（1）文物。遗存在社会上或埋藏在地下的历史文化遗物，包括具有纪念意义和历史价值的建筑物、遗址、纪念物或具有历史、艺术、科学价值的古文化遗址、古墓葬、古建筑、石窟、寺庙、石刻等数量、分布情况。

（2）景观。具有一定价值必须保护的特定的地理区域或现象，如自然保护区、风景游览区、疗养区、温泉以及重要的政治文化设施等数量、分布情况。

（3）建设项目与周围重要文物与景观的相对位置和距离，以及国家或当地政府的保护政策和规定。

3. 人群健康状况

陆上风电场建设项目本身营运期基本不产生三废污染物，也不排放有毒有害物质，人群健康调查一般从简。

4.2.2 海上风电场现状调查内容

为规范海上风电场环境影响评价工作，国家海洋局已发布了《海上风电工程环境影响评价技术规范》。海上风电场环境现状调查与评价均需依据该规范的要求执行。海上风电场环境现状调查与评价的深度基本根据评价等级来确定。1 级、2 级评价等级的海上风电项目应进行风电场区域环境现状调查，若风电场所在区域环境基本未发生变化时，可收集利用风电场区域现有环境现状调查监测数据资料，并应注明资料来源和时间。3 级评价等级的海上风电项目可以收集风电场区域历史资料为主，当所收集的资料不能全面地反映评价海域环境现状时，应进行必要的现场补充调查。低于 3 级评价等级的海上风电项目，可收集有效的历史资料。

根据海上风电场环境影响特点和周边海域的环境特征，一般环境现状调查要素包括海洋水文动力、海洋地形地貌与冲淤环境、海洋水质、海洋沉积物环境、海洋生物质量、海洋生态环境与渔业资源（生产）、鸟类及生境、声环境、海洋敏感保护目标、海域开发利用活动等。各调查要素的具体调查内容如下：

1. 海洋水文动力

调查内容主要包括潮位、潮流（流速、流向）、波浪、泥沙含量、盐度、温度及气象要素（气压、气温、降水、湿度、风速、风向、灾害性天气）等项目。

2. 海洋地形地貌与冲淤环境

调查内容包括海上风电项目区及其周边海域的水深、地形地貌与冲淤环境的分布特征，包括海岸线、海床、滩涂、海岸等的现状，蚀淤现状、蚀淤速率、蚀淤变化特征等，海底沉积环境，海洋腐蚀环境等现状。

3. 海洋水质

调查内容为海水的理化性质、无机盐、有机物、重金属等物质，一般包含酸碱度、水温、盐度、悬浮物、化学需氧量、溶解氧、无机氮（硝酸盐氮、亚硝酸盐氮和氨氮）、活性磷酸盐、石油类、重金属（总汞、铜、铅、锌、镉、铬、砷）、挥发酚等指标。

4. 海洋沉积物环境

海洋沉积物环境调查参数主要为有机碳、石油类、硫化物、重金属（总汞、铜、铅、锌、镉、铬、砷）、挥发酚等。

5. 海洋生物质量

海洋生物质量调查参数主要为石油烃、重金属（总汞、铜、铅、锌、镉、铬、砷）等。

6. 海洋生态环境与渔业资源（生产）

海上风电场海洋生态环境调查应尽量收集评价及邻近海域已有海洋生态历史资料，主要包括海域生物种类和数量、地方特有物种种类和分布、渔业资源、珍稀濒危海洋生物种类与数量、典型海洋生态系统、自然保护区类别、范围、保护对象、渔业捕捞和海水养殖现状等资料。

海洋生态环境调查内容一般包括叶绿素 a 含量，初级生产力水平，浮游动植物种类组成、密度、分布、优势种、生物多样性指数，底栖生物和潮间带生物种类、组成、生物量、栖息密度、优势种、生物多样性指数，海洋珍稀濒危物种、特殊保护要求物种和海洋哺乳动物的种类、分布、数量、生活习性、栖息环境等，典型海洋生态系统（如珊瑚礁、红树林等）的种类组成、群落结构、数量、分布现状等。对于具体的海上风电场工程，其海洋生态环境调查内容可根据评价工作等级、评价要求和项目区海域的生态环境特点做适当增减。

渔业资源调查内容一般包括鱼卵仔鱼、游泳动物等的种类组成、数量分布、资源密度（尾数密度、重量密度）及现存资源量、渔获量、主要种类组成及生物学特征、幼鱼比例、主要经济鱼类的"三场一通道"（产卵场、索饵场、越冬场及洄游通道）情况等。

渔业生产调查内容一般包括渔业捕捞种类组成、分布、产量，海水养殖的面积、种类、分布、数量、产量、产值等，渔业生产人员，海洋捕捞渔具和渔船等。

7. 鸟类及生境

研究表明鸟类和生境有着极为密切的关系，生境的质量对鸟类的种类、丰度、生物量都有显著的决定作用（栾晓峰，2003）。

鸟类现状调查可收集利用调查区现有调查资料，但需满足以下条件：收集的鸟类现状调查资料应至少为调查区近 3 年（以评价材料上报主管部门之日起算，按年为计算单位）内的、至少一个连续完整季节周期的鸟类现状调查资料，并需注明资料来源和时间。若收集资料无法满足上述条件时，则应开展至少一个连续完整季节周期的鸟类现状调查。调查报告中应给出区域鸟类名录。

海上风电场鸟类及生境的调查内容一般包括区域鸟类资源概况，鸟类种类组成、分布、区系特征、种群数量、居留型、栖息地面积、栖居生境及质量，主要迁徙鸟类的种类、数量、迁徙行为、飞行模式、优势种等，国家重点保护鸟类的种类、数量、受威胁现状及因素。若海上风电场工程邻近鸟类、湿地自然保护区，还需详细调查自然保护区概况，保护区鸟类种类及区系组成、数量、分布、居留型，受保护鸟类数量、分布、栖息、繁殖、越冬、迁徙特性及主要栖息地现状情况等。对于具体的海上风电场工程，其鸟类及生境调查内容可根据工程周边环境特点及区域鸟类敏感程度做适当调整。

8. 声环境

海上风电场声环境现状调查与评价包括水下和水上两方面。所有规模海上风电项目均需进行水下声环境的现状调查与评价。改扩建工程应对已建工程进行声环境（含水下和水上）影响跟踪监测，并进行声环境影响回顾评价。水下声环境现状调查以现场测量为主。

水上声环境调查又分为陆上声环境和海面上声环境两方面。陆上声环境调查内容主要为昼夜等效连续 A 声级 LAeq，调查目的是为了解陆上升压站（或集控中心）周边的声环境状况并为声环境影响预测提供基础数据；海面上声环境调查内容包括等效连续声级 LZeq、最大声压级、频带声压级、声压谱（密度）级，通过调查，掌握风电场海域海面上声环境背景情况，并为风力发电机组运行噪声对海面声环境影响分析提供基础数据。

水下声环境调查的目的是掌握风电场工程海域的水下背景噪声情况，为风力发电机组基础打桩及风力发电机组运转产生的水下噪声对海洋生物的影响分析提供基础数据，调查内容包括频带声压级和声压谱（密度）级。

9. 海洋敏感保护目标

海上风电场环境影响评价中需重点关注工程建设和运行对周边敏感保护目标的影响。海上风电场工程涉及的敏感保护目标可分为陆上和海上两部分。陆上敏感保护目标一般为陆上升压站（或集控中心）和陆上施工基地周边一定范围内的村庄、居住小区、河流等，主要环境保护要素为声环境、电磁环境、大气环境、地表水环境等。海上敏感保护目标依据其功能划分一般包括海洋保护区、渔业养殖和海水捕捞区、渔业资源重要经济物种产卵场、索饵场、越冬场、洄游通道、旅游休闲娱乐区、港口码头、航道锚地、海底管线、海洋保留区、河口、海湾等，主要环境保护要素依据各敏感保护目标的特点包含海洋水文动力环境、地形地貌与冲淤环境、海洋水质、海洋生态环境、鸟类及其生境等。敏感保护目标调查需明确各保护目标地理位置、与风电场工程的位置关系（距离、方位）、保护目标概况及敏感要素等。对于海洋保护区，需详细调查其保护类型和保护对象、海洋生态系统、生物和非生物资源现状、保护对象的数量、分布、变化趋势及生态习性等。

10. 海域开发利用活动

调查海上风电场评价范围内的海洋渔业（含养殖、捕捞、渔港）、滨海旅游、港口航运、工业、海洋矿产、石油资源勘探开发等活动的基本情况和分布。

4.3　现状调查方法

4.3.1　陆上风电场现状调查方法

现状调查的主要方法有：资料收集、现场调查、遥感调查等。通常这 3 种方法是综合应用、有机结合、互相补充。各方法的特点如下：

（1）资料收集法。资料收集是最基础的方法，应用范围广，节省人力物力时间，是高效了解和掌握项目基本情况的重要方法手段。但资料收集只能获取第二手资料，往往缺乏针对性，要深入具体掌握各种评价项目的环境特征，还需要其他方法进行补充。

（2）现场调查法。现场调查法即通过现场踏勘（直观了解、拍照片、摄影像以及必要的环境监测等），掌握第一手资料，但工作量较大，需要较多的人力物力时间。现场调查的内容可根据评价工作需要选定。

（3）遥感调查法。遥感调查可帮助从整体上了解区域环境状况，不适用于微观环境状况调查，多数利用已有的航片和卫片进行判读和分析，一般作为辅助方法。

4.3.1.1　声环境现状调查

陆上风电场环境噪声现状调查的基本方法是收集资料法、现场调查和测量法。

1. 噪声源数据的获得

对于风力发电机组噪声和升压站主变噪声等噪声源数据的获得，通常有两个途径：类比测量法、引用已有的数据。首先应考虑类比测量法。评价等级为一级，必须采用类比测量法；评价等级为二级、三级，可引用已有的噪声源声级数据。

（1）类比测量。在噪声预测过程中，应选取与风力发电机组和主变压器等声源具有相似的型号、工况和环境条件的声源进行类比测量，并根据条件的差别进行必要的声学修正。

为了获得声源声级的准确数据，必须严格按照现行国家标准进行测量。环境影响报告书应当说明声源声级数据的测量方法标准。

（2）引用已有的数据。引用类似的声源声级数据，必须是公开发表的、经过专家鉴定并且是按有关标准测量得到的数据。环境影响报告书应当指明被引用数据的来源。

2. 声环境现状监测

为充分了解陆上风电场工程评价范围内声环境质量现状，布设的现状监测点应能覆盖整个评价范围；合理布设监测点，其监测结果能够描述出评价范围内的声环境质量。通常升压站场址及风力发电机组站址和评价范围内的声环境敏感目标均应设置监测点。环境噪声测量一般为等效连续 A 声级，非稳态噪声测量还应有最大 A 声级及噪声持续时间。每一测点，应分别进行昼间、夜间时段的测量，以便与相应标准对照。

在实际现状监测中，应根据评价范围内声源的不同情况采用不同的布点方法，具体如下：

（1）评价范围内无明显声源，环境中的噪声主要来自风声等自然声时，不同地点的声级不会有很大不同，因此可选择有代表性的区域布设测点。

（2）评价范围内有明显的声源，并对敏感目标的声环境质量有影响，或风电场工程为改扩建工程，应根据声源种类采取不同的监测布点原则。

1）当声源为固定声源时，现状测点应重点布设在既可能受到现有声源影响，又受到风电场工程声源影响的敏感目标处，以及有代表性的敏感目标处；为满足预测需要，也可在距离现有声源不同距离处加密设监测点，以测量出噪声随距离的衰减。

2）当声源为流动声源，且呈现线声源特点时，例如公路、铁路噪声，现状测点位置选取应兼顾敏感目标的分布状况、工程特点及线声源噪声影响随距离衰减的特点。为满足预测需要，得到随距离衰减的规律，也可选取若干线声源的垂线，在垂线上距声源不同距离处布设监测点。

4.3.1.2 电磁环境现状监测

陆上风电场电磁环境现状监测的布点及监测方法等依据《环境影响评价技术导则 输变电工程》（HJ 24—2008）的要求确定。

（1）监测因子包括工频电场、工频磁场。

（2）监测点位及布点方法。监测点位包括电磁环境敏感目标、升压站站址和输电线路路径。

1）敏感目标的布点方法以定点监测为主，对于无电磁环境敏感目标的输电线路，需对沿线电磁环境现状进行监测，尽量沿线路路径均匀布点，兼顾行政区及环境特征的代表性。

2）升压站站址的布点方法以围墙四周均匀布点监测为主，如新建站址附近无其他电磁设施，则布点可简化，视情况在围墙四周布点或仅在站址中心布点监测。

有竣工环境保护验收资料的升压站（或集控中心）改扩建工程，可仅在扩建端补充测点；如竣工验收中扩建端已进行监测，则可不再设测点，直接引用竣工验收监测数据。

3）对于输电线路沿线无电磁环境敏感目标时，输电线路电磁环境现状监测的点位数量要求见表4-1。

表 4-1 输电线路沿线电磁环境现状监测点位数量要求

线路路径长度（L）范围/km	L<100	100≤L<500	L≥500
最少测点数量/个	2	4	6

（3）监测频次。各监测点位监测一次。

（4）监测方法及仪器。按照《交流输变电工程电磁环境监测方法（试行）》（HJ 681—2013）、《直流换流站与线路合成场强，离子流密度测试方法》（DL/T 1089—2008）的规定选择。

4.3.1.3 生态现状调查

生态现状调查是生态现状评价、影响预测的基础和依据，调查的内容和指标应能反映评价工作范围内的生态背景特征和现存的主要生态问题。若陆上风电场涉及有敏感生态保护目标（包括特殊生态敏感区和重要生态敏感区）或其他特别保护要求对象时，应做专题调查。

（1）调查方法。生态现状调查常用方法包括：资料收集、现场勘查、专家和公众咨询、生态监测、遥感调查等。

1）资料收集法。即收集现有的能反映生态现状或生态背景的资料，从表现形式上分为文字资料和图形资料，从时间上可分为历史资料和现状资料，从收集行业类别上可分为农、林、牧、渔和环境保护等，从资料性质上可分为环境影响报告书、有关污染源调查、生态保护规划和规定、生态功能区划、生态敏感目标的基本情况以及其他生态调查材料等。使用资料收集法时，应保证资料的现时性，引用资料必须建立在现场校验的基础上。

2）现场勘查法。现场勘查应遵循整体与重点相结合的原则，在综合考虑主导生态因子结构与功能的完整性的同时，突出重点区域和关键时段的调查，并通过对影响区域的实际踏勘，核实收集资料的准确性，以获取实际资料和数据。

3）专家和公众咨询法。专家和公众咨询法是对现场勘查的有益补充。通过咨询有关专家，收集评价工作范围内的公众、社会团体和相关管理部门对项目影响的意见，发现现场踏勘中遗漏的生态问题。专家和公众咨询应与资料收集和现场勘查同步开展。

4）生态监测法。当资料收集、现场勘查、专家和公众咨询提供的数据无法满足评价的定量需要，或项目可能产生潜在的或长期累积效应时，可考虑选用生态监测法。生态监测应根据监测因子的生态学特点和干扰活动的特点确定监测位置和频次，有代表性地布点。生态监测方法与技术要求须符合国家现行的有关生态监测规范和监测标准分析方法；对于生态系统生产力的调查，必要时需现场采样、实验室测定。

5）遥感调查法。当涉及区域范围较大或主导生态因子的空间等级尺度较大，通过人力踏勘较为困难或难以完成评价时，可采用遥感调查法。遥感调查过程中必须辅助必要的现场勘查工作。

（2）植物的样方调查和物种重要值。当陆上风电场占地较大，对自然植被的影响较大时或风电场地区生态环境较为敏感脆弱时，或生态评价等级为一级时，自然植被需进行现场的样方调查。样方调查中首先须确定样地大小，一般草本的样地在 $1m^2$ 以上，灌木林样地在 $10m^2$ 以上，乔木林样地在 $100m^2$ 以上，样地大小依据植株大小和密度确定。其次须确定样地数目，样地的面积须包括群落的大部分物种，一般可用物种与面积和关系曲线确定样地数目。样地的排列有系统排列和随机排列两种方式。样方调查中"压线"植物的计量须合理。

在样方调查（主要是进行物种调查、覆盖度调查）的基础上，可依下列方法计算植被中物种的重要值：

1）密度与相对密度。

$$密度＝个体数目/样地面积$$

$$相对密度＝\frac{一个种的密度}{所有种的密度}×100\%$$

2）优势度与相对优势度。

$$优势度＝底面积（或覆盖面积总值）/样地面积$$

$$相对优势度＝\frac{一个种优势度}{所有种优势度}\times100\%$$

3）频度与相对频度。

$$频度＝包含该种样地数/样地总数$$

$$相对频度＝\frac{一个种的频度}{所有种的频度}\times100\%$$

4）重要值。

$$重要值＝相对密度＋相对优势度＋相对频度$$

4.3.1.4 鸟类调查

根据《生物多样性观测技术导则 鸟类》（HJ 710.4—2014），鸟类观测方法有分区直数法、样线法、样点法、网捕法、领域标图法、红外相机自动拍摄法等。

1. 分区直数法

根据地貌、地形或生境类型对整个观测区域进行分区，逐一统计各个分区中的鸟类种类和数量，得出观测区域内鸟类总种数和个体数量，记录表参见表4-2。

表4-2 分区直数法记录表

日期		天气			温度		
观测者		记录者			样点编号		
地点					海拔		
经纬度坐标	经度		纬度	开始时间			
生境类型				结束时间			
人为干扰活动类型				人为干扰活动强度			
潮汐状况				备注			
总种数				个体总数			
中文名	学名	数量		中文名	学名	数量	
		成体	幼体			成体	幼体

该方法适用于较小面积的草原或湿地，主要应用于水鸟或其他集群鸟类的观测。

2. 样线法

观测者沿着固定的线路行走，并记录样线两侧所见到的鸟类。根据生境类型和地形设置样线，各样线互不重叠。一般而言，每种生境类型的样线在两条以上，每条样线长度以1～3km为宜，若因地形限制，样线长度不应小于1km。观测时行进速度通常为1.5～3km/h。根据对样线两侧观测记录范围的限定，样线法又分为不限宽度、固定宽度和可变宽度3种方法。不限宽度样线法即不考虑鸟类与样线的距离，固定宽度样线法即记录样线两侧固定距离内的鸟类，可变宽度样线法需记录鸟类与样线的垂直距离。可变宽度样线法的记录表参见表4-3。

77

表 4 - 3 可变宽度样线法记录表

日期		天气		温度	
观测者		记录者		样点编号	
地点				海拔	
起点经纬度坐标	经度	纬度		开始时间	
终点经纬度坐标	经度	纬度		结束时间	
生境类型			样线长度/km		
人为干扰活动类型			人为干扰强度		
备注					

中文名	学名	与样线的垂直距离/m	数量			个体总数	群体编号
			雌	雄	幼体		

3. 样点法

样点法是样线法的一种变形,即观测者行走速度为零的样线法。以固定距离设置观测样点,样点之间的距离应根据生境类型确定,一般在 0.2km 以上,在每个样点观测 3～10min。样点法更适合在崎岖的山地或片段化的生境中使用。样点数一般在 30 个以上。根据对样点周围观测记录范围的界定,样点法又分为不限半径、固定半径和可变半径 3 种方法。不限半径样点法即观测时不考虑鸟类与样点的距离,固定半径样点法即记录样点周围固定距离内的鸟类,可变半径样点法需记录鸟类与样点的距离。可变半径样点法的记录表参见表 4 - 4。

表 4 - 4 可变半径样点法记录表

日期		天气		温度	
观测者		记录者		样点编号	
地点				海拔	
经纬度坐标	经度	纬度		开始时间	
生境类型			结束时间		
人为干扰活动类型			人为干扰强度		
备注					

中文名	学名	数量			个体总数	群体编号	与样点的距离/m
		雌	雄	幼体			

4. 网捕法

网捕法是使用雾网捕捉鸟类,记录观测区域内活动鸟类的种类和数量的方法。雾网规格为长 12m、高 2.6m;网眼大小可根据所观测鸟种而定,一般森林鸟类使用的雾网网眼大小为 36mm²。设网时间标准为 36 网时/km²。每天开网时间为 12h，开、闭网时间为当地每天日出、日落时间。大雾、大风及下雨时段不开网。天亮前开网，天黑后收网。每 1h 查网一次，数量较多时可适当增加查网次数，以保证鸟类个体的安全。每次查网时记录上网鸟类的种类和数量，并进行测量后就地释放。

5. 领域标图法

领域标图法通常适用于观测繁殖季节具有领域性的鸟类。将一定区域内所观测到的每一鸟类个体位点标绘在已知比例的坐标方格地图上，然后将该图进行转换，使得每种鸟都具有单独的标位图，最后确定位点群。每一位点群代表一个领域拥有者的活动中心。总位点群数＝完整位点群数＋边界重叠的不完整位点群数，鸟类数量通过位点群数乘以每一位点群代表的平均鸟类个体数获得。

领域标图法一般有基本要求如下：

(1) 观测区域面积。森林生境 0.1～0.2km²，开阔地带 0.4～1km²。

(2) 地图比例。森林生境 1：（1250～2500），开阔地带 1：（2000～5000）。

(3) 观测重复次数。5～10 次。

(4) 某个物种的领域必须不能少于 3 个，才能进行密度估计。

6. 红外相机自动拍摄法

红外感应自动照相机能拍摄到稀有或活动隐蔽的地面活动鸟类。安置红外相机前，应调查鸟类的活动区域和日常活动路线。尽量将相机安置在目标动物经常出没的通道上或其活动痕迹密集处。水源附近往往是动物活动频繁的区域，其他如取食点、求偶场、倒木、林间道路等也是鸟类经常活动的地点，应优先考虑。可采用分层抽样法或系统抽样法设置观测样点。分层抽样法中，观测样点应涵盖观测样地内不同的生境类型，每种生境类型设置 7 个以上样点（样点之间间距 0.5km 以上）。系统抽样法中，在观测样地内按照固定间距设置观测样点，每 1km² 至少设置 1 个观测样点。记录各样点名称，进行编号，并用 GPS 定位仪定位。每个样点于树干、树桩或岩石上装设 1 或 2 台红外感应自动相机。相机架设位置一般距离地面 0.3～1.0m，架设方向尽量不朝东方太阳直射处。每一个样点应该至少收集 1000 个相机工作小时的数据。在夏季每个样点需至少连续工作 30 天，以完成一个观测周期。记录各样点拍摄起止日期、照片拍摄时间、动物物种与数量、年龄等级、性别、外形特征等信息，建立信息库，归档保存。

4.3.2 海上风电场现状调查方法

海上风电场环境现状调查方法和陆上风电场相似，一般包括收集资料法和现场调查法。具体调查要求根据海上风电场工程评价等级来确定；1 级、2 级评价项目一般要求开展现场调查，若评价海域内已有满足调查要求的历史调查资料，也可利用历史调查资料，并注明资料来源和时间；3 级评价项目以收集历史资料为主，但若所收集的资料无法满足现状评价要求时，还需进行现场补充调查。《海上风电工程环境影响评价技术规范》中详细规定了各现状调查要素的调查频次、站位布设要求等内容。

4.3.2.1 调查断面和站位

环境现状调查断面和站位应根据随机均匀、环境敏感区及工程区重点照顾的布设原则，均匀分布和覆盖整个调查评价海域和区域。

1. 海洋水文动力

1 级评价应不少于 6 个调查站位；2 级评价应不少于 4 个调查站位；3 级评价一般不少于 2 个调查站位。所有评价等级潮位观测站位应不少于 2 个，可与潮流同步观测。

调查断面和站位的布设应符合全面覆盖（范围），重点代表的站位布设原则。

调查断面和站位的布设应满足数值模拟或物理模型试验的边界控制和验证的要求。

2. 海洋地形地貌与冲淤

海上风电场区及风电场区外扩 500m 的范围按照不小于 1∶2000～1∶5000 的比例尺进行地形地貌与冲淤环境调查。海上风电场区外扩 500m 之外的地形地貌与冲淤环境调查主要以收集资料为主。

3. 海水水质

1 级评价应不少于 20 个调查站位；2 级评价应不少于 12 个调查站位；3 级评价应不少于 8 个调查站位。

水质调查监测站位应均匀分布且覆盖整个评价海域，调查站位布设应满足建立环境影响预测数学模型的需要；调查断面方向大体上应与主潮流方向或海岸垂直，在主要污染源或排污口附近应设调查断面，以建立污染物输入与水质之间的响应关系。

当调查评价海域处于自然保护区附近、珍稀濒危海洋生物的天然集中分布区、重要的海洋生态系统和特殊生境（红树林、珊瑚礁等）时，水质调查站位应多于最少调查站位数量。

4. 海洋沉积物

海洋沉积物调查站位应尽量与海洋水质调查断面和站位一致，调查站位数应不少于海洋水质调查站位的 50%。

站位应均匀分布且覆盖（控制）整个评价海域，评价海域内的主要排污口应设调查站位。

5. 海洋生物质量

海洋生物质量样品采集应包括常见的定居性双壳贝类、甲壳类和鱼类，分别不少于 1 种。

1 级评价项目应至少采集评价范围内 3 个不同区域的样品，2 级评价项目应至少采集评价范围内 2 个不同区域的样品，3 级及 3 级以下评价项目应至少采集评价范围内 1 个样品。

根据全面覆盖、均匀布设、生态环境敏感区重点照顾的调查断面和站位布设原则，布设的调查断面和站位应均匀分布和覆盖整个调查评价海域和区域；调查断面方向大体上应与海岸垂直，在影响主方向应设主断面。

当调查与评价海域位于自然保护区、珍稀濒危海洋生物的天然集中分布区、海湾、河口、海岛及其周围海域、红树林、珊瑚礁、重要的渔业水域、海洋自然历史遗迹和自然景观等生态敏感区及其附近海域时，调查站位应多于最少调查站位数量。

6. 海洋生态环境与渔业资源

海洋生态环境中的初级生产力、叶绿素 a、浮游动植物、大型底栖生物、鱼卵、仔稚鱼、游泳动物的调查站位应不低于海洋水质调查站位的 60%，调查断面和站位布设的原则同海洋生物质量调查。

潮间带生物调查断面布设应根据全面覆盖、典型代表的原则，1 级评价项目应不少于 3 条，2 级和 3 级评价项目应不少于 2 条。根据 GB/T 12763.6—2007 的规定，每个断面按高、中、低潮区分别取样，每条断面不少于 5 个站位。

7. 鸟类及生境

鸟类调查方法有多种。传统鸟类观测研究主要以目视观测为主，观测者利用肉眼，借助望远镜（单筒、双筒）进行鸟类种类识别、个体计数以及行为观测，这种方法在很大程度上会受到人类自身条件的限制，如不能进行长时间连续观测等。而且海上风电场往往距岸较远，直接用目视观测法有时很难达到理想的效果，所以必须借助现代观测技术，以期达到理想的效果。根据《海上风电工程环境影响评价技术规范》及国内外鸟类调查的研究现状，目前海上风电场鸟类调查常用的方法主要有以下五大类（Desholm 等，2006；Skov 等，2012）。

（1）行船调研。一般是在观测区域先划定观测样线。调研时让船只沿着样线行进，观测记录调查船两侧 400m 以内沿途的鸟类种类、数量、高度或距离以及活动情况。为了满足风险评估的需要，通常鸟类的数量根据观测区域的面积，换算成鸟类密度。

（2）航空调研。与行船调研相类似，只是将船只换成飞行器。飞行器可以搭载观测人员沿固定航线飞行，实时记录航线上鸟类的种类、数量及活动情况，并通过拍照辅助记录鸟类信息。在某些特定区域也可利用无人飞行器在高空沿固定航线飞行，通过影像记录区域鸟类信息，回到地面以后，工作人员再对采集的鸟类影像数据进行分析。

（3）雷达观测。利用安装在观测平台上的雷达进行观测。雷达观测可以实时记录鸟群活动信息，包括飞行高度、飞行方向、鸟流强度等。结合目视观测，可以确定特定鸟种在区域中的活动情况。在有些地区也采用高精度、远距离激光测距仪，如瑞士的 Vectronix 21 Aero，测量距离为 12km，通过链接 GPS，可实时记录观测目标的坐标位置和距离。

（4）定点观测。一般利用风电场邻近的观测平台进行风电场区域的鸟类观测。该观测点一般要求离海上风电场较近，至少从该观测点能够完全观测到整个风电场区域鸟类活动的情况。国外海上风电场一般在风电场邻近区域会建设一个海上观测平台，供风电场建成以后观测使用。如丹麦 Horns Rev1 和 Horns Rev2 大型海上风电场在风电场外围临近区域都建有观测平台，见图 4-1 和图 4-2。

（5）视频监测。一般利用在风力发电机组基座或者立柱上安装视频监测摄像头或照相机，通过远程终端控制，实时记录风电场区域鸟类活动影像。根据影像信息进行风电场区域鸟情分析。

针对特定的鸟种，如重点保护的珍稀鸟类，也可以采用 GPS 追踪系统进行鸟类活动情况的观测与分析，如 Argos 系统。但是目前由于相应的系统售价昂贵，使用并不广泛。

8. 声环境

陆上声环境现状调查需在陆上升压站（或集控中心）场界处和敏感目标处布点监测。海面上声环境调查和水下声环境调查需在海上风力发电机组工程区至少设置 2~3 个调查断面，每个断面至少布设 2～3 个测站。水下声环境测量时，根据海域水深情况在每个测站沿垂直海平面方向布阵测量，并考虑在预计水下噪声辐射最大位置处布点测量。

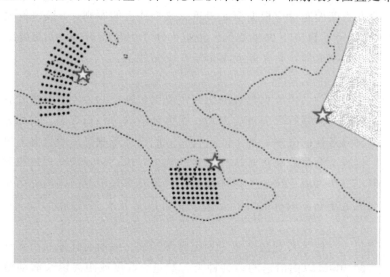

图 4 - 1　丹麦 Horns Rev1 和 Horns Rev2 大型海上风电场鸟类观测平台位置
（五角星位置）

图 4 - 2　丹麦 Horns Rev1 和 Horns Rev2 大型海上风电场鸟类观测平台设施

4.3.2.2　调查时间和频次

（1）海洋水文动力。一般选在大潮期，不少于一次调查。季节变化较大的海域应收集不同季节观测资料。

（2）海洋地形地貌与冲淤。调查时间可与海洋水质、海洋生物生态调查同步进行，调查频次应不少于一次。

（3）海水水质。1级评价应至少进行春、秋两季调查，2级评价应至少进行春季或秋季调查，3级至少进行一季调查。

（4）海洋沉积物。调查时间可与海洋水质和海洋生态现状调查同步进行，一般进行一次现状调查。

（5）海洋生物质量。1级评价应至少进行春、秋两季调查，2级评价应至少进行春季或秋季调查，3级评价应至少进行一季调查。

（6）海洋生态环境。调查时间一般与海洋水质调查同步进行。1级和2级评价项目一般应进行春、秋两季调查，有特殊物种及特殊要求时可适当增加调查次数；3级评价项目在现有历史资料不能详尽全面表明评价海域海洋生态环境现状时，应至少补充一次调查。

（7）鸟类及生境。由于鸟类的群落结构组成及行为活动具有明显的季节性特点，因此鸟类调查时间一般需覆盖完整的春、夏、秋、冬四个季节，每个季节至少调查一次；在调查区内分布有鸟类迁徙地、繁殖地、越冬地时，需在相应的迁徙期、繁殖期、越冬期至少再加密观测一次。鸟类调查时间应选在区域鸟类迁徙、繁殖、越冬季节。调查季节的划分一般以3—5月为春季，6—8月为夏季，9—11月为秋季，12月至次年2月为冬季。鸟类调查一般考虑采用现场调查和收集历史资料相结合的方法。

（8）声环境。声环境测量时间需考虑昼夜及季节变化情况，每测点测量时连续监测时间不少于2min。

4.3.2.3　调查方法

1. 海洋水文动力环境

海洋水文动力环境的调查方法应按照 GB/T 12763—2007 第 2 部分海洋水文观测的要求执行。

2. 海洋地形地貌与冲淤环境

海洋地形地貌与冲淤环境的现状调查方法应按照 GB/T 12763—2007 中海洋地质地球物理调查的要求执行，腐蚀环境调查方法应按照 GB 17378—2007 要求执行。

3. 海水水质

海洋水质环境的现状调查和监测的样品采集、储存与运输、分析方法应按照 GB 12763—2007 和 GB 17378—2007 中的要求执行。采样及分析方法如下：

（1）样品采集。水深不大于 10m 时，有机玻璃采水器采表层样；水深大于 10m 时，有机玻璃采水器采表、底层样；油类只采表层样。

（2）分析方法。水质分析方法、采用分析标准、检出限等见表 4-5。

表4-5　海水水质调查项目及方法

调查项目	分析方法	检出限	方法标准
水温	多参数水质分析仪法	0.1℃	HY/T 126—2009①
盐度	多参数水质分析仪法	2	HY/T 126—2009
水深	测深绳法	0.1m	GB/T 12763.2—2007
水色	比色法	—	GB 17378.4—2007
透明度	透明圆盘法	—	GB 17378.4—2007
pH 值	多参数水质分析仪法	0.02（pH 值）	HY/T 126—2009
悬浮物	重量法	0.8mg/L	GB 17378.4—2007
石油类	荧光分光光度法	3.5μg/L	GB 17378.4—2007
化学需氧量	碱性高锰酸钾法	0.15mg/L	GB 17378.4—2007
溶解氧	多参数水质分析仪法	0.02	HY/T 126—2009
无机氮（亚硝酸盐氮）	连续流动比色法	0.001mg/L	HJ 442—2008②
无机氮（硝酸盐氮）	连续流动比色法	0.001mg/L	HJ 442—2008
无机氮（氨氮）	连续流动比色法	0.001mg/L	HJ 442—2008
活性磷酸盐	连续流动比色法	0.01 mg/L	HJ 442—2008
硫化物	离子选择电极法	3.3 μg/L	GB 17378.4—2007
铜	无火焰原子吸收分光光度法	0.20μg/L	GB 17378.4—2007
铅	无火焰原子吸收分光光度法	0.30μg/L	GB 17378.4—2007
镉	无火焰原子吸收分光光度法	0.010μg/L	GB 17378.4—2007
铬	无火焰原子吸收分光光度法	0.40μg/L	GB 17378.4—2007
锌	火焰原子吸收分光光度法	3.1μg/L	GB 17378.4—2007
汞	原子荧光法	0.007μg/L	GB 17378.4—2007
砷	原子荧光法	0.5μg/L	GB 17378.4—2007
挥发酚	4-氨基安替比林分光光度法	1.1μg/L	GB 17378.4—2007

①　《多参数汞质仪》（HY/T 126—2009）。
②　《近岸海域环境监测规范》（HJ 442—2008）。

4.沉积物质量

沉积物现状调查样品的采集、保存与运输、分析方法应符合 GB 17378—2007 中的要求。分析方法、采用分析标准、检出限等见表4-6。

表4-6　沉积物调查项目分析方法

调查项目	分析方法	检出限	方法标准
铜	无火焰原子吸收分光光度法	$0.50×10^{-6}$	GB 17378.5—2007
镉	无火焰原子吸收分光光度法	$0.04×10^{-6}$	GB 17378.5—2007
铅	无火焰原子吸收分光光度法	$1.0×10^{-6}$	GB 17378.5—2007
汞	原子荧光法	$0.002×10^{-6}$	GB 17378.5—2007

调查项目	分 析 方 法	检出限	方法标准
锌	火焰原子吸收分光光度法	6.0×10^{-6}	GB 17378.5—2007
铬	无火焰原子吸收分光光度法	2.0×10^{-6}	GB 17378.5—2007
砷	原子荧光法	0.06×10^{-6}	GB 17378.5—2007
石油类	荧光分光光度法	3.0×10^{-6}	GB 17378.5—2007
硫化物	离子选择电极法	—	GB 17378.5—2007
有机碳	热导法（总有机碳分析仪法）	3×10^{-6}	GB 17378.5—2007
含水率	重量法	—	GB 17378.5—2007
粒度	激光法	—	GB/T 12763.8—2007

5. 生物质量

生物质量调查样品的采集、保存与运输、分析方法应符合 GB 17378—2007 和《海洋生物质量监测技术规程》（HY/T 078—2005）中的要求。分析方法、采用分析标准、检出限等见表 4-7。

表 4-7　生物体调查项目分析方法

单位：mg/kg

调查项目	分 析 方 法	检出限	方法标准
铜	无火焰原子吸收分光光度法	0.4	GB 17378.6—2007
镉	无火焰原子吸收分光光度法	0.005	GB 17378.6—2007
铅	无火焰原子吸收分光光度法	0.04	GB 17378.6—2007
锌	火焰原子吸收分光光度法	0.40	GB 17378.6—2007
铬	无火焰原子吸收分光光度法	0.04	GB 17378.6—2007
总汞	原子荧光法	0.002	GB 17378.6—2007
砷	原子荧光法	0.2	GB 17378.6—2007
石油烃	荧光分光光度法	0.2	GB 17378.6—2007

6. 海洋生态环境

海洋生态环境的现状调查和监测方法应符合 GB 12763—2007 和 GB 17378—2007 中的要求。若海上风电场工程的调查和评价海域位于滨海湿地，应符合《滨海湿地生态监测技术规程》（HY/T 080—2005）中的要求；若调查和评价海域位于海湾、河口，应符合《海湾生态监测技术规程》（HY/T 084—2005）、《河口生态监测技术规程》（HY/T 085—2005）中的要求；若调查和评价海域位于红树林、珊瑚礁，应符合《红树林生态监测技术规程》（HY/T 081—2005）、《珊瑚礁生态监测技术规程》（HY/T 082—2005）中的要求。样品分析和数据处理应符合 GB 17378—2007 中的要求。

（1）叶绿素 a。样品测定采用分光光度法，计算详细步骤和计算方法参考 GB 17378.7—2007。叶绿素 a 含量采用 Jeffrey-Humphrey（1975）的改进公式计算为

$$Chla=11.85(E_{664}-E_{750})-1.54(E_{647}-E_{750})-0.08(E_{630}-E_{750})v/VL$$

式中　$Chla$——叶绿素 a 浓度，$\mu g/L$；

　　　v——样品提取液体积，mL；

V——海水样品实际用量，L；

L——测定池光程，cm；

E_{750}、E_{664}、E_{647}、E_{630}——750nm、664nm、647nm、630nm 波长处的吸光值。

初级生产力采用叶绿素法，按照 Cadee 和 Hegeman（1974）提出的简化的计算真光层初级生产力公式估算为

$$P = P_a ED/2$$
$$P_a = C_n Q$$

式中　P——每日现场的初级生产力，mgC/(m·d)；

　　　E——真光层深度，取透明度的 3 倍，m；

　　　D——白昼时间，即日出到日落的时间长度，h；

　　　P_a——表层水浮游植物的潜在生产力，mgC/(m·h)；

　　　Q——同化系数，采用温带近海水域平均同化系数 5.0，引自 2006 年对南黄海同化系数的计算值（郑国侠等，2006）；

　　　C_n——表层叶绿素 a 含量。

（2）浮游植物。采用浅水Ⅲ型浮游生物网从底至表层垂直拖网，现场用 5% 福尔马林溶液固定，在实验室进行种类鉴定及按个体计数法进行计数、统计和分析，浮游植物丰度，网样单位为 ind./m³。

（3）浮游动物。采用浅水Ⅰ型浮游生物网从底至表层垂直拖网获取，经 5% 福尔马林溶液固定后带回实验室进行称重、分类、鉴定和计数，丰度单位为 ind./m³，总生物量湿重单位为 mg/m³。

（4）底栖生物。定量分析采用采泥器进行采集，每站采集平行样，所采泥样放入套筛中冲洗，挑拣出其中底栖生物。样品在船上用 75% 酒精固定保存后带回实验室称重、分析，软体动物带壳称重，并换算成单位面积的生物量（g/m²）和栖息密度（ind./m²）。标本处理、称重、鉴定以及资料整理均按 GB 17378.7—2007 进行。

（5）潮间带生物。设置 3 个断面，每一断面按高、中、低 3 个潮区分别设取样点，以孔径 1mm² 的筛子筛出其中生物，并在各取样点周围采集定性标本。样品用 5% 福尔马林溶液固定保存后带回实验室称重、分析和鉴定，软体动物样品带壳称重，并换算成单位面积的生物量（g/m²）和栖息密度（ind./m²）。

7. 渔业资源

渔业资源拖网调查均按《海洋水产资源调查手册》（1981）和 GB 12673—2007 进行，使用单拖网，对渔获物进行分品种渔获重量和尾数统计，记录网产量，并对每个品种进行生物学测定（体长、体重、成幼体等）。

鱼卵、仔鱼调查定量采用浅水Ⅰ型浮游动物网，由底至表进行垂直拖网，定性采用大型浮游动物网，水平拖网 10min，所获样品经福尔马林固定，带回实验室，进行种类鉴定，以 ind./m³ 为单位进行计数、统计和分析。

（1）渔业资源密度（重量、尾数）估算方法。拖网资源密度的估算采用扫海面积法（唐启升，2006）。根据《建设项目对海洋生物资源影响评价技术规程》（C/T 9110—2007），渔业资源密度以各站拖网渔获量（重量、尾数）和拖网扫海面积来估算，计算

式为

$$\rho_i = qC_i/a_i$$

式中　ρ_i——第 i 站的资源密度，重量，kg/km^2；尾数，$10^3\,ind./km^2$；

　　　C_i——第 i 站的每小时拖网渔获量，重量，kg/h；尾数，$ind./h$；

　　　a_i——第 i 站的网具每小时扫海面积（km^2/h）［网口水平扩张宽度（km）×拖曳距离（km）］，拖曳距离为拖网速度（km/h）和实际拖网时间（h）的乘积；

　　　q——网具捕获率（可捕系数＝1－逃逸率）。

（2）优势度（Y）及计算。优势种的概念有两个方面，即一方面占有广泛的生态环境，可以利用较高的资源，有着广泛的适应性，在空间分布上表现为空间出现频率（f_i）较高，另一方面，表现为个体数量（n_i）庞大，丰度 n_i/N 较高。

设 f_i 为第 i 种在各样方中的出现频率；n_i 为群落中第 i 个物种在空间中的丰度；N 为群落中所有物种的总丰度。

综合优势种概念的两个方面，得出优势种优势度（Y）的计算公式为

$$Y = f_i n_i/N_i$$

（3）相对重要性指数 IRI 及计算。用 Pinkas（1971）的相对重要性指数 IRI 来研究鱼类优势种的优势度，计算公式为

$$IRI = (N+W)F$$

式中　N——某一物种尾数占总尾数的百分比；

　　　W——该物种重量占总重量的百分比；

　　　F——某一物种出现的站数占调查总站数的百分比。

4.4　现状评价内容及方法

环境现状评价是在环境现状调查或监测的基础上，以环境质量标准或环境背景值作为依据，对选定的评价因子及各环境要素的质量现状进行评价，说明环境质量的变化趋势，分析存在的环境问题，并提出解决问题的方法或途径。

4.4.1　陆上风电场环境现状评价内容与方法

4.4.1.1　地表水环境现状评价

根据陆上风电场区域地表水环境调查资料和环境概况，概要说明风电场周边水系、污水受纳水体的环境功能及现状。

4.4.1.2　声环境现状评价

1. 评价内容

陆上风电场声环境现状评价的主要内容如下：

（1）分析评价风电场升压站拟建场址、风力发电机组站址以及评价范围内的不同类别的声环境功能区的超标、达标情况，若有超标，需对超标原因进行分析。

（2）分析评价风电场调查评价范围内各敏感目标的超标、达标情况，说明其受到现有

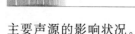

主要声源的影响状况。

（3）分析评价范围内不同类别的声环境功能区噪声超标范围内的人口数及分布情况。

2. 评价方式

陆上风电场声环境现状评价包括噪声源现状评价和声环境质量现状评价，其评价方法是对照相关标准评价达标或超标情况并分析其原因，同时评价受到噪声影响的人口分布情况。

（1）对于噪声源现状评价，应当对评价范围内现有噪声源种类、数量及相应的噪声级、噪声特性进行评价，并进行主要噪声源分析等。

（2）对于声环境质量现状评价应当就评价范围内现有噪声敏感区、保护目标的分布情况、噪声功能区的划分情况等，来进行评价，包括：各功能区噪声级、超标状况及主要影响的噪声源分析；升压站场址、风力发电机组站址及敏感目标的噪声级、超标状况，并进行主要噪声源分析。此外，还要说明受噪声影响的人口分布状况。

（3）声环境现状评价结果应当用表格和图示来表达清楚，说明主要噪声源位置、场址（站址）测量点和环境敏感目标测量点位置，给出相关距离和地面高差。

4.4.1.3　电磁环境现状评价

陆上风电场电磁环境现状评价通常根据电磁环境监测结果，对照评价标准进行评价，给出拟建升压站场址、风力发电机组站址及评价范围内敏感目标处现状电磁环境的超标、达标情况，分析现状电磁环境受影响的原因。

4.4.1.4　生态现状评价

1. 评价内容

陆上风电场生态现状评价应在区域生态基本特征现状调查的基础上，对评价区的生态现状进行定量或定性的分析评价，评价应采用文字和图件相结合的表现形式，评价内容一般包括评价区域生态系统的结构与功能状况、生态系统面临的压力和存在的问题、生态系统的总体变化趋势；评价范围内动、植物等生态因子的现状组成、分布；当评价区域涉及受保护的敏感物种时，应重点分析该敏感物种的生态学特征；当评价区域涉及特殊生态敏感区或重要生态敏感区时，应分析其生态现状、保护现状和存在的问题等。

2. 评价方法

目前，生态评价方法正处于研究和探索阶段。大部分评价采用定性描述和定量分析相结合的方法进行，而且许多定量方法由于不同程度的人为主观因素而增加了其不确定性。

HJ 19—2011 中推荐的生态现状评价方法有列表清单、图形叠置、生态机理分析、景观生态学、指数与综合指数、类比分析、系统分析、生物多样性评价等。陆上风电场生态现状评价的方法选用，应根据项目特点、区域生态系统特征、评价目的和要求等因素决定。

（1）列表清单法。列表清单法是 Little 等于 1971 年提出的一种定性分析方法。该方法的特点是简单明了，针对性强，列表清单法适合于规模较小，工程简单的项目。

列表清单法的基本做法是，将拟实施的开发建设活动的影响因素与可能受影响的环境因子分别列在同一张表格的行与列内，逐点进行分析，并逐条阐明影响的性质、强度等。由此分析开发建设活动的生态影响。

该方法可应用于开发建设活动对生态因子的影响分析，生态保护措施的筛选，物种或栖息地重要性或优先度比选等。

（2）图形叠置法。图形叠置法是把两个以上的生态信息叠合到一张图上，构成复合图，用以表示生态变化的方向和程度。本方法的特点是直观、形象、简单明了。图形叠置法有两种基本制作手段：指标法和3S叠图法。

1）指标法。指标法步骤为：①确定评价区域范围；②进行生态调查，收集评价工作范围与周边地区自然环境、动植物等的信息，同时收集社会经济和环境污染及环境质量信息；③进行影响识别并筛选拟评价因子，其中包括识别和分析主要生态问题；④研究拟评价生态系统或生态因子的地域分异特点与规律，对拟评价的生态系统、生态因子或生态问题建立表征其特性的指标体系，并通过定性分析或定量方法对指标赋值或分级，再依据指标值进行区域划分；⑤将上述区划信息绘制在生态图上。

2）3S叠图法。3S叠图法步骤为：①选用地形图，或正式出版的地理地图，或经过精校正的遥感影像作为工作底图，底图范围应略大于评价工作范围；②在底图上描绘主要生态因子信息，如植被覆盖、动物分布、河流水系、土地利用和特别保护目标等；③进行影响识别与筛选评价因子；④运用3S技术，分析评价因子的不同影响性质、类型和程度；⑤将影响因子图和底图叠加，得到生态影响评价图。

图形叠置法主要用于区域生态质量评价和影响评价；具有区域性影响的特大型建设项目评价中，如大型水利枢纽工程、新能源基地建设、矿业开发项目等；土地利用开发和农业开发中。

（3）生态机理分析法。生态机理分析法是根据建设项目的特点和受其影响的动、植物的生物学特征，依照生态学原理分析、预测工程生态影响的方法。生态机理分析法的工作步骤为：①调查环境背景现状，搜集工程组成和建设等有关资料；②调查植物和动物分布、动物栖息地和迁徙路线；③根据调查结果分别对植物或动物种群、群落和生态系统进行分析，描述其分布特点、结构特征和演化等级；④识别有无珍稀濒危物种及重要经济、历史、景观和科研价值的物种；⑤预测项目建成后该地区动物、植物生长环境的变化；⑥根据项目建成后的环境（水、气、土和生命组分）变化，对照无开发项目条件下动物、植物或生态系统演替趋势，预测项目对动物和植物个体、种群和群落的影响，并预测生态系统演替方向。

评价过程中有时要根据实际情况进行相应的生物模拟试验，如环境条件、生物习性模拟试验、生物毒理学试验、实地种植或放养试验等；或进行数学模拟，如种群增长模型的应用。

该方法需与生物学、地理学、水文学、数学及其他多学科合作评价，才能得出较为客观的结果。

（4）景观生态学法。景观生态学法是通过研究某一区域、一定时段内的生态系统类群的格局、特点、综合资源状况等自然规律，以及人为干预下的演替趋势，揭示人类活动在改变生物与环境方面的作用的方法。景观生态学对生态质量状况的评判是通过两个方面进行的：空间结构分析；功能与稳定性分析。景观生态学认为，景观的结构与功能是相当匹配的，且增加景观异质性和共生性也是生态学与社会学整体论的基本原则。

空间结构分析基于景观，是高于生态系统的自然系统，是一个清晰的和可度量的单位。景观由斑块、基质和廊道组成，其中基质是景观的背景地块，是景观中一种可以控制环境质量的组分。因此，基质的判定是空间结构分析的重要内容。判定基质有 3 个标准，即相对面积大、连通程度高、有动态控制功能。基质的判定多借用传统生态学中计算植被重要值的方法。决定某一斑块类型在景观中的优势，也称优势度值（D_0）。优势度值由密度（R_d）、频率（R_f）和景观比例（L_P）3 个参数计算得出。其数学表达式为

$$R_d = （斑块\ i\ 的数目/斑块总数）×100\%$$
$$R_f = （斑块\ i\ 出现的样方数/总样方数）×100\%$$
$$L_P = （斑块\ i\ 的面积/样地总面积）×100\%$$
$$D_0 = 0.5×[0.5\%(R_d + R_f) + L_P]×100\%$$

上述分析同时反映自然组分在区域生态系统中的数量和分布，因此能较准确地表示生态系统的整体性。

景观的功能和稳定性分析包括如下 4 个方面内容。

1）生物恢复力分析。分析景观基本元素的再生能力或高亚稳定性元素能否占主导地位。

2）异质性分析。基质为绿地时，由于异质化程度高的基质很容易维护其基质地位，从而达到增强景观稳定性的作用。

3）种群源的持久性和可达性分析。分析动物、植物物种能否持久保持能量流、养分流，分析物种流可否顺利地从一种景观元素迁移到另一种元素，从而增强共生性。

4）景观组织的开放性分析。分析景观组织与周边生境的交流渠道是否畅通。开放性强的景观组织可以增强抵抗力和恢复力。景观生态学方法既可以用于生态现状评价，也可以用于生境变化预测，目前是国内外生态影响评价学术领域中较先进的方法。

（5）指数法与综合指数法。指数法是利用同度量因素的相对值来表明因素变化状况的方法，是建设项目环境影响评价中规定的评价方法，指数法同样可将其拓展而用于生态影响评价中。指数法简明扼要，且符合人们所熟悉的环境污染影响评价思路，但困难之处在于需明确建立表征生态质量的标准体系，且难以赋权和准确定量。综合指数法是从确定同度量因素出发，把不能直接对比的事物变成能够同度量的方法。

1）单因子指数法。选定合适的评价标准，采集拟评价项目区的现状资料，可进行生态因子现状评价。例如以同类型立地条件的森林植被覆盖率为标准，可评价项目建设区的植被覆盖现状情况，也可进行生态因子的预测评价。如以评价区现状植被盖度为评价标准，可评价建设项目建成后植被盖度的变化率。

2）综合指数法。

a. 分析研究评价的生态因子的性质及变化规律。

b. 建立表征各生态因子特性的指标体系。

c. 确定评价标准。

d. 建立评价函数曲线，将评价的环境因子的现状值（开发建设活动前）与预测值（开发建设活动后）转换为统一的无量纲的环境质量指标。用 1～0 表示优劣（"1"表示最佳的、顶级的、原始或人类干预甚少的生态状况；"0"表示最差的、极度破坏的、几乎无生物性的生态状况），由此计算出开发建设活动前后环境因子质量的变化值。

e. 根据各评价因子的相对重要性赋予权重。

f. 将各因子的变化值综合，提出综合影响评价值。生态质量变化值计算公式为

$$\Delta E = \sum (E_{hi} - E_{qi}) \times W_i$$

式中　　ΔE——开发建设活动前后生态质量变化值；

E_{hi}——开发建设活动后 i 因子的质量指标；

E_{qi}——开发建设活动前 i 因子的质量指标；

W_i——i 因子的权值。

指数法可用于生态因子单因子质量评价，生态多因子综合质量评价和生态系统功能评价中。

（6）类比分析法。类比分析法是一种比较常用的定性和半定量评价方法，一般有生态整体类比、生态因子类比和生态问题类比等。

类比分析法通常根据已有的开发建设活动对生态系统产生的影响来分析或预测拟进行的开发建设活动可能产生的影响。选择好类比对象（类比项目）是进行类比分析或预测评价的基础，也是该法成败的关键。

类比对象的选择条件是：工程性质、工艺和规模与拟建项目基本相当，生态因子（地理、地质、气候、生物因素等）相似，项目建成已有一定时间，所产生的影响已基本全部显现。

类比对象确定后，则需选择和确定类比因子及指标，并对类比对象开展调查与评价，再分析拟建项目与类比对象的差异。根据类比对象与拟建项目的比较，做出类比分析结论。

类比分析法可用于生态影响识别和评价因子筛选，评价目标生态系统的质量（以原始生态系统作为参照），可进行生态影响的定性分析与评价，或进行某一个或几个生态因子的影响评价，可预测生态问题的发生与发展趋势及其危害，还可用于确定环保目标，以及寻求最有效、可行的生态保护措施。

（7）系统分析法。系统分析法是把要解决的问题作为一个系统，对系统要素进行综合分析，找出解决问题的可行方案的咨询方法。具体步骤包括：限定问题、确定目标、调查研究、收集数据、提出备选方案和评价标准、备选方案评估和提出最可行方案。

系统分析法因其能妥善地解决一些多目标动态性问题，目前已广泛应用于各行各业，尤其在进行区域开发或解决优化方案选择问题时，系统分析法显示出其他方法所不能达到的效果。

在生态系统质量评价中使用系统分析的具体方法有专家咨询法、层次分析法、模糊综合评判法、综合排序法、系统动力学法、灰色关联法等，这些方法原则上都适用于生态影响评价。

（8）生物多样性评价法。生物多样性评价法是通过实地调查，分析生态系统和生物种的历史变迁、现状和存在主要问题的方法，评价目的是有效保护生物多样性。

生物多样性通常用香农－威纳指数（Shannon－Wiener Index）表征，即

$$H = -\sum_{i=1}^{s} P_i \ln P_i$$

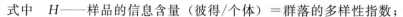

式中　　H——样品的信息含量（彼得/个体）＝群落的多样性指数；

　　　　S——种数；

　　　　P_i——样品中属于第 i 种的个体比例，如样品总个体数为 N，第 i 种个体数为 n_i，
　　　　　　则 $P_i = n_i / N$。

4.4.1.5　鸟类现状评价

鸟类现状评价应说明评价区各季节鸟类分布和密度、特有物种、受保护物种、受胁物种和关注物种的生态学特征，评估项目区域作为鸟类栖息、觅食、繁殖和/或换羽地的重要性。宜以图表详细列出评价区域历史和现场调查观测到的种类和数量，表格中应包括鸟类名称、记录数量、发现地点、时间、是否有受保护物种、区域水鸟总数、区域具有代表性指标物种等，鸟类名称除显示中文外，应附上学名。

4.4.2　海上风电场环境现状评价内容与方法

海上风电场环境现状评价的内容和方法依据《海上风电场工程环境影响评价技术规范》的要求执行。

4.4.2.1　海洋水文动力环境现状评价

海上风电场海洋水文动力环境现状评价内容主要包括潮汐性质及类型，潮流、余流性质及类型，涨、落潮流和余流的流速沿垂线分布特征、最大值及方向，涨、落潮流历时和余流历时，涨、落潮流随潮位变化的运动规律及旋转方向等；涨、落潮含沙量垂线分布特征、垂线平均含沙量和最大含沙量等的评价结论。

4.4.2.2　海洋地形地貌与冲淤环境现状评价

海洋地形地貌与冲淤环境现状评价的内容主要包括海上风电场区及其周边海域海岸线、海床、滩涂、海岸等地形地貌现状评价及分布范围并附图、表，基础图件应包括海底水深图、地形图、地貌图、侧扫影像平面图和浅地层剖面图等；海上风电场区及其周边海域冲刷与淤积现状、蚀淤速率、蚀淤变化特征及海底沉积与海洋腐蚀环境等的分析与评价。

4.4.2.3　海洋水质现状评价

海洋水质现状评价的主要工作内容包括确定评价海域内的海水主要污染因子、污染程度和分布，分析各种污染物质的超标原因，综合评价海域海洋水质现状。

海洋水质评价的方法通常有单因子标准指数法和超标率统计法。

单因子水质标准指数法的计算公式为

$$S_{i,j} = \frac{C_{i,j}}{C_{j,s}}$$

式中　$S_{i,j}$——第 i 站评价因子 j 的标准指数；

　　$C_{i,j}$——第 i 站评价因子 j 的调查浓度，mg/L；

　　$C_{j,s}$——评价因子 j 的评价标准，mg/L。

溶解氧（DO）的标准指数为

$$S_{DO,j} = \frac{|DO_f - DO_j|}{DO_f - DO_s}, DO_j \geqslant DO_s$$

$$S_{\text{DO},j} = 10 - 9\frac{DO_j}{DO_s}, DO_j < DO_s$$

式中　$S_{\text{DO},j}$——第 j 站上溶解氧的标准指数，mg/L；

　　　DO_j——溶解氧实测值，mg/L；

　　　DO_f——现场温度和盐度下的饱和溶解氧浓度，mg/L；

　　　DO_s——溶解氧的评价标准值，mg/L。

海水中 pH 值标准指数的计算公式

$$PI_{\text{pH}} = \frac{|pH - pH_{\text{SM}}|}{D_S}$$

其中　　　　　$pH_{\text{SM}} = \frac{pH_{\text{su}} + pH_{\text{sd}}}{2}, \quad D_S = \frac{pH_{\text{su}} - pH_{\text{sd}}}{2}$

式中　PI_{pH}——pH 的污染指数；

　　　pH——pH 的实测值；

　　　pH_{su}——pH 评价标准的上限值；

　　　pH_{sd}——pH 评价标准的下限值。

4.4.2.4　海洋沉积物现状评价

海洋沉积物现状评价的主要内容包括评述调查海域沉积物各环境参数污染水平及其分布状况，分析各种污染物质超标原因，综合评价海域海洋沉积物环境质量。

现状评价方法通常有单因子标准指数法、超标率统计法和类比分析法。

4.4.2.5　海洋生物质量评价

海洋生物质量的评价应符合《海洋生物质量监测技术规程》（HY/T 078—2005）的要求。评价方法采用单因子污染指数评价法（仅适用于同一测站），其计算公式为

$$I_i = C_i/S_{ij}$$

式中　I_i——i 测项的污染指数；

　　　C_i——i 测项的浓度值或指标值（选取 HY/T 078—2005 中附录 E 表 5 中的测值）；

　　　S_{ij}——i 测项的 j 类生物质量标准值（选取 HY/T 078—2005 中附录 D 表 4 中的标准值）。

海洋生物质量评价以单因子污染指数 1.0 作为该因子是否对生物产生污染的基本分界线，小于 0.5 为生物未受该因子污染，0.5～1.0 之间为生物受到该因子污染，大于 1.0 表明生物已受到该因子污染。

4.4.2.6　海洋生态环境现状评价

海洋生态环境现状评价的主要内容包括综合评价海域海洋生态环境现状，海洋生物资源（特别是渔业资源）现状，海洋渔业捕捞和海水增养殖现状，详尽阐述生境破坏、珍稀濒危动植物损害、海洋经济生物产卵场破坏或损害、生物多样性减少、外来生物危害等重大海洋生态环境问题。

海洋生态环境现状评价的方法可按照 HJ 19—2011 的要求，采用定性与定量相结合的方法，如图形叠置法、生态机理分析法、类比法、列表清单法、质量指标法、景观生态学法、系统分析法等。

4.4.2.7　鸟类现状评价

海上风电场鸟类现状评价内容和方法与陆上风电场基本相似。

4.4.2.8　声环境现状评价

海上风电场声环境现状评价分为水下声环境现状评价、水上声环境现状评价。

水下声环境现状评价内容应包括：水下噪声频带声压级，水下噪声声压谱（密度）级，干扰噪声修正值 K，噪声声压谱级图表，对噪声瞬时值存储数据给以识别标志，说明测量条件及校正参数和曲线。对于改扩建海上风电场工程中的已建工程水下声环境影响评价内容还应包括对施工活动开始时、进行时和结束时的声压级排序，施工期出现的冲击波噪声（锤击打桩）声压瞬时值（峰值声压 L_{peak}）。

水上声环境现状评价包括海面上和陆上声环境现状评价，评价要求总体可参照 HJ 2.4—2009 的相关部分确定。

第 5 章　陆上风电场环境影响预测与评价

环境影响预测与评价为采用特定的预测方法计算项目建设或规划实施后代表评价区环境质量的各种环境因子在时间和空间上的变化量，根据预测结果依据环境质量标准或环境卫生标准评价项目建设或规划实施对外环境的影响。

5.1　陆上风电场环境影响评价的内容和方法

陆上风电场环境影响预测与评价主要包括噪声影响、电磁环境影响、生态影响、鸟类及其生境影响、水环境影响、大气环境影响、固体废弃物影响等内容。

1. 水环境影响

陆上风电场水环境影响主要来自施工废水和生活污水，由于污废水量较小，影响程度有限，影响评价一般可做简单分析。

2. 大气环境影响

陆上风电场大气环境影响主要来自施工车辆机械废气和扬尘，影响评价一般可采用类比调查分析或作简单分析。

3. 声环境影响

陆上风电场的噪声影响分为施工期和营运期。施工期施工机械的运行和车辆运输产生的噪声均会对周围声环境造成影响。营运期风力发电机组运转和升压站变压器等设备运行时产生的噪声均会对周围声环境造成影响。陆上风电场施工期噪声影响预测模式可采用 HJ 2.4—2009 中推荐的点声源噪声衰减模式。营运期风力发电机组噪声预测模式可采用 HJ 2.4—2009 中推荐的点声源噪声衰减模式，或采用类比测量评价的方法，选择与拟建陆上风电场风力发电机组单机容量、型号、风力发电机组结构、环境条件及运行工况相似的陆上已建风电场进行类比测量，评价陆上风电场营运期风力发电机组噪声对周围声环境和敏感目标的影响。营运期升压站（或集控中心）噪声预测模式可采用 HJ 2.4—2009 中推荐的室外工业噪声预测模式，也可采用类比测量评价的方法，选择与拟建陆上风电场升压变电站电压等级、平面布置、电气布置、规模、环境条件及运行工况相似的陆上已建风电场，类比测量变电站厂界噪声值和噪声随距离衰减情况，评价陆上风电场营运期升压站厂界声环境达标情况和对敏感保护目标的影响。

4. 固体废弃物影响

陆上风电场固体废弃物影响主要来自土方开挖和平整场地多余的弃土弃渣和施工人员及运行管理人员产生的生活垃圾，影响评价一般可作简单分析。

5. 电磁环境影响

陆上风电场电磁辐射影响包括升压变电站和输电线路两部分，预测评价通常采用类比

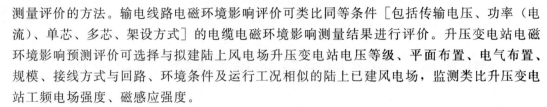

测量评价的方法。输电线路电磁环境影响评价可类比同等条件［包括传输电压、功率（电流）、单芯、多芯、架设方式］的电缆电磁环境影响测量结果进行评价。升压变电站电磁环境影响预测评价可选择与拟建陆上风电场升压变电站电压等级、平面布置、电气布置、规模、接线方式与回路、环境条件及运行工况相似的陆上已建风电场，监测类比升压变电站工频电场强度、磁感应强度。

6. 生态影响

陆上风电场建设对生态环境的影响主要表现为施工期地基开挖、施工道路、取土场、弃土场、施工机械车辆碾压及风力发电机组基础压占等对风电场周边地区地表植被的破坏以及由此引发的水土流失；对风电场周围土地利用格局的影响；对动物、植物物种迁移的阻隔的影响等。生态影响预测与评价一般采用定量分析与定性分析相结合的方法，具体方法可参照 HJ 19—2011 中推荐的列表清单法、图形叠置法、生态机理分析法、景观生态学法、类比分析法、指数法与综合指数法、系统分析法、生物多样性评价等。

7. 鸟类及其生境影响

陆上风电场对鸟类的影响主要包括对周边鸟类栖息、觅食的影响，鸟类碰撞风力发电机组致死的影响，风力发电机组对直接迁徙过境鸟类迁飞的影响等方面。影响评价方式目前主要是在收集风电场区域鸟类历史观测资料和开展鸟类现状调查的基础上，参考国内外相关研究文献成果、同类型工程跟踪监测资料，类比分析风电场施工期和营运期对鸟类可能产生的影响及影响途径、方式、范围等。陆上风电场对鸟类生境的影响应分析施工期和营运期可能扰动和占用的鸟类生境类型，特别是特定鸟种生境类型，并分析影响范围、面积。

5.2　声 环 境 影 响

声音是由物体振动产生，振动的物体被称为发声体或声源。声音通过周围介质进行传播，介质可以是气体、液体或者固体。声音可被感受目标所接受，例如人耳。在声学中，把声源（发生体）、介质（传播途径）、接收器（受体）称为声音三要素。

5.2.1　评价噪声强度的物理量

要阐述噪声源的强度，首先要了解度量声波强度的物理量。

1. 声压

声压是声波扰动引起的和平均大气压不同的逾量压强，即

$$\Delta P = P_1 - P_0$$

式中　P_0——平均大气压，Pa；

　　　P_1——弹性媒质中疏密部分的压强，Pa。

　　　ΔP——声压，Pa。

2. 声功率

声功率是指单位时间内声源辐射出来的总声能量，或单位时间内通过某一面积的声能，即

$$W = SP_e^2 / \rho_{0c}$$

式中　S——包围声源的面积，m^2；

　　　ρ_{0c}——媒质的特性阻抗，$Pa \cdot s/m$；

　　　P_e——有效声压，某时间段内的瞬时声压的均方根值。

　　　W——声功率，W。

3. 频率和倍频带

声波的频率为每秒钟媒质质点振动的次数，人类的可听声波范围为 $20 \sim 2 \times 10^4 Hz$，次声波的频率范围为 $10^{-4} \sim 20 Hz$，超声波的频率范围为 $2 \times 10^4 \sim 2 \times 10^9 Hz$。

声波可划分频带，当 $n=1$ 时为倍频带。

$$f_2 = 2^n f_1$$

式中　f_1——下限频率，Hz；

　　　f_2——上限频率，Hz。

倍频带中心频率的计算为

$$f_0 = \sqrt{f_1 f_2}$$

倍频带的划分范围和中心频率见表 5-1。

表 5-1　倍频带中心频率和上下限频率　　　　　　　　单位：Hz

中心频率 f_0	下限频率 f_2	上限频率 f_1	中心频率 f_0	下限频率 f_2	上限频率 f_1
31.5	22.3	44.5	1000	707	1414
63	44.6	89	2000	1414	2828
125	89	177	4000	2828	5656
250	177	354	8000	5656	11312
500	354	707	16000	11312	22624

4. 声压级

声压级的定义为声压 P 与基准声压 P_0 之比的常用对数乘以 20。声压级用 L_P 表示为

$$L_P = 20 \lg \frac{P}{P_0}$$

5. 声功率级

声功率级的定义为声功率 W 与基准声功率 W_0 之比的常用对数乘以 10。声功率级用 L_W 表示为

$$L_W = 10 \lg \frac{W}{W_0}$$

其中

$$W_0 = 10^{-12} W$$

声压级和声功率级的关系为

$$L_P = L_W - 10 \lg S$$

适用条件为自由声场或半自由声场，声源无指向性，其他声源的声音均小到可以忽略。

（1）自由声场。声源位于空中，它可以向周围媒质均匀、各向同性地辐射球面声波，S 可为球面面积。

（2）半自由声场。声源位于广阔平坦的刚性反射面上，向下半个空间的辐射声波也全部被反射到上半空间来，S 可为半球面面积。

倍频带声功率级即声波在某一中心频率倍频带上限和下限频率范围内的不同频率声波能量合成的声功率级。

6. A 声级

环境噪声的度量，不仅与噪声的物理量有关，还与人对声音的主管听觉有关。人耳对声音的感觉不仅跟声压有关，还与声音的频率有关。声压级相同而频率不同的声音，听起来是不同的。研究发现，通过 A 计权网络测得的噪声值更接近人耳的听觉，这个测得的声压级称为 A 计权声级，简称 A 声级，用 LA 表示，单位为 dB（A）。

倍频带声压级与 A 声级的换算关系为

$$LA = 10\lg\left[\sum_{i=1}^{n}10^{0.1(L_{\mathrm{P}i}-\Delta L_i)}\right]$$

式中　$L_{\mathrm{P}i}$——各个倍频带声压级，dB(A)；

$\quad\Delta L_i$——第 i 个倍频带的 A 计权网络修正值，dB(A)；

$\quad n$——总倍频带数。

63～16000Hz 范围内的 A 计权网络修正值见表 5-2。

表 5-2　A 计 权 网 络 修 正 值

频率/Hz	63	125	250	500	1000	2000	4000	8000	16000
ΔL_i/dB	-26.2	-16.1	-8.6	-3.2	0	1.2	1.0	-1.1	-6.6

7. 等效连续 A 声级

A 声级在用来评价稳态噪声时具有明显的优点，但当声源为间断或者不连续时，即评价非稳态噪声时，又表现出明显的不足，因此需要用等效连续 A 声级来评价。等效连续 A 声级是将某一段时间内连续暴露的不同 A 声级变化，用能量平均的方法以 A 声级表示，用 Leq 表示，单位为 dB（A）。等效连续 A 声级的数学表达式为

$$Leq = 10\lg\left[\frac{1}{T}\int_0^T 10^{0.1}LA(t)^{\mathrm{d}t}\right]$$

式中　Leq——在 T 时间段内的等效连续 A 声级，dB（A）；

$\quad LA(t)$——t 时刻的瞬时 A 声级，dB（A）；

$\quad T$——连续取样的总时间，min。

5.2.2　风力发电机组噪声影响预测评价

风力发电机组在运行时产生的噪声包括源于轮毂中活动部件的机械噪声、风力发电机组叶片产生的气动噪声，其都与风速具有相关性。发电机和齿轮箱是机械噪声的主要来源，其中齿轮箱是主要噪声源。噪声通过风和风力发电机组结构部分向环境传递，距离风力发电机组越远，噪声越低。

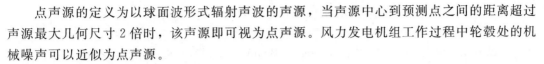

点声源的定义为以球面波形式辐射声波的声源，当声源中心到预测点之间的距离超过声源最大几何尺寸 2 倍时，该声源即可视为点声源。风力发电机组工作过程中轮毂处的机械噪声可以近似为点声源。

1. 噪声在传播过程中的衰减

风力发电机组的噪声从风力发电机组至接受点，因传播发散、空气吸收、阻挡物的反射与屏障等因素的影响，会使其产生衰减。在自由声场条件下，点声源的声波遵循球面发散规律，按声功率级作为点声源评价量，其衰减量公式为

$$\Delta L = 10\lg\frac{1}{4\pi r^2}$$

式中　ΔL——距离增加产生的衰减值，dB；

r——点声源至受声点的距离，m。

若已知风力发电机组的 A 声功率级 L_{WA}，则距离风力发电机组 r 处的 A 声级为

$$LA(r) = L_{WA} - 20\lg r - 11$$

若在距离风力发电机组 r_0 处的 A 声级已知，则 r 处的 A 声级为

$$LA(r) = LA(r_0) - 20\lg\frac{r}{r_0}$$

2. 噪声的叠加

已知若干台风力发电机组在 r 处的 A 声级，则 r 处的噪声叠加值为

$$L_{总} = 10\lg\left(\sum_{i=1}^{n} 10^{0.1L_i}\right)$$

式中　$L_{总}$——几个声压级相加后的总声压级，dB；

L_i——某一个声压级，dB。

风电场营运后的噪声影响主要体现在由机械本身摩擦所产生的噪声和空气扰动所产生的噪声。随着技术的改进，风力发电机组的噪声水平已经有很大改善，国产 200kW 的风力发电机组的噪声水平在距离 500m 以上的噪声贡献值一般低于 45dB（A），低于日常活动噪声水平，基本不受影响（褚建，2006）。

5.2.3　低频噪声的影响

噪声对鸟类等主要依靠声音进行通信的类群有一定的影响（Slabbekoorn，Ripmeester，2008；Francis 等，2009），鸟类尤其是鸣禽主要通过鸣声进行通信，如吸引配偶、防卫、预警、乞食和求救、躲避天敌等。噪声对鸟类生存与栖息的影响主要表现在对其觅食和追赶猎物并辨别天敌位置的干扰，使其捕食效率和生存力大大下降。

在遗传和环境共同作用下，鸟类鸣声具有种或个体差异性。在噪声环境中，鸟类可选用特定音节或鸣唱句型传递信息（Robisson 等，1993），但当环境噪声太大时，声信号被淹没，鸟类的鸣声就失去作用，此时要通过调整声信号来完成通信（Aubin，Jouventin，2002）。鸟类主要通过 Lombard 效应对噪声干扰，即当环境噪声水平较高时改变频率和振幅，增大信噪比，降低噪声对声信号的干扰，这种现象普遍存在于动物的通信中（Rabin，Greene，2002；Brumm，Slabbekoorn，2005；Warren 等，2006）。近年的研究

还发现，鸟类还会调节鸣唱时间避开噪声干扰（Erne，Am rhein，2008）。

鸟类应对噪声频率干扰的主要方法是提高鸣唱最低频率和主频（Slabbekoorn，Peet，2003；Catchpole，Slater，2008；Nemeth，Brumm，2009）。提高最低频率的方式主要有两种：①降低频域以应对低频噪声，这种方式使最高频率保持不变，只提高最低频率；②将频域整体提高（高低频同时不同步提高）以避开低频噪声的影响，频域调节是鸟类应对噪声影响的一种有效措施（Aubin，Jouventin，2002；Sun，Narins，2005）。对澳大利亚墨尔本城区和郊区 12 种鸟类鸣声的分析发现，在不同的噪声环境中，5 种鸟类鸣声差异显著，2 种差异比较明显，2 种的主频显著提高，3 种没有显著变化。可见提高最低频率是城市鸟类避开噪声干扰的主要方法。鸟类最低频率的变化幅度与引起鸟类最低频率变化的噪声水平之间有很强的线性关系，Wood 和 Yezerinac（2006）的研究也发现，在噪声影响下，歌带鹀（*Melospiza Melodia*）鸣唱最低频率随噪声音量的增加而增加。

不同频域的城市噪声对鸟类鸣声的影响也不尽相同。其中 1～1.5kHz 的噪声最容易导致鸟类鸣声的最低频率改变，高于或低于此范围的噪声对鸟类鸣声最低频率的影响都不大。风力发电机组的低频噪声在 20～500Hz 倍频程的声压级在 60dB 左右，峰值出现在 160Hz 和 200Hz 处，理论上，风力发电机组产生的低频噪声低于鸟类鸣唱的最低频率，对鸟类的影响甚微。

5.3 电磁环境影响

5.3.1 电磁场产生、衰减和叠加

1. 电磁场定义

由法拉第电磁感应定律和马克斯维尔在其基础上推论知，在导体上施加电压后，电荷分布在导体的表面，在导体周围的空间存在着一种特殊物质，对放在其中的任何电荷场表现为力的作用，这种特殊物质叫做电场。对电荷的作用力叫做电场力。电场本质上是看不见的可以排斥和吸引电荷的电力线。在导体上有电流通过时，导体周围的空间都要产生磁场，如果在磁场中引入载流导体，则该导体便要受到磁场力的作用。

交替变化与交替产生的电场和磁场，由近而远地传播，即波动的电磁场。电磁场是物质存在的一种特殊形式，表征电磁波属性的是电场强度和磁场强度。交变的电场产生交变的磁场，交变的磁场产生交变的电场，两者互为前提、互为结果，相互依存。在空间上两者相互垂直、同相位变化。

电磁环境指存在给定场所的所有电磁现象的总和。一般有 3 种典型存在形式。

（1）工频电场、工频磁场。目前我国电力供电频率为 50Hz，在导线或设备周边产生工频电磁环境，以电磁感应为主。

（2）低频电磁场。一般指 1Hz～100kHz 频率特征的电磁场，是一个较复杂的电磁环境，感应、传导、辐射几种形式共存。

（3）高频电磁场。国标《电磁辐射防护规定》（GB 8702—1988）中频率范围是指100kHz 以上的电磁环境，远场主要为辐射场。

风电场中的变电站、输变电线路一般产生工频电场、工频磁场影响。

2. 电磁场的衰减

电磁波不需要依靠介质传播。电磁波传播需要能量，所以在传播的时候能量在不断减少，只有在绝对真空中传播时能量才不会降低。

电场与磁场强度随与发生源的距离增加而急速的降低，如发生源的电压、电流消失，电磁场也会同时消失不见。电力电磁场频率低，变化缓慢。

电场很容易被屏蔽，各种形式的外覆盖层，如金属的外壳、钢筋混凝土、树木及人体皮肤等都具有相当好的屏蔽效果。电力设备如变压器、电缆等大多有金属外壳，其外面几乎没有电场，屋内式变电所的所有设备都在钢筋混凝土建筑物内，对电场屏蔽更佳。

与电场相比，磁场几乎无法屏蔽，但方向相反、大小相同的电流产生的磁场可以抵消，因此电流相同而采用三相输电的电力线较单相输电的电力线产生的磁场会小得多。

3. 电磁场叠加

电场和磁场场强具有方向性，电场方向规定为正电荷在某点受的电场力方向；磁场方向规定为小磁针的北极在磁场中某点所受磁场力的方向，因此两者均为矢量场。某点处的场强为不同电磁场在该点处的合成（叠加），其合成一般采用平行四边形法则（图5-1）。

图5-1 平行四边形法则

在通常的工频电磁环境监测时，一般只能测得电磁场的水平分量和垂直分量，并通过平行四边形法则得到合成场强。

5.3.2 电磁环境影响预测

风电场电磁环境影响预测与评价的内容和方法依据《环境影响评价技术导则 输变电工程》（HJ 24—2014）的要求执行。风电场电磁环境影响预测通常采用类比评价的方法，分析升压站及输电线路产生的电磁环境影响。

1. 类比评价

类比对象的建设规模、电压等级、容量、总平面布置、占地面积、架线型式、架线高度、电气型式、母线型式、环境条件及运行工况应与拟建风电场工程相类似，并列表论述其可比性。

类比评价时，如国内没有同类型工程，可通过搜集国外资料、模拟试验等手段取得数据、资料进行评价。

类比监测因子为工频电场、工频磁场。若类比对象涉及电磁环境敏感目标，为定量说明其对敏感目标的影响程度，也可对相关敏感目标进行定点监测。

类比结果应以图表等方式表示，分析类比结果的规律性，类比对象与拟建风电场工程的差异，分析拟建风电场电磁环境的影响范围、满足对应标准或要求的范围、最大值出现的区域范围，并对类比预测结果的正确性和合理性进行论述。

2. 架空线路电磁环境影响预测及评价

陆上风电场工程的输电线路有架空和地埋两种形式，电压等级通常为 110kV 和 220kV，属于交流线路。

对于架空输电线路，工频电场强度的预测方法如下：

（1）利用镜像法计算输电线上的等效电荷，其矩阵方程为

$$U = Q\lambda$$

其中

$$
\begin{bmatrix} U_1 \\ \vdots \\ U_m \end{bmatrix} =
\begin{bmatrix} \lambda_{11} & \cdots & \lambda_{1m} \\ \vdots & \vdots & \vdots \\ \lambda_{m1} & \cdots & \lambda_{mm} \end{bmatrix}
\begin{bmatrix} Q_1 \\ \vdots \\ Q_m \end{bmatrix}
$$

式中　U——各导线对地电压的单列矩阵；

　　　Q——各导线上等效电荷的单列矩阵；

　　　λ——各导线的电位系数组成的 m 阶方阵（m 为导线数目）。

λ 矩阵由镜像原理求得。地面为电位等于零的平面，地面的感应电荷可由对应地面导线的镜像电荷代替，用 i，j，$\cdots$ 表示相互平行的实际导线，用 i'，j'，$\cdots$ 表示它们的镜像，电位系数为

$$\lambda_{ii} = \frac{1}{2\pi\varepsilon_0} \ln \frac{2h_i}{R_i}$$

$$\lambda_{ij} = \frac{1}{2\pi\varepsilon_0} \ln \frac{L_{ij}^*}{L_{ij}}$$

$$\lambda_{ij} = \lambda_{ji}$$

式中　ε_0——真空介电常数，$\varepsilon_0 = \frac{1}{36\pi} \times 10^{-9} \text{F/m}$；

　　　h_i——架设高度，m；

　　　L_{ij}——R_i 与 R_j 间距离，m；

　　　L_{ij}^*——R_i 到 R_j 镜像点距离，m；

　　　R_i——输电导线半径。

由 U 矩阵和 λ 矩阵，利用矩阵方程即可解出 Q 矩阵。

（2）当各导线单位长度的等效电荷量求出后，空间任意一点的电场强度可根据叠加原理计算得出，在 (x, y) 点的电场强度分量 E_x 和 E_y 可表示为

$$E_x = \frac{1}{2\pi\varepsilon_0} \sum_{i=1}^{m} Q_i \left[\frac{x - x_i}{L_i^2} - \frac{x - x_i}{(L_i^*)^2} \right]$$

$$E_y = \frac{1}{2\pi\varepsilon_0} \sum_{i=1}^{m} Q_i \left[\frac{y - y_i}{L_i^2} - \frac{y + y_i}{(L_i^*)^2} \right]$$

式中　x_i、y_i——导线 i 的坐标（$i = 1, 2, \cdots, m$）；

　　　m——导线数目；

　　　L_i、L_i^*——导线 i 及其镜像至计算点的距离，m。

由于工频情况下电磁性能具有准静态特性，线路的磁场仅由电流产生。应用安培定律，将计算结果按矢量叠加，可得出导线周围的磁场强度。

在很多情况下，只考虑处于空间的实际导线，忽略它的镜像进行计算，可得出空间任意一点产生的磁场强度为

$$H = \frac{I}{2\pi \sqrt{h^2 + L^2}}$$

式中　I——导线 i 中的电流值，A；

　　　h——导线与预测点的高差，m；

　　　L——导线与预测点的水平距离，m。

5.3.3　工频电磁场影响

风电场营运期 110kV、220kV 升压站及输电线路会产生工频电磁场，工程集电线路和送出电缆主要为 35kV、110kV 和 220kV 三个电压等级。工程输变电线缆一般选用三芯绝缘缆。电缆外层包裹有金属屏蔽层和铠装层，可以有效地屏蔽电缆带电芯线在周围所产生的电场。

当输变电线路地埋时，在电缆沟顶部距离地面 1.5m 的情况下，由于工频电场强度的物理特性，高压电缆输电线路产生的工频电场强度经电缆管廊上方的土层屏蔽后，基本对电缆沟上方的环境不产生影响。而工频磁场方面，理论上而言，对于三相电缆输配电线路，在其敷设位置上方的磁场水平，取决于电缆埋设深度、3 条相线之间的距离、导线的相对排列方式以及电缆中的工作电流。将三相 3 根电缆的间距减小，由于不同相位的三相磁场互相抵消的作用，可明显降低地面的磁场；采用三芯电缆或将三相单芯电缆布置成三角形也可有效降低地面磁场。以往输电线路监测表明，电缆对地面 1.5m 处产生的磁感应强度（未畸变）将远低于居民区的评价标准限值（磁感应强度 ≤ 0.1mT），电缆管廊外25m 处的磁感应强度已接近环境本底值。

当输变电线路架空时，工频电、磁场会对周围产生一定的影响，根据同类变电站和架空输变电路监测数据分析，变电站本体和输变电线路厂界工频电场、磁感应强度均小于导则推荐的 4kV/m、0.1mT 的评价标准要求。

国内外关于极低频电磁场对鸟类迁徙活动影响的研究较少，根据已有的研究表明，没有足够的生物学或生理学的证据表明低频电磁场会对鸟类群落产生影响。许多鸟类在迁徙过程中借助地球磁场定位及导航。研究发现，极弱的电磁场或许会干扰信鸽方向辨别神经系统，造成信鸽的方向迷失。研究同时发现，虽然开始时较弱的电磁场会对鸟类个体产生一定的方向迷惑，但整个鸟群可以很快地适应电磁场的异常改变，并再次成功的定位。

Hanowsk 等（1996）根据美国密歇根州北部输电线路架设前后历时 8 年的实测数据，分析了极低频电磁场对鸟类繁殖和迁徙的潜在影响，同样得出结论，鸟类繁殖和迁徙均不受极低频电磁场影响。

5.4　生　态　环　境　影　响

陆上风电场建设对生态环境的影响主要表现为施工期地基开挖、施工道路、取土场、弃土场、施工机械车辆碾压及风力发电机组基础压占等对风电场周边地区地表植被的破坏以及由此引发的水土流失；对风电场周围土地利用格局的影响；对动物、植物物种迁移的阻隔的影响等。生态影响预测与评价一般采用定量分析与定性分析相结合的方法，具体方

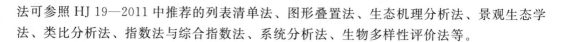

法可参照 HJ 19—2011 中推荐的列表清单法、图形叠置法、生态机理分析法、景观生态学法、类比分析法、指数法与综合指数法、系统分析法、生物多样性评价法等。

5.4.1　植被环境影响

陆上风电场建设往往占地面积较大，总占地面积从数平方千米到数十平方千米、上百平方千米不等。与占用土地密切相对应的是对大量植被、草地的破坏，而从我国风能资源分布上可知，陆上风能资源丰富和较丰富的地区主要分布在东北、华北、西北等中高纬度地区，但是这些地区干旱少雨、冬季寒冷，植物生长期较短，生态环境本身较为脆弱。因此，对以植被为主的陆生生态环境的影响，是陆上风电场环境影响评价中必须关注的重点问题。

陆上风电场对植被环境影响评价，具体可从以下方面展开：

（1）植被作为生态系统的基础和核心，对陆上植被环境影响评价，首先应根据 HJ 19—2011 要求，依据影响区域的生态敏感性和评价项目的工程占地范围规模，明确生态评价工作等级，依据生态完整性，评价项目与生态因子的相互依存关系、生态单元与地理单元界限，明确生态评价工作范围。

（2）生态影响性质、程度判断与评价。根据国家、地方、行业已颁布的生态资源环境保护等相关法律法规、政策、标准、规划和区划等要求，通过对风电场工程影响作用的方式、途径的分析，评判工程行为可能产生的重大生态影响，分析生态环境受影响的范围、强度和持续时间。评价影响性质（有利与不利影响、可恢复与不可恢复影响、可逆与不可逆影响、长期与短期影响、直接与间接影响、单次与累积影响等）。

（3）工程占压影响植被面积、植被类型。根据陆上风电场工程位置特点，占压土地类型，分析评价风电场工程占压影响植被面积、植被类型（是高山植被、还是丘陵植被或是平原植被，寒带、温带植被还是热带植被，草甸植被、森林植被，自然植被和人工植被，农田植被、荒草植被，或是草原、荒漠、热带雨林、常绿阔叶林、落叶阔叶林、针叶林等）。受影响植被植物的主要树种种类，其中包含的珍稀敏感物种的种类、数量。

（4）分析评价项目建设造成的生物量损失、覆盖度的下降，工程永久临时占地、地表硬化对生境切割、生境改变、生境连通性、生态完整性的影响度和预测潜在的后果。

（5）分析评价项目区域涉及敏感生态保护目标的情况，分析其生态现状、保护现状和存在问题。针对保护目标性质特点、法律地位和保护要求，提出减缓生态影响的避让、防护、恢复、补偿、重建措施及替代方案。

（6）对植被生态影响评价深度，一定要注意按照评价工作等级，达到相应深度的评价要求。评价方法可依据导则中推荐的列表清单法、图形叠置法、生态机理分析法、景观生态学法、类比分析法、指数法与综合指数法、系统分析法和生物多样性评价法等因地制宜的选用，做到定性分析和定量分析相结合。

5.4.2　水土流失环境影响

风电场工程建设对水土流失的影响，是伴随着土地占用、地表开挖、植被损失等过程而同时产生的水土资源流失现象。由于水土流失引起的生态失调已经成为我国主要的生态环境问题之一。为此，水土保持等相关法律法规要求，对可能引起水土流失的开发建设项目必须按照规定编制水土保持方案报告书，分析工程造成的水土流失影响，提出水土保持措施。根据开发建设项目水土保持技术标准和陆上风电场特点，对水土流失环境影响评价应突出以下分析：

（1）项目与项目区概况。在概要叙述项目组成及总体布置、施工组织及场地布置、工程占地，自然社会环境概况等基本情况，应重点突出与水土流失防治问题相关的土石方平衡与调配，项目区域地形地貌、植被覆盖度、水土流失现状、水土流失现状问题的主要影响要素、水土流失防治经验等内容。

（2）主体工程水土保持分析与评价。对主体工程占压破坏植被、扰动原地形地貌、造成大量裸露面和松散土石方等，可能使土壤可蚀性指数升高，表层土抗蚀能力减弱，加剧水土流失发生，应从工程占地与布局合理性、场地布置与施工组织安排合理性、土石方平衡与调运安排、表土剥离与利用等，进行水土保持制约性因素分析与评价，分析工程占地是否符合节约耕地原则，永久占地、施工临时占地，取土场、弃渣场等施工场地布置是否合理紧凑，施工方法和工艺是否有利于减少水土流失、减少扰动范围及强度，施工安排是否做到了有效衔接减少开挖裸露面积与时间、是否尽可能避开汛期施工，排水沉沙、先拦后弃等水保措施，是否与主体施工进度同步实施，起到良好的水土保持作用等。对主体工程是否符合水土保持要求给出结论。界定主体设计中具有水土保持功能的工程措施。主体工程中以防治水土流失为主要防治目标的工程，其工程量和投资纳入水土保持方案中。

（3）水土流失防治责任范围确定。根据主体工程设计方案和造成扰动影响范围，明确项目的水土流失防治责任范围及面积。

（4）水土流失量预测。根据项目构成、工程平面布局、建设时序与施工扰动特点，结合区域地形地貌及自然属性，对可能造成的水土流失影响因素进行分析，确定水土流失预测范围、时段和单元，采用定量与定性相结合方法，以定量分析为主，预测确定：扰动原地貌和损坏地表植被面积、损坏水土保持设施数量和面积、弃土弃渣量、可能造成土壤流失总量和新增土壤流失量、可能造成水土流失的影响及危害等。

（5）确定水土流失防治目标。按项目所处水土流失防治区和区域水土保持生态功能重要性，根据《开发建设项目水土流失防治标准》（GB 50434—2008），确定水土流失防治目标。建设类项目水土流失防治等级分为一级、二级、三级，具体防治目标包括扰动土地整治率、水土流失治理度、土壤流失控制比、拦渣率、林草植被恢复率、林草覆盖率等6项指标。

（6）水土流失防治措施体系和总体布局。根据预防为主的水土保持方针，围绕实现确定的水土流失防治目标，"点、线、面"结合，形成布局完整防护体系的原则，合理布设水土流失防治措施体系。水土保持措施配置中，防护墙、排水沟、沉砂池、表土剥离、场地平整、覆耕植土等工程措施控制大面、高强度的水土流失，并为生物措施的实施创造条件；乔木、灌木、草皮及组合绿化等植物措施与工程措施配套，提高生态保水保土效果，改善生态环境；土工布遮盖、填土草包挡护、彩钢板挡护等临时措施，及时控制水土流失发生，避免河湖、沟渠淤积，改善项目建设形象。

（7）水土保持工程落实与实施。应提出水保方案实施的组织领导管理、技术保证措施，水土保持方案后续设计，水土保持工程施工组织设计，水土保持监测，水土保持治理费用等一系列要求，以保证水土保持工程得到落实与实施。

5.5　对鸟类及其生境影响

近 20 年来，随着风力发电的快速发展，其对鸟类影响的环境问题也逐步受到生态学者及社会的关注。在风力发电开展较早的发达国家，如美国、加拿大、德国、西班牙、荷兰、爱尔兰和丹麦等国，已经进行了大量相关研究，包括鸟类栖息地丧失研究、鸟类适应情况调查、鸟类撞机死亡调查、鸟类调查和监测先进技术和设备等。

陆上风电场对鸟类及生境的影响主要包含 3 个方面。

（1）风电场的建设活动、栖息地的直接侵占以及风力发电机组噪声等对鸟类栖息、觅食、繁殖等活动的干扰和影响。

（2）风电场的建设对鸟类迁徙的影响。

（3）鸟类与风力发电机组或架空电线相撞对鸟类存活的影响。

5.5.1　对鸟类栖息和觅食的影响

5.5.1.1　施工期干扰活动对鸟类的影响

在风电场施工期间，施工人员和机械的进驻，升压站、风力发电机组基础建设的土方开挖，施工便道修建等活动会对鸟类生境造成一定破坏，干扰鸟类活动，使原来在风电场区域栖息觅食的鸟类远离风电场，从而使风电场区域内的鸟类数量下降，生物多样性降低。但这一影响是暂时的、可逆的，随着施工活动的结束，施工干扰对鸟类活动的影响可逐步消失。

5.5.1.2　风力发电机组噪声对鸟类的影响

风力发电机组在运转过程中会产生叶片扫风噪声和机械运转噪声。由于大多数鸟类对噪声具有较高的敏感性，在该噪声环境条件下，大多数鸟类会选择回避，减少活动范围（Kahlert 等，2004；Desholm，2005）。通常陆上风电场由数十台或数百台风力发电机组组成，这些风力发电机组同时运转时发出一定的噪声，对风电场区和周围鸟类造成干扰，使鸟类远离风电场，还会对鸟类的繁殖活动产生影响，使鸟类的营巢成功率下降（Kingsley，Whittam，2001）。

但风力发电机组噪声对鸟类影响的范围通常有限。根据我国目前风力发电机组设计技术参数，多数风力发电机组轮毂处的噪声可达 102dB（A）。一般情况下，风力发电机组所产生的噪声在距风力发电机组 500m 外已基本不受影响（李文婷，2004）。且鸟类对噪声有一定的忍耐力，会逐步适应风电场区域的噪声。德国曾在 1994—1999 年在 30 台风力发电机组附近，对风力发电机组噪声对鸟类的影响做了研究。结果发现，只要与鸟的栖息地保持 250m 的距离，风力发电机组噪声对鸟类正常的栖息、觅食的影响较小（魏科技，2011）。

5.5.1.3　栖息地侵占对鸟类的影响

陆上风电场对鸟类栖息地的影响包括以下方面：

（1）风电场风力发电机组机座和升压站等设施的永久占地对鸟类栖息地的直接侵占，通常来说风力发电机组机座和升压站占地面积相对较小，大约占风电场面积的 2%～5%（Fox 等，2006），这部分面积的侵占导致鸟类栖息地的完全丧失。

（2）若陆上风电场选择在鸟类适宜栖息地内建设，风力发电机组叶片的旋转干扰迫使鸟类避开原有的飞行路径，从某种程度上说风力发电机组阵列对原有适宜栖息地产生了切割效应，导致栖息地破碎化，进而使栖息地质量下降；此外鸟类在风电场区域内迁飞存在与风力发电机组相撞的风险，风电场及周边区域将不再适宜作为鸟类的栖息觅食场所，这可能使鸟类失去整个风电场大的栖息地。如鄱阳湖区湖滩风电场直接影响鄱阳湖区鸟类栖息地 187km²，减少了一定数量鸟类栖息和觅食的场所（贺志明，2010）；台湾彰化风电场建设使台湾东沙洲鸟类栖息地面积减少 81.5km²，约占总栖息地面积的 13.9%（施月英，2008）。但相关研究也表明，只要风电场区域内有觅食地存在，鸻鹬类等中小型涉禽、水鸟仍然能够在此停歇、觅食，因为它们可以成功改变飞行方向以避开风力发电机组进行觅食（Christsen，Hounisen，2005）。

（3）在一定条件下陆上风电场矗立的数十台至上百台风力发电机组是猛禽经常停息的地点，原本栖息在这些地区的鸟类经常会放弃这些栖息地以避开猛禽停歇地而避免被捕食，如栖息在草原上的艾草榛鸡（*Centrocercus Urophasianus*）和尖尾松鸡（*Tympanuchus Phasianellus*）会主动放弃风力发电场及其附近的栖息地，因为栖息于这些地区会使它们易于暴露给猛禽（王明哲，2011），从而使这些鸟类丧失了原有的栖息地。

总的说来，陆上风电场的建设导致鸟类栖息地的部分丧失和生境的破坏，而良好的生态环境可以为鸟类提供安稳的营巢空间和丰富的食物来源，生境遭到破坏影响到鸟类的栖息和觅食，从而对风电场及周边区域鸟类的群落组成及数量产生一定的影响。不同的风电场由于不同建设区域生境的差异、风电场规模的不同以及区域分布鸟类对风电场敏感性的不同，其干扰影响往往具有明显差异，国外相当一部分陆上风电场的研究结果表明，风力发电机组运行对鸟类的干扰影响范围在 600m 以内（表 5-3）。

表 5-3 国外陆上风电场运行对鸟类分布的干扰影响

区　域	生境	出现/研究的种类	风力发电机组数量	显著受影响种类	影响距离	来　源
丹麦，Vejlerne	农田	红脚雁	L	红脚雁	1～200m	Larsen，Madsen，2001
德国，Westermarsch	农田	北极雁	M	北极雁	最大 600m	Kowallik，Borbach-Jaene，2001
威尔士，Bryn Tytli	内陆湿地	鸢和隼	M	无		Philips，1994；Green，1995
威尔士，Cemmaes	内陆湿地	内陆种类	M	无		Dula，1995
威尔士，Carno	内陆湿地	内陆种类	L	无		Williams，Young，1997；Young，1999
英格兰西北，Ovenden Moor	内陆湿地	金鸻和杓鹬	M	无		Bullen Consultants，2002
苏格兰西南，Windy Standard	内陆湿地	内陆种类	M	无		Hawker，1997
英国各地	内陆	内陆种类	M	无		Thomas，1999

注：L 表示"大"，50～200 台风力发电机组；M 表示"中等"，10～50 台风力发电机组。

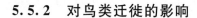

5.5.2　对鸟类迁徙的影响

据鸟类学界多年研究,我国鸟类迁徙有东、中、西 3 条主要通道。东部通道即沿海海岸及海上岛屿,属于东亚—澳大利西亚迁徙线,东部沿海及海上岛屿是我国鸟类迁徙的重要通道和停歇地、觅食地、繁殖地。据多年观察,每年在丹东鸭绿江湿地国家级自然保护区越冬、迁徙和栖息的鸟类数量就达到百万只。每年在辽宁双台河口国家级自然保护区和辽宁蛇岛老铁山国家级自然保护区迁徙、停歇、繁殖的鸟类均在千万只以上。在这些鸟类中还有国家一级、二级保护鸟类几十种。中部通道为内蒙古东部和中部草原、华北西部地区及陕西地区,属于中亚—印度迁徙通道。西部通道为内蒙古西部干旱草原、甘肃、青海、宁夏等地的干旱或荒漠、半荒漠草原地带和高原草甸草原地区,属于西亚—东非迁徙通道,这里的湖泊、水库、沼泽等湿地是鸟类尤其是水禽的主要停歇地,新疆的巴里坤、伊犁河、乌鲁木齐—达坂城等地是鸟类迁徙通道,每年在博斯腾湖、艾比湖、乌伦古湖等地的水鸟聚群数都在十几万只或数十万只以上(马鸣,1999)。我国风能资源十分丰富,陆上风电场主要分布在新疆、甘肃、内蒙古、辽宁、广东以及东部沿海等地区。风力资源的地理分布大多与鸟类迁徙通道相重叠,若陆上风电场的场址恰巧横亘在候鸟迁徙的通道上,对鸟类迁徙构成障碍,则会对鸟类的迁徙产生一定的影响。

目前我国陆地上使用的最大风力发电机组塔高多在 65～80m,叶片直径多在 65～90m,总高度多在 97.5～125m。根据多年鸟类观测统计结果,一般鸟类在直接的长距离迁徙飞行过程中飞行高度通常较高,绝大部分鸟类的飞行高度在 150m 以上,其中大型鸻鹬类在 150～400m 之间,鹭类在 150～600m 之间,鹳类在 350～750m 之间,鹤类在 300～700m 之间,鸭类在 150～500m 之间,雁类(包括天鹅)在 350～12000m 之间,均超过风力发电机组总高度(125m 以下)以及高压输电线路高度。且鸟类一般又都具有较好的视力,它们很容易发现并躲避障碍物,在飞行途中遇到障碍物都会在大约 100～200m 的距离下避开(卞兴忠,2010)。因此,一般情况下风电场风力发电机组对鸟类迁徙影响不大,主要对少数飞行高度较低的候鸟迁徙构成威胁。在有些情况下,水禽会在风力发电机组之间穿越飞行。台湾彰化风电场冬季在涨退潮期间通过风力发电机组的鸟类数量可达 375 只,高度多在 40m 以下的低风险区,而在 40～120m 的高风险区数量偏低,仅约 25 只。飞行通过的种类以小型鹬(鸻)科的滨鹬(*Calidris Alpina*)和东方环颈鸻(*Charadrius Alexandrinus*)为主,比较特别的是记录到灰脸狂鹰(*Butastur Indicus*)过境族群从风力发电机组间通过 12 只,飞行高度在 40m 以下的低风险区(施月英,2008)。

尽管如此,陆上风电场选址时,仍需避开鸟类迁徙通道上的鸟类停歇地、觅食地和繁殖地,并与之保持一定距离。有学者认为至少应在 5km 以上,甚至再远(卞兴忠,2010)。

5.5.3　鸟类撞击风力发电机组的风险

陆上风电场对鸟类影响最严重的后果是鸟类飞行过程中撞上叶片或塔柱或架空高压线路而导致死亡或伤害。发生鸟类误撞通常有几种情况:①鸟类在栖息和觅食过程中,飞行高度一般低于 100m,而风力发电机组叶片的旋转高度通常为 25～125m,鸟类在风电场区及周边区域频繁地起飞、降落,必然会增加鸟机相撞的风险;②在鸟类迁徙遇到逆风不能着陆时,飞得很低，几乎是近地面或近水面飞行，存在与风力发电机组相撞的风险；③在夜间或不良的气象条件，如大雾、降雨、密云等均会导致大气能见度降低，迁徙的鸟类会降低飞行高度和辨识能力，从而增加与风力发电机组相撞的概率（Drew，Langston，2006）；④风电场区的高压输电线路所产生的高频或超高频电磁波有可能对迁徙中的鸟类的方向辨别神经系统产生干扰作用，使鸟类迁徙时发生迷失方向甚至撞线致死现象（张勤先，2001）。

据美国审计署 2005 年统计结果，每年死于美国加利福尼亚州 Altamont Pass 风力发电场的鹰隼类超过 1000 只，其中就包括金雕（*Aquila Chrysaetos*）和西域秃鹫（*Gyps Fulvus*）。后来的研究证明雀形目鸟类是与风力发电机组撞击较多的鸟类，占撞击死亡鸟类的 80％左右（Erickson 等，2001），而猛禽只占 2.7％（Kerlinger，2000）。德国也曾有"大规模风力发电场会破坏候鸟正常的飞行规律，并使很多鸟死在风力发电机下"的报道（董晓湛，2003）。

鸟撞风力发电机组与一系列因素相关，如鸟的种类、数量、行为、地形地貌、天气状况、风电场的地理位置等。当风电场位于或靠近鸟类迁徙通道或鸟类局部大量集聚的区域时，鸟撞发生的概率会大大增加。对于特定的鸟种，不同年龄的个体由于飞行经验、行为不同撞击风力发电机组的可能几率不同（王明哲，2011）。一项猛禽研究结果说明，亚成体由于缺乏成熟的飞行技巧和飞行经验，较成体更容易与风力发电机组相撞（Madder，Whitfeld，2006）。在行为方面，追击猎物的猛禽因为在捕食时要降低飞行高度，更容易与风力发电机组相撞（Barrios，Rodriguez，2004）。建于山脊上的风电场对夜间迁飞的鸟类潜在威胁很大，因为通常迁飞的鸟通过山脊时更接近地面，提高了鸟与风力发电机组叶片相撞的几率（Smallwood，Thelander，2006）。此外，研究发现撞击死亡率通常与风力发电机组的转速呈一定的相关关系，一般变速的风力发电机组对鸟类的影响较大（Orloff，Flannery，1996）；但即使如此，在许多情况下仍然有 80％以上的鸟类可以穿过变速的风力发电机组而不受丝毫损伤（Winkelman，1992）。美国鸟类专家罗格艾特埃奥尔的研究表明，风力发电机组并不总是对大量夜间飞行的鸟类构成致命危险，即使是在相当高的迁徙密度和低云层、有雾情况下也是如此。鸟类在飞近风电场区域时，能够成功改变迁徙路线以避开塔柱和旋转的叶片，并且白天比夜晚更能精确地改变飞行方向（Christsen，Hounisen，2005）。表 5-4 为国外陆上风电场发生鸟类撞击事件的概率统计结果，总的来说，陆上风电场发生鸟类撞击风力发电机组而死亡的事件比较稀少。

表 5-4 鸟和陆上风力发电机组撞击概率

区 域	生 境	出现种类	风电场规模	撞击概率 /[只·(台·年)$^{-1}$]	撞击种类	来 源
加利福尼亚，Altamont	农场	猛禽	VL	0.05	猛禽	Orloff，Flannery，1992，1996
美国各地	各种各样	各种	混合	2.2	各种	Erickson 等，2001
威尔士，Bryn Tytli	内陆湿地	内陆种类	M	0	无	Tyler，1995
威尔士，Cemmaes	内陆湿地	内陆种类	M	0.04	鹬类	Dulas，1995
英格兰，Ovenden Moor	内陆湿地	内陆种类	M	0.04	金鸻、杓鹬	EAS，1997

注：VL 表示"非常大"，>200 台风力发电机组；M 表示"中等"，10～50 台风力发电机组。

5.6　其他环境影响

5.6.1　视觉环境影响

根据有关研究调查分析，风电场建设项目在视觉环境影响上，具有有利影响与不利影响两个方面。

1. 有利影响

21 世纪将是高效、洁净和安全利用新能源的时代。风力发电作为清洁可再生新能源利用方式，近年来受到世界各国的高度重视。在选址考虑周全、设计布局合理时，数十甚至上百台简洁而现代感十足的，采用当代先进科学技术制造的新型高效大型风力发电机组，有规则整齐地排列着，像大风车一样映入眼帘，在使人眼睛一亮，赞叹人类的技术与智慧同时，会让人从心里对这种取自大自然的、既安全环保又用之不竭的新能源产生好感，并接受喜欢这些建筑物的出现。在喜欢者的视觉和心理上，徐徐转动的叶片，与蓝天白云、田园山水或其他背景物体相映衬，人类科技与自然环境有机融合，犹如画龙点睛作用般，于传统自然风光中增添几分现代感的秀色，将产生不同视觉效果，甚至成为当地的一道美丽的新风景。风电场成为新景观或增加景观效果的这种有利影响，在国内外已有不少成功的实例。其中科学选址、设计布局合理，做到与周边环境协调融合，是取得其有利影响的根本前提与保证。

2. 不利影响

大型风力发电机组作为高达百米的典型高耸建筑物，尤其数量多占地范围大时，一定程度上会增加原有地理空间的拥挤感，改变所在区域空间的天际线。对喜欢空旷、宁静环境的人们来讲，风力发电机组这类高耸建筑物如果与所在地自然环境、地形地貌的协调性不够，或与周边生活居住区的距离过近，有可能会对部分人群在视觉和心理上产生压迫感，或对原来开阔视觉远眺形成遮挡。另外，风力发电机组不是完全静止的物体，转动风轮的气动噪声和齿轮箱传动的机械噪声，其噪声主要是低频噪声，叶片转动产生的阴影与光影闪烁，会使部分人群产生眩晕、心烦意乱等不利影响，是一种视觉污染环境问题。为尽量减小这些不利影响，环评工作中需要采取一系列的措施包括：充分的工程与环境协调分析；认真调查收集受影响人群等公众意见；开展项目的可视距离及空间视觉评价；全面考虑风力发电机组在不同时段产生的光影影响；根据太阳高度角的数值具体计算风力发电机组的光影阴影长度、风力发电机组光影影响防护距离；从环境角度对风电场平面总体布置提出反馈意见和要求；明确相关减缓不利视觉影响的措施等。通过这些措施，才能使光影和闪烁等不良影响降至最低限度。并得到公众的支持和理解，获得经济社会环境效益的统一。

5.6.2　光影的影响

由于风力发电设备高度较高，在有风和阳光的条件下，风力发电机组会产生晃动的阴影，在清晨和傍晚时阴影效应最大（杨小力，2010）。如果阴影投射在居民区内，会对居民的日常生活产生干扰和影响。风力发电机组产生的阴影长度可根据当地的太阳高度角和叶片的长度计算得出。根据风电场当地的纬度，可计算出当地的太阳高度角 h_0 为

$$h_0 = 90° - x_0$$

式中 x_0——纬度差，指当地的地理纬度与当日直射点所在纬度之间的差值，（°）。

根据太阳高度角的数值即可计算出风力发电机组的阴影长度为

$$L = H / \tan h_0$$

式中 H——风力发电机组高度。

根据上述原理，纬度越大（地理位置越北）的风电场阴影会越长。同一区域内，一年当中冬至时分为太阳高度角最小，风力发电机组影子最长。

若风力发电机组排列在风电场区域内山梁的高处，计算阴影长度时还应叠加风力发电机组所在位置的地形高度。通常风力发电机组的运行和征地要求风电场距离居民点有300~500m的防护距离，所以只要风力发电机组和居民点的高差不是特别大，距离在卫生防护距离之外，光影对周边居民的生活影响有限。

5.6.3 社会环境影响

社会环境影响评价应重点分析以下两个方面。

1. 减少项目施工期影响问题

风电工程中风力发电机组中的叶片、机箱、塔杆等大件设备在施工过程中，需修筑一定的永久性与临时性道路，使用吊车、卷扬机、混凝土搅拌系统及运输车辆，挖掘机械、钻探设备，还可能需采用炸药爆破等作业。由于大量人员、机械在施工期数月或一两年的短时间内积聚在场地周边，噪声、废气、扬尘、废水等污染增大，有可能对区域环境质量和附近居民生产生活产生不利影响。对这些不利影响除按照相关环境保护要求做好防控与减免措施外，还应保持社会和谐稳定，做好相关舒缓工作，才能真正使对社会的负面影响最小化。

2. 减少风电场营运期影响问题

风电场属于清洁能源，在营运期虽然不产生常规的"三废"污染问题，但是毕竟新增了大量的机组设备、永久道路等设施，比如一些封闭区域、永久道路可能造成原有的田地、排水系统分割不便，风力发电机组噪声对周围声环境以及附近居民生活环境可能产生一定影响，电磁辐射可能对身体健康和心理产生影响等。如何使这些对周边民众生产生活的影响最小，需要认真对待。

针对梳理的可能不利影响，一些风电场建设项目已经做出了较好的示范，比如尽量减少封闭区域，除必须封闭区域外，其他道路资源与周边居民共享，在风电场内适当位置增加穿越通道、排水沟渠，做好隔离防护距离标识，增加电磁环境知识宣传教育，减少心理恐惧感等，都收到了良好效果，值得各风电场建设项目结合自身环境条件情况参考应用。总之，只有充分树立项目建设与环境和谐、让当地居民分享风电场建设带来的利益好处，风电场营运期的扰民问题才会解决，这也是环境评价要达到的最终目的。

5.6.4 风险环境影响

作为新兴能源利用方式，风力发电与传统的火力发电、常规的水力发电，以及核电等

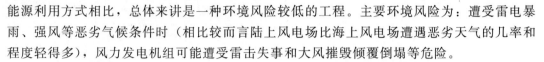

能源利用方式相比，总体来讲是一种环境风险较低的工程。主要环境风险为：遭受雷电暴雨、强风等恶劣气候条件时（相比较而言陆上风电场比海上风电场遭遇恶劣天气的几率和程度轻得多），风力发电机组可能遭受雷击失事和大风摧毁倾覆倒塌等危险。

5.6.4.1　雷击风险

1. 雷击风险影响识别

对风电场运行带来危害的主要是云地放电，带负电荷的云层向下靠近地面时，地面的凸出物、金属等会被感应出正电荷，随着电场的逐步增强，雷云向下形成下行先导，地面的物体形成向上闪流，云和大地之间的电位差达到一定程度时，即发生猛烈对地放电。雷电一般具有：冲击电流大；持续时间短；雷电流变化梯度大和冲击电压高等特点。风力发电机组设备遭受雷击受损通常有下列几种情况：

（1）风力发电机组直接遭受雷击而损坏，主要指机箱轮毂叶片件遭感应雷和球形雷破坏损坏或着火燃烧。

（2）雷电脉冲沿与设备相连的信号线、电源线或其他金属管线侵入使设备受损。

（3）设备接地体在雷击时产生瞬间高电位形成地电位"反击"而损坏。

（4）设备安装的方法或安装位置不当，受雷电在空间分布的电场、磁场影响而损坏。

2. 防雷措施

（1）风力发电机组防雷措施。风力发电机组本身已有完善的直击雷保护，风力发电机组机壳、塔架及基础应可靠地连接并与接地网相连。户外箱式变压器布置在户外，其高度较低，已在风力发电机组保护范围之内，其外壳为钢板且与接地网相连，故不另装设直击雷保护装置。

保护接地、工作接地、过电压保护接地使用同一个接地网。接地装置的接地电阻满足规程标准的要求，并将接触电势、跨步电势和转移电势均限制在安全值以内。充分利用风电场中的风力发电机组和户外箱式变压器的基础作为自然接地体，再敷设必要的人工接地网，以满足接地电阻值的要求。

（2）升压站防雷措施。升压站为全户内型，屋顶装设避雷带作为防雷保护，并且避雷带设数个独立接地点。站内配电装置加装避雷器。升压站内所有配电装置及电气设备，配电屏等的金属外壳，底座及电缆支架，钢筋混凝土构架，金属构架的金属部分均按规程规定接地。升压站的接地网采用水平接地体为主的复合接地网型式，接地网的接地电阻满足规程标准的要求。

5.6.4.2　强风风险

强风蕴涵的巨大自然能量将给风力发电机组造成破坏，其破坏机理主要是对设备结构施加静载荷和动载荷叠加效应。台风对风电场可能造成的损害包括：

（1）夹带的细小砂砾破坏叶片表面，轻则影响叶片气动性能，产生噪声，严重的将破坏叶片表面强韧性，由此降低叶片整体强度。

（2）带来的狂风暴雨对输电线路的破坏。

（3）破坏测风装置，使风力发电机组不能正确偏航避风，设备不能降低受风面积，超过设计载荷极限，使设备遭到破坏。

（4）施加在设备上的静力效应和动力效应共同作用下不断施加疲劳载荷，最后达到或者超过叶片和塔架的设计载荷极限，导致部件机械磨损，缩短风力发电机组的寿命，严重的使叶片损坏及塔架倾覆。

5.6.4.3 防范风险的对策措施

根据上述可能带来的自然灾害的破坏机理及相关风险识别分析，防范风险的对策措施要点如下：

（1）严格按照结构、电气安全等相关标准的要求，进行风电场的设计施工和建设运行，用严格的制度保障风电场工程的安全。

（2）根据各风电场所在位置及环境的具体特点，在充分论证的基础上对可能发生风险事故的节点给予更大的安全冗余，增加抗御风险的能力。

（3）在极端天气等自然灾害易发的时期，加强对天气预报和气象资料的收集收听，并安排专人负责，做到早发现早预防，制定好防范风险的应急预案，定期演练。

第6章 海上风电场环境影响预测与评价

6.1 海上风电场环境影响评价的内容和方法

海上风电场环境影响预测与评价的内容和方法依据《海上风电工程环境影响评价技术规范》的要求确定，通常包括海洋水文动力、海洋地形地貌与冲淤环境、海洋水质、海洋沉积物、海洋生态环境、鸟类及其生境、声环境、电磁环境、海洋开发活动等要素。

1. 海洋水文动力影响

依据《海上风电工程环境影响评价技术规范》，海洋水文动力影响预测的方法、深度要求根据水文动力评价等级来确定。1级、2级评价项目一般采用数值模拟法，预测海上风力发电机组基础、升压变电站（海上升压变电站、陆上升压变电站或集控中心）填海等所有占海工程导致评价海域潮流流速、流向、潮流场和余流分布的变化范围与影响程度。3级评价项目可采用近似估算法，分析水文动力环境变化及其影响。

2. 海洋地形地貌与冲淤影响

依据《海上风电工程环境影响评价技术规范》，1级、2级评价项目一般采用数值模拟法，预测海上风力发电机组基础、升压变电站（海上升压变电站、陆上升压变电站或集控中心）填海等所有占海工程对海岸、滩涂、海底地形地貌、海域冲刷与淤积的影响，并分析评价其产生的影响和程度；3级评价项目可采用近似估算法，分析海洋地形地貌与冲淤环境影响。

3. 海洋水质影响

海上风电场的海洋水质影响主要包括施工期桩基础打桩和海缆铺设引起的悬浮物扩散影响以及营运期风力发电机组结构防腐涂层、海底电缆防护层产生的废水水质影响。依据《海上风电工程环境影响评价技术规范》，对于施工期悬浮物扩散影响，1级、2级评价项目应采用数值模拟法，定量预测分析施工期悬浮物在评价海域的浓度增量值及其分布，以及对环境敏感目标的影响；3级评价项目可采用近似估算法分析施工期悬浮物对海水水质和环境敏感目标的影响。对于营运期防腐涂层及海底电缆防护层可能产生的废水影响，可采用数学模式法或近似估算法分析评价海域海水水质和环境敏感目标的影响。

4. 海洋沉积物影响

依据《海上风电工程环境影响评价技术规范》，应预测与分析海上风电项目所有工程施工期和营运期造成的沉积物污染因子的影响范围与程度，着重预测和分析对敏感目标和主要环境保护目标的影响程度。

5. 海洋生态环境影响

依据《海上风电工程环境影响评价技术规范》，1级和2级评价项目应全面分析、估算海上风电项目施工期和营运期扰动或占用海域,对评价海域海洋生物栖息生境的影响范围和程度,对海洋生态系统服务功能的影响范围和程度,并估算造成的生物资源损失量;分析污染物排放如施工期悬浮泥沙对海洋生物的影响范围,并估算生物资源短期损失量;分析评价对评价范围内海洋生物保护物种、海洋生态保护区、重要湿地、渔业"三场一通道"、水产养殖、渔业资源等海洋生态敏感目标的影响范围和程度。分析评价海上风电项目对评价海域海洋生物栖息生境及海洋生态系统的综合影响。

6. 鸟类及其生境影响

依据《海上风电工程环境影响评价技术规范》,鸟类及其生境影响应分析海上风电项目施工期和营运期可能扰动和占用的鸟类生境类型,特别是特定鸟种生境类型,并分析影响范围、面积;分析工程施工期扰动、临时占用鸟类生境和营运期占用滨海湿地(含潮间带植被)、滩涂、浅海对区域鸟类栖息、觅食、繁殖生境可能造成的影响及性质、范围、程度。

根据国内外相关研究文献成果、同类型工程跟踪监测资料,类比分析国内外海上风电场施工期和营运期对鸟类造成的影响,分析海上风电项目对鸟类可能产生的影响及影响途径、方式、范围等。根据区域鸟类现状调查评价结果,结合海上风电场工程分析和鸟类生态习性、飞行模式,重点分析施工期施工噪声、生境扰动和营运期海上风力发电机组噪声、风力发电机组运转对区域迁徙期、繁殖期、越冬期主要鸟类、受关注鸟类种群、分布及栖息、觅食、本地迁徙活动、季节性迁徙活动等的影响。

7. 水下噪声对海洋生物影响

海上风电场风力发电机组运行时的水下噪声对鱼类和海洋哺乳动物会产生一定的不利影响,主要表现为可能干扰鱼类及海洋哺乳动物捕食、躲避掠食动物或躲开障碍物,进而影响其生存。目前,我国在水下噪声对海洋生物影响的研究方面尚处在探索阶段;要深入研究风电场水下噪声的影响,还需进行大量的基础数据调查和实验,包括海上风电场水下噪声频谱的实测,海洋鱼类听阈值的调查,海洋生物对声信号的敏感性研究等。

依据《海上风电工程环境影响评价技术规范》,水下噪声预测宜采用模式计算和类比分析相结合的方法。通过搜集国内外资料、模拟试验等手段确定评价海域内主要水下声敏感海洋动物声学特性。

根据水下噪声预测分析结果,结合评价海域内主要水下声敏感海洋动物声学特性,从可听度、掩蔽、行为反应和危害(TTS/PTS)(鱼、海洋哺乳动物)角度,重点预测评价中、低频(1kHz 以下)尤其是 500～800Hz 频段噪声对评价海域水下声敏感海洋鱼类尤其是石首鱼科鱼类(如大黄鱼);预测评价中、高频(1kHz 以上)噪声对海洋哺乳动物及海洋珍稀濒危动物等其他水下声敏感海洋动物种类个体和群体的影响范围与程度。

通过类比分析,尽可能定量或半定量预测评价施工期和营运期水下噪声影响对评价海域水下声敏感主要海洋鱼类尤其是石首鱼科鱼类(如大黄鱼)及重要经济鱼类的产卵场、索饵场、越冬场和洄游通道的影响;对评价海域分布的海洋哺乳动物及海洋珍稀濒危动物等的影响范围和程度。

8. 水上声环境影响

水上声环境影响噪声源包括施工期机械噪声、营运期海上(陆上)升压站噪声、海上风力发电机组水上噪声等。

水上声环境影响预测与评价总体按照 HJ 2.4—2009 中的规定进行，可采用模式计算和类比分析相结合的方法。在现状评价、类比评价、模式预测及评价的基础上，综合评价海上风电项目施工期和营运期的水上声环境影响。

9. 电磁环境影响

依据《海上风电工程环境影响评价技术规范》，电磁环境影响预测的方法、深度要求根据评价等级来确定。对于输电线路，1 级、2 级评价项目电磁环境影响预测可采用类比监测和模式预测结合的评价方式；3 级评价项目可采用模式预测评价方式。对于升压变电站，1 级、2 级评价项目电磁环境影响预测可采用类比监测评价方式；3 级评价项目可采用定性分析方式。预测评价内容为营运期海上风电项目输电线路和升压变电站对周围工频电场、工频磁场、地面合成电场的影响。

根据现状评价、类比评价、模式预测及评价结果，评价海上风电项目营运期输电线路和升压变电站电磁影响是否符合排放标准，是否对海洋动物尤其是海洋哺乳动物及鸟类等造成影响。

10. 海洋开发活动影响

依据《海上风电工程环境影响评价技术规范》，海上风电场海洋开发活动影响分析内容包括海上风电项目与项目所在区域海洋产业发展、海洋经济发展、海洋开发活动等规划的协调性，海上风电项目施工期和营运期对评价海域现有海洋渔业（含养殖、捕捞、渔港）、滨海旅游、港口航运、工业、海洋矿产、石油资源勘探开发等海洋开发活动的影响途径、范围及程度。

6.2　海洋潮流与海床冲淤环境影响

海上风电场的风力发电机组基础多为桩基结构，水流通过桩基时：一方面，由于桩基阻力的影响，流速将减小；另一方面，又因桩柱体存在而使桩柱间过水断面缩小，流速将增加；此外，受桩基阻水影响，桩基局部流速增大，形成马蹄形漩涡，不断淘刷桩基迎水面和周围泥沙，形成局部冲刷坑。通常一个 100MW 海上风电场的风力发电机组数目将达到数十台，风力发电机组群相当于桩群，由于桩群的存在，改变了桩群附近海域的水流流态，并且迫使部分水流能量转换成了在桩群附近产生的紊动动能，消耗了水流动力，其结果势必会影响其周围海域的水流泥沙条件。桩基尾流漩涡和侧向绕流将使桩基周围产生局部冲刷，影响风力发电机组基础的稳定性。

6.2.1　海洋潮流与泥沙冲淤影响预测的内容和方法

海洋潮汐是沿海地区的一种自然现象，是受引潮力作用而产生的海洋水体的长周期波动现象，它在铅直方向表现为潮位升降，在水平方向表现为潮流涨落。海洋潮流是沿海地区的主要水动力条件之一，是泥沙、盐分、污染物质和热量等介质输运的重要动力基础。因此，海上风电场潮流影响预测不仅可定量分析评价风电场工程建设运行对海域潮流场的影响程度和范围，更是分析评价风电场工程对海床冲淤环境、海水水质和海洋生态环境等影响的基础。

目前，对海洋潮流场的模拟研究一般可分为物理模型试验和数学模型两种手段。物理模型试验利用相似原理将复杂的海洋潮流动力现象通过一定的比尺单一地或复合地在实验室进行模拟试验，研究海洋工程对潮流动力条件的影响。物理模型试验作为海洋研究和海洋工程中一个重要的研究手段，是对实际现象进行的复演或预演，其优点是得到的物理现象和过程直观可视（刘学海，2011）。但物理模型试验存在时间长、占用场地大、耗费经费多等局限性，在环境影响评价工作中由于受时间和经费等因素的制约，一般较少采用。随着电子计算机的高速发展，数值模拟技术已成为研究潮流运动的最直接有效的技术手段之一。潮流数值模拟通过描述潮流运动的控制（偏微分）方程用数值离散求近似解手段来模拟潮流运动，目前已被广泛应用于河口、海岸、海湾等海域的港口、码头、航道工程、圈围工程、海上风电场工程的潮流影响模拟预测中（张琴，2015；赵洪波，2015；祁昌军，2014）。

海上风电场潮流影响预测通常包括以下内容：

（1）海上风电场建设运行前后评价海域潮流场计算。潮型一般选择大潮，影响较大的可分别选择大潮、中潮和小潮进行潮流场计算，分析海上风电场建设对评价海域潮汐特征和潮流的影响。

（2）海上风电场建设前后评价海域潮位、流速、流向等的变化。潮位变化可选择最高潮位、最低潮位、平均高潮位、平均低潮位、最大潮差、最小潮差、平均潮差等特征值进行预测分析。流速变化可选择涨潮最大（小）流速、落潮最大（小）流速、涨潮平均流速、落潮平均流速、涨落潮平均流速等特征值进行预测分析，给出海上风电场建设前后评价海域流速增减趋势及流速变化率（%）；为便于直观分析，可绘出海上风电场建设前后评价海域最大（或平均）流速差值等值线分布图。流向变化可选择涨潮流向、落潮流向等进行预测分析。

（3）海上风电场建设前后工程周边敏感保护目标潮位、流速和流向等的变化。潮位、流速、流向特征值选择同（2），潮流影响敏感目标重点为评价范围内的港口、码头、航道、海底管线等人工构筑物和天然深槽、水道、沙洲、潮沟等海洋地貌。

海洋泥沙冲淤影响预测的研究方法和海洋潮流影响预测的方法基本相同，通常也分为物理模型试验法和数值模拟法两种。泥沙冲淤模型试验同样将研究的海域按一定比尺缩小制作成模型，按照相似准则使模型中水流运动和泥沙运动与天然情况相似，即可在模型中研究天然情况下水流运动和泥沙运动的规律，并预估在天然情况下兴建海洋工程后水流和泥沙运动的演变情况（徐和兴，1982）。泥沙冲淤模型试验同样受到场地、经费、时间等诸多因素的制约，在环境影响评价工作中甚少采用。在863课题"海上风电场环境评价研究"中，天津大学以东海大桥海上风电场为研究对象，进行了海上风电基础周围局部冲刷的系列比尺模型实验，对单桩基础、筒形基础和高桩承台基础地基的冲刷深度和范围进行了模拟（史志强，2013）。在海上风电场工程泥沙冲淤影响预测评价中，通常采用数值模拟方法，预测评价通常包括以下内容：

（1）海上风电场建设运行前后评价海域悬沙场计算。分析海上风电场工程建设对周边海域含沙量场的影响。

（2）预测工程建设后周边海域冲刷与淤积的变化趋势，给出冲刷和淤积的范围和深度（厚度）。

（3）预测海上风电场桩基础周围的冲刷坑深度和范围。

（4）预测海上风电场工程建设对周边敏感保护目标的冲淤影响，给出冲刷和淤积深度（厚度）。

6.2.2　潮流预测模式的选择

6.2.2.1　控制方程

实际的潮流运动为三维问题，在水平尺度远大于垂直尺度的宽浅型海域，潮流运动模式可通过垂向平均的假设简化为二维问题。

海上风电场的潮流模型预测有二维模型和三维模型两种形式，在环境影响评价工作中，可根据风电场海域的地理位置、水深情况、潮流运动特性和海域敏感程度具体选择二维或三维模式进行预测。

三维潮流模型的控制方程（李孟国，1999）为

$$\frac{\partial u}{\partial x} + \frac{\partial v}{\partial y} + \frac{\partial w}{\partial z} = 0$$

$$\frac{\partial u}{\partial t} + u\frac{\partial u}{\partial x} + v\frac{\partial u}{\partial y} + w\frac{\partial u}{\partial z} - fv = -\frac{1}{\rho}\frac{\partial p}{\partial x} + \frac{\partial}{\partial x}\left(A_x\frac{\partial u}{\partial x}\right) + \frac{\partial}{\partial y}\left(A_y\frac{\partial u}{\partial y}\right) + \frac{\partial}{\partial z}\left(A_z\frac{\partial u}{\partial z}\right)$$

$$\frac{\partial v}{\partial t} + u\frac{\partial v}{\partial x} + v\frac{\partial v}{\partial y} + w\frac{\partial v}{\partial z} + fu = -\frac{1}{\rho}\frac{\partial p}{\partial y} + \frac{\partial}{\partial x}\left(A_x\frac{\partial v}{\partial x}\right) + \frac{\partial}{\partial y}\left(A_y\frac{\partial v}{\partial y}\right) + \frac{\partial}{\partial z}\left(A_z\frac{\partial v}{\partial z}\right)$$

$$\frac{\partial w}{\partial t} + u\frac{\partial w}{\partial x} + v\frac{\partial w}{\partial y} + w\frac{\partial w}{\partial z} = -\frac{1}{\rho}\frac{\partial p}{\partial z} + \frac{\partial}{\partial x}\left(A_x\frac{\partial w}{\partial x}\right) + \frac{\partial}{\partial y}\left(A_y\frac{\partial w}{\partial y}\right) + \frac{\partial}{\partial z}\left(A_z\frac{\partial w}{\partial z}\right) - g$$

$$\frac{\partial p}{\partial z} = -\rho g$$

式中　　t——时间；

x、y 和 z——xoy 面置于未扰动静止海面、z 轴铅直向上的直角坐标系坐标；

u、v 和 w——流速沿 x、y、z 轴向的分量；

f——科氏参数；

ρ——海水密度；

p——海水压强；

g——重力加速度；

A_x 和 A_y——沿 x、y 方向的水平涡动黏性系数；

A_z——垂向湍流黏性系数。

垂向积分后的二维潮流模型的控制方程（李孟国，1999）为

$$\frac{\partial \zeta}{\partial t} + \frac{\partial}{\partial x}\left[(\xi + h)u\right] + \frac{\partial}{\partial y}\left[(\xi + h)v\right] = 0$$

$$\frac{\partial u}{\partial t} + u\frac{\partial u}{\partial x} + v\frac{\partial u}{\partial y} - fv = -g\frac{\partial \xi}{\partial x} + \frac{\partial}{\partial x}\left(A_x\frac{\partial u}{\partial x}\right) + \frac{\partial}{\partial y}\left(A_y\frac{\partial u}{\partial y}\right) - ku\frac{\sqrt{u^2 + v^2}}{h + \xi}$$

$$\frac{\partial v}{\partial t} + u\frac{\partial v}{\partial x} + v\frac{\partial v}{\partial y} + fu = -g\frac{\partial \xi}{\partial y} + \frac{\partial}{\partial x}\left(A_x\frac{\partial v}{\partial x}\right) + \frac{\partial}{\partial y}\left(A_y\frac{\partial v}{\partial y}\right) - kv\frac{\sqrt{u^2+v^2}}{h+\xi}$$

式中　　t——时间；

　　　　x、y——原点置于未扰动静止海面的直角坐标系坐标；

　　　　u、v——流速沿 x、y 方向的分量；

　　　　h——海底到静止海面的距离；

　　　　ξ——自静止海面向上起算的海面起伏（潮位）；

　　　　f——科氏参数；

　　　　g——重力加速度；

　　　　k——海底摩擦系数；

　　A_x、A_y——沿 x、y 方向的水平涡动黏性系数。

海底摩擦系数 k 可由 $k = g/C^2$ 确定，C 为谢才系数，$C = (h+\xi)^{1/6}/n$，n 为曼宁系数。

6.2.2.2　网格划分

在进行海洋潮流数值模拟时，需对所研究的海域进行网格剖分。目前网格剖分主要有结构化网格和非结构化网格两种形式。结构化网格生成速度快，生成质量好，计算结果也比非结构网格更容易收敛，也更准确；但适用范围较窄，一般只适用于形状较为规则的研究区域；矩形网格和六面体网格为典型的结构化网格。非结构化网格和结构化网格相比最突出的优点是能较好地拟合水下地形和复杂的固边界形状，网格布设的疏密可自由控制；三角形网格、任意四边形网格、四面体网格、棱形网格等为非结构化网格。

对于海上风电场工程潮流数值模拟而言，通常研究海域的尺度范围达到几十至上百千米，而风力发电机组桩基的尺寸一般只有几米；为了较为准确地模拟出风力发电机组桩基对工程区局部潮流场的影响，需在网格剖分时准确反映风力发电机组桩基的固边界形状，通常可采用阻水面积相等的原则概化风力发电机组基础的方法，即概化的风力发电机组桩基网格面积和风力发电机组桩基的实际总面积相等。为了在大范围海域中反映风力发电机组基础结构物周围的局部潮流场，一般采用网格嵌套技术，在大尺度海域潮流模型的基础上建立海上风电场工程区的中尺度或小尺度模型，计算边界条件由大尺度模型提供。多采用非结构化网格拟合复杂的岸线、水下地形及桩基础，并对风电场工程区海域进行网格加密，以提高数值模拟的精度。

6.2.2.3　计算方法

在解决潮流数值模拟的过程中，有多种数值解法可供选择。这些数值解法就划分标准的不同，可以大体分类为：从离散方法上分，有差分法、有限元法和有限体积法；从适应物理域的复杂几何形状上分，有贴体坐标变换及 σ 坐标变换；从时间积分上分，有显式、隐式、半隐格式；从求解方法上分，有 ADI 法、迭代法、多重网格法以及并行计算技术；从干湿、露滩动边界的处理上分，有固定网格和动态网格技术（王晓姝，2007）。

6.2.2.4　率定与验证

模型的率定和验证工作是潮流数值模拟中的关键一步。所谓率定，是指应用实际的历史资料进行数值模拟，调整模型的各个计算参数，使模型模拟值和实测资料基本接近，从而确定模型的计算参数。所谓验证，是指应用经率定过的各计算参数，选择另一组实际历史资料，重新进行数值模拟，并将模型模拟值与新的实测资料相比较；若两者基本接近且满足一定的误差范围要求，则认为模型参数经过了率定和验证，满足模型预测精度要求，可应用于实际工程的模拟预测；若两者无法满足误差要求，则说明经过率定的模型仍无法较为准确地反映潮流运动的特性及规律，需调整参数重新进行率定和验证，直至满足要求为止。模型经过率定和验证后，方能说明模型的精度和可靠性，可用于实际工程预测。

通常潮流模型率定和验证的主要内容包括潮位过程线，流速、流向过程线和涨落潮流路等。根据《海洋工程环境影响评价技术导则》要求，最高、最低潮位容许偏差为±10cm，涨落潮段平均流速容许偏差为±10%，时间相位容许偏差为±0.5h，往复流主流流向容许偏差为±10°，平均流向容许偏差为±10°，旋转流流向容许偏差为±15°，断面潮量容许偏差为±10%。

6.2.2.5　常用潮流数值模拟软件

随着电子计算机的快速发展和海洋潮流泥沙运动研究的经验积累，目前潮流数值模拟技术日趋成熟和完善，国际上已形成了多个商业化通用潮流模拟软件，如丹麦的 MIKE21 和 MIKE3、荷兰的 Delft 3D、美国的 SMS 和 FVCOM 等，并已成功应用于各类海洋工程研究中（安永宁，2013；吴志易，2013；姜尚，2013；Xu Peng，2014）。

MIKE 系列软件是由丹麦水利研究所开发的商业化数值模拟软件，包含了一维、二维和三维 3 个系列，主要用于模拟海洋、河口、湖泊、河流、水库等水体的水流、水质、富营养化预测、水生生态、泥沙输运等问题。

Delft 3D 是由荷兰 Delft 水力研究所开发的完全三维水动力—水质模型系统，系统能非常精确地进行大尺度的水流、水动力、波浪、泥沙、水质和生态的计算，在中国长江口、杭州湾、渤海湾、滇池等水流水质模拟中均有应用。

SMS 软件是由美国杨百翰大学环境模拟研究实验室研发，它具有二维河流/海湾流动模型、海洋流动模型、波浪模型、一维河流模型等众多模块，具有较高的稳定性和较好的可靠性。

FVCOM 模型由美国马萨诸塞大学海洋科技研究院和伍兹霍尔海洋研究所联合开发，水平方向采用非结构化三角形网格，垂直方向采用 σ 坐标变换，数值方法采用有限体积法，能够很好地将有限元方法处理海岸线边界复杂曲折的优点和有限差分方法简单的离散结构、高效的计算效率结合起来，对于近岸、河口等具有复杂地形和岸界的区域，能更好地保证质量、动量、盐度和热量的守恒性。

6.2.3　海床冲淤预测模式的选择

海岸河口泥沙运动是在波浪潮流作用下的非恒定、非平衡输沙，潮流运动是泥沙运动的动力基础。与潮流预测模式相对应，河口海岸泥沙运动模式也分二维和三维两种。

6.2.3.1　基本方程

基本方程包括悬移质运动方程和底床变形方程。

考虑泥沙扩散项的二维悬移质不平衡输沙基本方程（李孟国，2006）为

$$\frac{\partial HS}{\partial t}+\frac{\partial HSu}{\partial x}+\frac{\partial HSv}{\partial y}=\frac{\partial}{\partial x}\left(H\varepsilon_x\frac{\partial S}{\partial x}\right)+\frac{\partial}{\partial y}\left(H\varepsilon_y\frac{\partial S}{\partial y}\right)+F_S+F_a$$

由悬移质造成的底床变形方程为

$$\gamma_S\frac{\partial\eta_S}{\partial t}=-F_S$$

另一种底床变形方程为

$$\gamma_S\frac{\partial\eta_S}{\partial t}+\frac{\partial q_{Sx}}{\partial x}+\frac{\partial q_{Sy}}{\partial y}=0$$

式中　t——时间；

　　x、y——与静止海面重合的直角坐标系坐标；

　　u、v——x、y方向的垂线平均流速；

　　H——实际水深，$H=h+\zeta$；h为水深（基准面到床面的距离），ζ为水位（基准面到自由水面的距离）；

　　S——水体含沙量；

　　ε_x、ε_y——x、y方向的泥沙扩散系数；

　　F_S——床面泥沙源汇函数或床面冲淤函数；

　　γ_S——悬沙干容重；

　　η_S——悬沙造成的床面冲淤厚度（正为淤，负为冲）；

　　q_{Sx}、q_{Sy}——悬移质在x、y方向的单宽输沙率，$q_{Sx}=HSu$，$q_{Sy}=HSv$。

床面泥沙源汇函数或床面冲淤函数是一个十分重要的量，目前F_S较为多见的形式有两种。

（1）第一种形式为

$$F_S=\alpha\omega(S_*-S)$$

式中　α——恢复饱和系数或悬沙沉降几率；

　　S_*——水体挟沙力；

　　ω——悬沙颗粒沉速。

（2）第二种形式

$$F_S=\begin{cases}\alpha\omega S\left(\dfrac{\tau_b}{\tau_d}-1\right),&\tau_b\leqslant\tau_d\\[2mm]0,&\tau_d<\tau_b<\tau_e\\[2mm]M_e\left(\dfrac{\tau_b}{\tau_e}-1\right),&\tau_b\geqslant\tau_e\end{cases}$$

式中　τ_b、τ_e、τ_d——水体底部剪切应力、冲刷临界剪切应力和淤积临界剪切应力；

　　M_e——冲刷系数。

三维悬移质不平衡输沙方程（李孟国，2006）为

$$\frac{\partial S}{\partial t}+u\frac{\partial S}{\partial x}+v\frac{\partial S}{\partial y}+w\frac{\partial S}{\partial z}=\frac{\partial}{\partial x}\left(\varepsilon_x\frac{\partial S}{\partial x}\right)+\frac{\partial}{\partial y}\left(\varepsilon_y\frac{\partial S}{\partial y}\right)+\frac{\partial}{\partial z}\left(\varepsilon_z\frac{\partial S}{\partial z}\right)+\frac{\partial(\omega S)}{\partial z}+F_a$$

式中　x、y、z——直角坐标系坐标（z 轴垂直向上，原点置于静止海面）；

　　　　w——沿 z 方向的流速分量；

　　　　ε_z——z 方向的悬沙扩散系数；

其他参量意义同前。

由悬移质造成的底床变形方程为

$$\gamma_S \frac{\partial \eta_S}{\partial t} = D - P$$

其中

$$D - P = \omega_b S_b + \varepsilon_z \frac{\partial S_b}{\partial z} \quad \text{（第一种形式）}$$

$$D - P = \alpha \omega (S_b - S_{b*}) \quad \text{（第二种形式）}$$

式中　S_b、ω_b——床面附近的含沙量和沉降速度；

　　　　S_{b*}——床面附近的挟沙力。

6.2.3.2　数值方法

平面二维泥沙模型目前应用最广，数值方法多种多样，既有直角坐标系中的数值方法，又有其他坐标系中的数值方法。在直角坐标系中的数值方法主要有：有限差分法、ADI 法、分步法（破开算子法）、有限元法、控制体积法、有限分析法、有限插值元法等。

三维泥沙方程的数值方法在直角坐标系中有垂向分层二维法、分步法，在其他坐标系中有控制体积法（陆永军，2004）、有限差分法（李孟国，2003）、有限元法（董文军，1999）、分步法（李芳君，1994）等数值方法。

6.2.3.3　率定和验证

与潮流模型一样，泥沙模型同样需要开展率定和验证工作。率定和验证的内容为含沙量，评价等级高的海上风电项目还需进行床面冲淤的验证。根据《海洋工程环境影响评价技术导则》的要求，潮段平均含量容许偏差为 ±30%，平均冲淤厚度偏差应小于 ±30%，并满足冲淤部位与趋势相似的要求。

6.2.3.4　海床冲淤模拟预测

对于海上风电场工程，一般工程周边海域的冲淤变化趋势为：桩基附近流速减小，产生淤积；桩基间隔区域流速束窄，产生冲刷。

海上风电场海床冲淤模拟预测一般可采用泥沙模型预测法和经验公式估算法。泥沙模型预测法即应用建立的泥沙数学模型对海上风电场工程建设前后的含沙量场及海底地形进行模拟，通过工程前后海底地形的对比，得出海床冲淤分布图，从而可定量给出海上风电场周边海域的冲淤范围和程度。东海大桥海上风电项目二期工程环境影响评价中即采用了泥沙模型预测法进行海床冲淤的数值模拟（上海勘测设计研究院，2012）。

但由于泥沙数学模型比水动力模型要复杂和困难，目前对泥沙运动机理的认知尚不充分，且海上风电场对床面的影响主要为流速变化引起的冲淤，在实际环境影响评价工作中，有时也采用半经验半理论的公式对风电场周边海床冲淤变化情况进行估算。在东海大桥海上风电项目一期工程、江苏东台潮间带风电场 20 万 kW 风电特许权项目、珠海桂山海上风电场示范项目等海洋环评中，均采用了不同形式的经验公式对海床冲淤变化进行估算。

（1）刘家驹平衡水深公式为

$$\frac{h_1}{h_2}=\frac{(1+8q_1/q_2)^{1/2}-1}{2}$$

其中
$$q_1=u_1h_1$$
$$q_2=u_2h_2$$

式中　q_1、q_2——工程前、工程后当地单宽流量；

　　　h_1、h_2——工程前、工程后当地平均水深；

　　　u_1、u_2——工程前、工程后当地平均流速。

工程前后平均水深的变化（h_1-h_2）即为冲淤变化幅度（淤为正，冲为负）。

（2）刘家驹开敞式港池淤积公式为

$$P=\frac{k_2 wSt}{\gamma_0}\left[1-\frac{u_2}{2u_1}\left(1+\frac{h_1}{h_2}\right)\right]$$

式中　w——泥沙沉速；

　　　S——水体含沙量；

　　　t——淤积时间；

　　　γ_0——淤积体干容重；

　　　k_2——经验系数，取值 0.13；

　　u_1、u_2——工程建设前后平均流速；

　　h_1、h_2——工程建设前、后水深；

　　　P——淤积强度。

（3）回淤强度公式为

$$\Delta\xi_b(\Delta t)=0.5\left[(h_1+\beta\Delta tK_S)-\sqrt{(h_1-\beta\Delta tK_S)^2+4\beta\Delta th_1K_F}\right]$$

当 $\Delta t\rightarrow\infty$ 时，可以得到海床冲淤终极平衡状态的量值

$$\Delta\xi_b=\left(1-\frac{K_F}{K_S}\right)h_1$$

其中
$$K_F=\left(\frac{u_2}{u_1}\right)^2$$

$$K_S=1-\left(\frac{S_1-S_2}{S_{*1}}\right)$$

$$\beta=\frac{\alpha\omega S_{*1}}{\gamma'_s}$$

式中　$\Delta\xi_b$、γ'_s、α、ω——冲淤幅度、淤积泥沙干容重、泥沙落淤几率和悬沙沉速；

　　　　　h_1——工程实施前计算水深；

　　　u_1、u_2——工程实施前后计算流速；

　　　S_1、S_2——工程实施前后水流含沙量；

　　　　S_{*1}——工程实施前水流挟沙力。

如初步计算结果 $\Delta\xi_b$ 数值很小，则可以采用此式的计算结果，但当 $\Delta\xi_b$ 数值较大，如果 $\Delta\xi_b/H_1\geqslant0.2$，则应进行地形反馈计算，直到 $\Delta\xi_b/H_1\leqslant0.05$ 以内。

6.2.3.5　风力发电机组桩基局部冲刷预测

风力发电机组桩基的局部冲刷一般从桩基的两侧开始，冲刷沿着桩基两侧向上游发展，很快在桩基的前面相遇，形成围绕桩基上游一侧 180°范围内的冲沟。桩前向下水流是冲刷的主要媒介，它的作用像一个垂直向下的喷嘴。向下水流折回向上与马蹄形旋涡相结合，形成旋转运动，把泥沙挟带到桩基下游，从而引起桩基的局部冲刷。桩基局部冲刷坑深度和大小与很多因素有关，除桩前的行近流速外，主要还有桩宽度、桩形、水深、床沙特性等，这些因素与冲刷深度之间的关系十分复杂。

海上风电场桩基周围的局部冲刷目前多借鉴桥墩局部冲刷公式和已有的基于桩基冲刷实验以及实际海上风电场建设经验的冲刷坑经验公式进行预测。

1. 韩海骞公式

韩海骞（2006）总结了国内外潮流冲刷的研究成果，对杭州湾几座跨海大桥进行了实验研究，认为潮流作用下的桥墩局部冲刷深度比单向流作用下小 5%～11%，并应用多元回归以及量纲分析的方法建立了往复流作用下桥墩局部冲刷的公式为

$$\frac{h_b}{h} = 17.4 K_1 K_2 \left(\frac{B}{h}\right)^{0.326} \left(\frac{d_{50}}{h}\right)^{0.167} Fr^{0.628}$$

式中　h_b——往复流作用下桥墩周围局部最大冲刷深度，m；

h——行近水深，m；

K_1——根据桩的平面布置型式进行确定，对于条形桩 $K_1=1.0$，梅花形桩 $K_1=0.862$；

K_2——取决于桩的垂直布置型式，直桩 $K_2=1.0$，斜桩 $K_2=1.176$；

B——全潮最大水深条件下平均阻水宽度，m；

d_{50}——泥沙的中值粒径，mm；

Fr——Froude 数，$Fr = u/\sqrt{gh}$；

u——全潮最大流速，m/s；

g——重力加速度。

韩海骞提出的公式在苏通大桥、杭州湾大桥、沽渚大桥的局部冲刷计算中取得了较好的计算结果，适用范围广。

2. CSU/HEC - 18 公式

Richardson 与 Davis 对美国联邦公路局采用的 HEC - 18 公式进行了修正，用于估算桥墩冲刷问题。修正后的公式主要基于美国科罗拉多州大学的物理模型试验结果推出，公式同时适用于清水冲刷和动床冲刷问题。

$$\frac{S}{d} = 2.0 K_1 K_2 K_3 K_4 \left(\frac{h}{d}\right)^{0.35} Fr^{0.43}$$

或

$$\frac{S}{h} = 2.0 K_1 K_2 K_3 K_4 \left(\frac{h}{d}\right)^{0.65} Fr^{0.43}$$

式中　S——局部冲刷深度；

d——桩柱直径；

h——水深；

Fr——Froude 数，$Fr = u/(gh)^{0.5}$；

K_1——桩形修正系数；

K_2——流向修正系数；

K_3——床面修正系数；

K_4——粒径修正系数，最小值取 0.4。

根据 56 座桥的 384 组现场冲刷观测资料，粒径修正系数建议取值为

$$K_4 = 1.0, d_{50} < 2\text{mm} \text{ 或 } d_{95} < 20\text{mm}$$

$$K_4 = 0.4u_*^{0.15}, d_{50} \geqslant 2\text{mm} \text{ 或 } d_{95} \geqslant 20\text{mm}$$

其中，无量纲量 u_* 的计算方法

$$u_* = \frac{u - u_{ic,d_{50}}}{u_{c,d_{50}} - u_{ic,d_{95}}} > 0$$

$u_{ic,d_{50}}$ 与 $u_{c,d_{50}}$ 分别为中值粒径 d_{50} 对应的临界冲刷流速和临界启动流速，计算方法分别为

$$u_{ic,d_{50}} = 0.645\left(\frac{d_{50}}{d}\right)^{0.053} u_{c,d_{50}}$$

$$u_{c,d_{50}} = K_u h^{1/6} d_{50}^{1/3}$$

$$K_u = 6.19$$

若床面沙丘尺寸较小，且粒径满足 $d_{50} < 2\text{mm}$ 或 $d_{95} < 20\text{mm}$，则有

$$\frac{S}{h} = 2.2\left(\frac{h}{d}\right)^{0.65} Fr^{0.43}$$

3. Breusers 公式

Breusers 等（1997）提出的桩基冲刷公式应用较广泛，具体形式为

$$\frac{S}{d} = f_1\left[k\tanh\left(\frac{h}{d}\right)\right] f_2 f_3$$

其中

$$f_1\left(\frac{u}{u_c}\right) = \begin{cases} 0, & \frac{u}{u_c} \leqslant 0.5 \\ 2\dfrac{u}{u_c} - 1, & 0.5 \leqslant \dfrac{u}{u_c} \leqslant 1.0 \\ 1, & \dfrac{u}{u_c} \geqslant 1.0 \end{cases}$$

式中　S——局部冲刷深度；

d——桩柱直径；

k——系数，取 1.5（工程设计时取 2.0）；

f_1——平均流速和临界流速的函数；

f_2——形状修正系数，圆柱取 1.0，流线型取 0.75，矩形取 1.3；

f_3——流向修正系数，圆柱取 1.0。

综合以上参数取值，可推出圆柱的动床冲刷公式为

$$\frac{S}{d} = 1.5\tanh\left(\frac{h}{d}\right)$$

对于细长桩，$h/d > 1$，冲刷深度 $S \approx kd$；对于宽桩，$h/d < 1$，冲刷深度 $S \approx kh$。h/d

趋近于 0 时，该公式计算的冲刷深度偏大。

4. Sumer 公式

Sumer 等（1992）在 Breusers 公式的基础上提出了恒定流中直立圆柱平衡冲刷计算公式为

$$\frac{S}{d}=1.3$$

$$\sigma_{S/d}=0.7$$

式中　S——局部冲刷深度；

　　　d——桩柱直径；

　　$\sigma_{S/d}$——S/d 的标准差，在工程设计中取 0.2。

5. Jones 与 Sheppard 公式

经过大量的模型实验，Jones 与 Sheppard（2000）认为影响冲刷坑深度的主要参数是 h/d、u/u_c、d/d_{50}。

清水冲刷为

$$\frac{S}{d}=c_1\left[\frac{5}{2}\left(\frac{u}{u_c}\right)-1.0\right],0.4\leqslant\frac{u}{u_c}\leqslant1.0$$

其中，临界启动流速

$$u_c=K_u h^{1/6}d_{50}^{1/3},K_u=6.19,c_1=2K/3$$

$$k=\tanh\left[2.19\left(\frac{h}{d}\right)^{2/3}\right]\left[-0.279+0.049\exp\left(\lg\frac{d}{d_{50}}\right)+0.78\left(\lg\frac{d}{d_{50}}\right)^{-1}\right]^{-1}$$

动床冲刷为

$$\frac{S}{d}=\begin{cases}c_2\left(\dfrac{u_{lp}-u}{u_c}\right)+c_3, & 1.0<\dfrac{u}{u_c}\leqslant\dfrac{u_{lp}}{u_c}\\[2mm]2.4\tanh\left[2.18\left(\dfrac{h}{d}\right)^{2/3}\right], & \dfrac{u}{u_c}>\dfrac{u_{lp}}{u_c}\end{cases}$$

其中

$$c_2=(k-c_3)\left(\frac{u_{lp}}{u_c}-1\right)^{-1}$$

$$c_3=2.4\tanh\left[2.18\left(\frac{h}{d}\right)^{2/3}\right]$$

6. Sheppard 公式

进行动床大流速冲刷实验，综合该次实验结果和以往实验结果，提出了新的冲刷计算公式。

清水冲刷为

$$\frac{S}{d}=K_S 2.5 f_1\left(\frac{h}{d}\right)f_2\left(\frac{u}{u_c}\right)f_3\left(\frac{d}{d_{50}}\right),0.47\leqslant\frac{u}{u_c}\leqslant1.0$$

$$f_1\left(\frac{h}{d}\right)=\tanh\left[\left(\frac{h}{d}\right)^{0.4}\right]$$

$$f_2\left(\frac{u}{u_c}\right)=1-1.75\left[\ln\left(\frac{u}{u_c}\right)\right]^2$$

$$f_3\left(\frac{d}{d_{50}}\right)=\frac{d/d_{50}}{0.4(d/d_{50})^{1.2}+10.6(d/d_{50})^{-0.13}}$$

动床冲刷

$$\frac{S}{d}=\begin{cases}K_{\mathrm{S}}f_1\left[2.2\left(\dfrac{u-u_{\mathrm{c}}}{u_{\mathrm{lp}}-u_{\mathrm{c}}}\right)+2.5f_3\left(\dfrac{u_{\mathrm{lp}}-u}{u_{\mathrm{lp}}-u_{\mathrm{c}}}\right)\right], & 1.0<\dfrac{u}{u_{\mathrm{c}}}\leqslant\dfrac{u_{\mathrm{lp}}}{u_{\mathrm{c}}}\\[3mm]K_{\mathrm{S}}2.2\tanh\left[\left(\dfrac{h}{d}\right)^{0.4}\right], & \dfrac{u}{u_{\mathrm{c}}}>\dfrac{u_{\mathrm{lp}}}{u_{\mathrm{c}}}\end{cases}$$

式中　u_{lp}——极值冲刷流速；

　　　u_{c}——临界启动流速；

　　　K_{S}——形状修正系数。

Sheppard 认为该冲刷计算公式对于低流速的动床冲刷问题，计算结果偏保守。根据该公式计算的冲刷坑深度，随着水深的增大而持续发展，这与实际状况不符合，因此该公式应用于深水冲刷计算时需修正计算结果。流速较大时计算结果偏大。

7. 国内规范公式

在《公路工程水文勘测设计规范》（JTG C30—2015）中，非黏性土河床推荐采用 65 - 1 修正和 65 - 2 式计算桥墩局部冲刷。

（1）65 - 1 修正公式为

$$h_{\mathrm{b}}=\begin{cases}K_{\xi}K_{\eta 1}b^{0.6}(u-u_0'), & u\leqslant u_0\\[3mm]K_{\xi}K_{\eta 1}b^{0.6}(u_0-u_0')\left(\dfrac{u-u_0'}{u_0-u_0'}\right)^{n_1}, & u>u_0\end{cases}$$

$$K_{\eta 1}=0.8\left(\frac{1}{d_{\mathrm{cp}}^{0.45}}+\frac{1}{d_{\mathrm{cp}}^{0.15}}\right)$$

$$u_0=0.0246\left(\frac{h}{d_{\mathrm{cp}}}\right)^{0.14}\sqrt{332d_{\mathrm{cp}}+\frac{10+h}{d_{\mathrm{cp}}^{0.72}}}$$

$$u_0'=0.462\left(\frac{d_{\mathrm{cp}}}{b}\right)^{0.06}u_0$$

$$n_1=\left(\frac{u_0}{u}\right)^{0.25d_{\mathrm{cp}}^{0.19}}$$

式中　h_{b}——桥墩局部冲刷深度；

　　　K_{ξ}——墩形系数，按标准推荐值选用；

　　　$K_{\eta 1}$——河床颗粒影响系数；

　　　b——墩宽；

　　　h——行进水深；

　　　u——墩前行进流速；

　　　u_0——床沙启动流速；

　　　u_0'——床沙始冲流速；

　　　n_1——指数。

（2）65 - 2 公式为

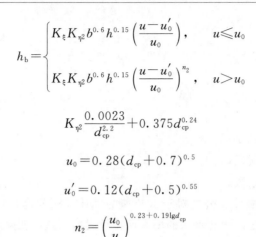

$$h_b = \begin{cases} K_\xi K_{\eta^2} b^{0.6} h^{0.15} \left(\dfrac{u - u_0'}{u_0} \right), & u \leqslant u_0 \\[3mm] K_\xi K_{\eta^2} b^{0.6} h^{0.15} \left(\dfrac{u - u_0'}{u_0} \right)^{n_2}, & u > u_0 \end{cases}$$

$$K_{\eta^2} \frac{0.0023}{d_{\mathrm{cp}}^{2.2}} + 0.375 d_{\mathrm{cp}}^{0.24}$$

$$u_0 = 0.28(d_{\mathrm{cp}} + 0.7)^{0.5}$$

$$u_0' = 0.12(d_{\mathrm{cp}} + 0.5)^{0.55}$$

$$n_2 = \left(\frac{u_0}{u} \right)^{0.23 + 0.191 \lg d_{\mathrm{cp}}}$$

65 - 2 公式中各变量意义同上。

黏性土河床公式为

$$h_b = \begin{cases} 0.83 K_\xi b^{0.6} I_L^{1.25} u, & \dfrac{h}{b} \geqslant 2.5 \\[3mm] 0.55 K_\xi b^{0.6} h^{0.1} I_L^{1.0} u, & \dfrac{h}{b} < 2.5 \end{cases}$$

其中，I_L 为底床黏性土液性指数，适用范围 0.16～1.48。

关于冲刷坑的范围，目前还没有可用的计算公式。根据一些桥墩冲刷的物理模型试验研究成果统计，冲刷坑直径一般为冲刷深度的 6～10 倍，此比值与墩宽度、墩形、水深、床沙特性等多种因素有关。

6.3　海洋水质环境影响

海上风电项目为清洁能源利用项目，在运行过程中不产生生产废水，其对海水水质环境的影响主要来自于施工期的悬浮物扩散影响和营运期用于设备防腐和电缆防护的牺牲阳极释放锌等金属离子对海水水质的影响。

6.3.1　海洋水质影响预测内容和方法

施工期的悬浮物扩散影响通常包括风力发电机组桩基（或海上升压站桩基）的打桩施工造成的悬浮物扩散影响和海底电缆施工造成的悬浮物扩散影响。打桩施工通常引起的悬浮物扩散范围较小，根据类似工程的实际施工经验，打桩引起周围海域悬浮物浓度增量大于 10mg/L 的范围一般在半径 100m 内，因此打桩施工的悬浮物扩散影响通常采用类比分析的方法。海缆施工的悬浮物扩散影响通常采用数值模拟方法定量地预测悬浮物扩散的影响范围和程度，对于海洋水质环境评价等级为 3 级的海上风电项目也可采用近似估算法来分析海缆施工悬浮泥沙对海水水质的影响。由于海上风电场的海缆从风力发电机组登录到陆上升压站或集控中心，海缆路由可能经过潮下带和潮间带滩涂区域，若潮间带滩涂区域海缆施工方式为乘低潮干地施工，则该段海缆可不预测悬浮物扩散影响。

海上风电场施工期悬浮物扩散影响预测一般包含以下内容：

（1）重点预测海底电缆施工产生的悬浮物浓度增量的面积和扩散距离，为反映施工悬浮泥沙对海水水质的最不利影响，通常计算潮型选择包含大、中、小潮的完整半月潮，给出完整半月潮内悬浮物浓度增量最大外包络线图，统计不同悬浮物浓度增量的最大包络面积，一般可统计浓度增量大于 200mg/L、150mg/L、100mg/L、50mg/L、20mg/L、10mg/L 的面积。

（2）预测分析风力发电机组桩基打桩引起的悬浮物浓度增量范围，给出影响面积。

（3）预测悬浮物扩散在敏感保护目标处的浓度增量值，分析对敏感保护目标的影响。

营运期牺牲阳极释放锌对海水水质的影响通常采用模式估算法，根据风电场海域的潮流动力扩散条件定量估算海水中锌浓度的增量及影响范围，评价牺牲阳极释放锌对海水水质的影响。

6.3.2 海洋悬浮物影响预测模式

6.3.2.1 悬浮物源强

海上风电场海底电缆目前多采用开沟犁开槽的方式铺设，开沟犁形成初步断面，在淤泥坍塌前及时铺缆，一边开沟一边铺缆。海底电缆铺设的悬浮物源强与铺缆速率、海缆沟截面积、泥沙沉降特性等有关，通常可通过计算得出，即

悬浮物产生速率＝电缆沟横截面积×海缆铺设速度×沉积物湿容重×起沙率×超挖系数

起沙率为开挖沉积物起悬的比例，一般可取 20%，在实际海上风电场工程中，可根据研究海域的泥沙特性适当调整；超挖系数一般可取 1～1.2。

由于海缆铺设为移动源，且为不连续施工（通常每天工作 8～12h），在进行悬浮物扩散模型预测时，难以按照实际海缆施工情况进行模拟，通常采用代表源强点概化的方式进行模拟预测。所谓源强点概化，是根据海缆路由的走向，在海缆沿线选择若干点作为固定源，预测多个固定源悬浮物扩散的面积和距离。固定源强点选择时，应能完全反映海缆的线型，海缆的边界点（或始、末端点）、转折点、分叉点应全部覆盖到。

6.3.2.2 悬浮物数学模型

悬浮物扩散数值模拟基本方程的一般形式为

$$\frac{\partial HS}{\partial t}+\frac{\partial HSu}{\partial x}+\frac{\partial HSv}{\partial y}=\frac{\partial}{\partial x}\left(H\varepsilon_x\frac{\partial S}{\partial x}\right)+\frac{\partial}{\partial y}\left(H\varepsilon_y\frac{\partial S}{\partial y}\right)+F_s$$

式中　S——悬浮泥沙浓度；

ε_x、ε_y——x、y 方向的悬浮泥沙扩散系数；

F_s——源项。

悬浮物扩散数学模型的数值方法、率定验证等过程和泥沙数学模型相同，在此不再赘述。

6.3.2.3 悬浮物扩散估算模式

评价等级不高时，也可采用估算模式近似估算海缆施工悬浮物扩散影响范围。对于海上风电场工程，可采用约—新模式进行近似估算。

约—新模式表达式为

$$C_r = C_h + (C_P - C_h) \left| 1 - \exp\left(-\frac{Q_P}{\varphi d M_v r}\right) \right|$$

式中　C_r——悬浮物弧面平均浓度，mg/L；

　　　C_h——海水中悬浮物现状浓度，mg/L；

　　　C_P——悬浮物排放浓度，mg/L；

　　　Q_P——悬浮物废水排放量，m^3/s；

　　　φ——混合角度；

　　　d——混合深度，m；

　　　M_v——混合速度，m/s；

　　　r——排放点到预测点的距离，m。

在开敞海域排放时，混合角度取 2π 弧度，在平直海岸岸边排放时，混合角度取 π 弧度；混合深度可根据海域水体垂向混合特性选定；混合速度一般可取（0.01 ± 0.005）m/s，近岸取 0.005m/s。

6.3.3　牺牲阳极水质影响预测模式

目前，海上风电场风力发电机组基础防腐多采用牺牲阳极的保护装置，牺牲阳极装置一般为高效铝合金块，其主要成分为 Al、Zn、In，均是海水中最常见的物质元素，溶解后易随海水扩散，对海水水质产生影响。

在海缆防腐方面，目前国内海缆防腐蚀技术成熟，常见的海缆保护层主要是沥青及PP绳（聚丙烯绳）。由于沥青和PP绳性质极为稳定，在海水等中等腐蚀环境中也基本不会有物质溶出，目前在国内和国际上被广泛采用作为海洋海底管道或电（光）缆的防腐蚀外包层。

牺牲阳极块附着在风力发电机组基础上，均暴露在水中。根据王恕昌等（1980）的研究成果，海水中的无机锌以 Zn^{2+}、$Zn(OH)^+$ 及 $ZnCO_3$ 的形式存在，近岸及河口区含量相对较高，其存在形式有颗粒态、不稳定态、弱结合态和结合态，较大的颗粒态锌会较快沉降下来。由于锌的形态转化、与沉积物、生物的交换较为复杂，目前尚缺乏系统的研究；在进行牺牲阳极锌水质影响预测时，通常将金属锌作为保守物质考虑，采用估算模式预测其对海水水质的影响，估算模式也可采用约—新模式。

6.4　海洋沉积物环境影响

海洋沉积物环境影响分为施工期和营运期两方面。施工期由于大型施工船舶在工程海域集结，产生的污废水和固体废弃物若处置不当，可能会影响海水水质进而可能影响海域沉积物质量。这方面影响可做定性分析，并提出妥善的环境保护措施。

营运期，海上风电场工程对沉积物环境的不利影响主要来自牺牲阳极装置中的重金属污染物释放。牺牲阳极金属溶解后易随海水扩散进入大范围的循环，部分沉积于桩基附近沉积物中。这方面影响分析可采用物料衡算法，根据牺牲阳极金属的溶解和沉降特性，估算其在桩基周围一定范围内的金属元素浓度增量，叠加现状背景值，判断其对海洋沉积物

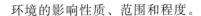

环境的影响性质、范围和程度。

6.5 海洋生态和渔业资源影响

6.5.1 海上风电场的生态影响概述

海上风电场对海域的占用及建设过程中的人为干扰活动会对周边的海洋生物和渔业资源造成一定的不利影响。根据国外海上风电场环境评估的调研资料，目前海上风电场的建设运行引起的海洋生态环境影响主要如下：

（1）海上风电场引起的底栖环境的变化对底栖和潮间带生物的破坏，以及由此产生的对鱼类种群和海洋哺乳动物的间接影响。

（2）对海洋产卵场和育种场及其中重要经济价值的鱼类和贝类的影响。

（3）对海洋哺乳动物的繁殖、社会行为和迁徙路线可能产生的影响。

（4）海缆登陆对敏感重要潮间带生境的破坏。

（5）鱼类、海洋哺乳动物栖息地转移的可能。

（6）风电场电磁场对海洋生物摄食、迁移等行为可能产生的影响。

（7）风力发电机组噪声对鱼类特别是石首科鱼类的影响。

（8）海上风电场的开发对海洋保育和生物多样性的潜在有益影响，如人工鱼礁和禁捕区。

海上风电场对海洋生态环境的影响评价一般分为施工期和营运期两个阶段进行。施工期对海洋生态环境的影响主要包括桩基础施工、输电电缆埋设产生的悬浮物对海洋初级生产力、浮游生物、底栖生物、潮间带生物和渔业资源的影响，打桩施工噪声对海洋生物的影响等；海上风电场在营运期的海洋生态影响主要为风力发电机组噪声对海洋生物的影响，以及风力发电机组基础周边局部生境条件的改变对底栖生物和鱼类等产生的影响。

6.5.2 海洋生态的环境影响

6.5.2.1 施工期对海洋生态的环境影响

1. 对浮游生物的影响

风电场建设对浮游生物的影响主要反映在施工悬浮泥沙入海导致海水的混浊度增大，透明度下降，不利于浮游植物的光合作用，降低单位水体内浮游植物的细胞丰度，进而对浮游动物的生长起到抑制作用。

海上风电场在风力发电机组基础沉桩作业和输电电缆埋设过程中都会造成水体悬浮物浓度的升高，尤其是输电电缆埋设过程。目前国内海上风电场根据离岸距离和水深的不同，主要分为潮间带风电场和近海风电场。潮间带风电场输电电缆常见埋设方法视电缆路由的水深条件的不同，在露滩部分和水深较浅区域常采用两栖式反铲挖掘机直接开挖或者趁退潮滩涂出露时段进行开挖。开挖土方堆置于电缆沟槽一侧，边开挖边埋设输电电缆，随后马上进行土方回填，施工方式见图6-1。该施工方法操作简便基本无多余土方产生，但受涨落潮时间限制较显著，且一旦施工时机把握不准，容易出现潮位上涨但土方来不及回填的情况，尚未回填压实的土方容易被潮水带走产生大量悬浮泥沙。而对于位于水深较深区域的海上风电场，输电电缆一般采用铺缆船牵引喷水式埋设犁高压射水挖沟的方式埋设，施工方式见图 6-2。喷水式埋设犁埋设输电电缆的施工方式具有定位精度高，施工连续性和进度可控性较高的优点，但喷水挖沟过程中对海底底泥扰动影响程度较大，使底泥悬浮进入水体，产生大量的悬浮泥沙，对海缆路由局部水域的水质影响较大。

图 6-1　输电电缆埋设施工示意图（潮间带区域）

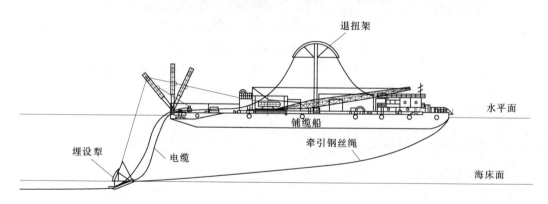

图 6-2　输电电缆埋设施工示意图（海上区域）

　　一般而言，当悬浮物浓度增加量在 10mg/L 以下时，水体中的浮游植物不会受到明显影响，当悬浮物的浓度增加量在 10～50mg/L 时，浮游植物将会受到轻微的影响，而当悬浮物浓度增加量达 50mg/L 以上时，浮游植物会受到较大的影响，特别是施工中心区域，悬浮物含量较高，海水透光性差，浮游植物生长将受显著抑制。

　　徐兆礼等对悬沙影响浮游植物的问题进行了多项研究，其中长江口悬沙牟氏角毛藻生长影响的动态试验和静态试验研究结果表明：牟氏角毛藻的生长速度随悬沙浓度增大而逐渐减少，悬沙对浮游植物的影响非常显著，而且悬沙一旦产生，即便是浓度不大，也影响水体的透明度，从而影响浮游植物的光合作用，对浮游植物生长起到抑制作用。徐兆礼等人的研究结果还表明悬沙对浮游植物的影响有两个方面：①悬沙影响水体的透明度，从而影响浮游植物的光合作用，对浮游植物生长起到抑制作用；②底泥中存在的污染物，这些污染物从底泥中析出，造成水体二次污染，进而对浮游植物生长产生影响。根据徐兆礼开展的实验研究，长江口疏浚弃土悬沙对微绿球藻和牟氏角毛藻的生长有一定的抑制作用，试验结果表明，当水体中含沙量持续96h达到3g/L时，藻类生长速率降低20％～30％。但当作业停止，悬沙迅速沉淀，水体变清，藻类生长可恢复正常。

同样，施工作业对浮游动物最主要的影响为水体中增加的悬浮物使水体浑浊度增大。悬浮物对浮游动物的影响与悬浮物的粒径、浓度等有关。具体影响反应在浮游动物的生长率、存活率、摄食率、丰度、生产量及群落结构等方面。浮游动物受影响程度和范围与浮游植物相似。

李纯厚等所做的悬浮物毒性试验表明，悬浮物相对浮游甲壳类的致毒效应明显。22.0～24.0℃试验水温时，悬浮物相对卤虫无节幼体和浮游桡足类的急性毒性试验结果分别为：96h半致死浓度为71.6mg/L（卤虫无节幼体），48h半致死浓度为61.3mg/L（浮游桡足类）。

王金秋等研究表明，培养液中加入7～9mg/mL的弃土悬沙，褶皱臂尾轮虫种群的存活率呈显著和极显著差异，即高浓度的悬沙，可降低该轮虫的存活率，从而导致其种群增长率显著和极显著地降低，说明此浓度弃土悬沙是该轮虫的敏感浓度阈值，低于这一浓度则对该轮虫无显著影响。

虽然风电场海上施工过程尤其是喷水式埋设犁开沟埋设方式引起的入海悬浮泥沙对水体和浮游生物影响较为明显，但上述影响主要集中在施工阶段，随着工程施工的结束，泥沙通过自然沉降作用逐步沉入海底。同时由于涨落潮和洋流的共同作用，海水始终处于流动和交换状态，也会对悬浮物含量较高的水体产生稀释作用。悬浮物经自然沉降和海水流动携带扩散后，浓度会在较短的时间内恢复至本底值。受影响的海水水质会逐渐恢复到工程施工前的水平。由于水质的恢复和洋流的交换，浮游生物群落结构和生物量也会逐渐恢复正常。随着施工的结束其对海水水质和浮游生物的影响也逐步消失，因此风电场施工产生的悬浮泥沙对浮游生物一般不会产生长期不利影响。

2. 对潮间带生物和底栖生物的影响

海上风电场工程施工期对潮间带生物和底栖生物的影响主要表现在以下3个方面。

（1）海缆登陆段沟槽开挖对潮间带生物的影响。海上风电场输电电缆如采用牵引船牵引埋设犁开沟埋设，在登陆段一般需要在登陆点海堤外侧沿海底电缆设计路由处预先挖出一条电缆沟，并在其靠海一端根据敷缆船的船型尺寸挖出一个尺寸略大于敷缆船的沟槽作为敷缆船靠泊的场所。该部分沟槽占用潮间带区域面积一般较大，该沟槽的开挖造成开挖面潮间带生物生境的破坏，导致其生物量损失。开挖产生的土方一般就近堆置，也会压占部分潮间带面积，对潮间带生物产生短时影响。而对于采用水力冲挖机组和两栖式反铲挖掘机进行登陆段电缆埋设的风电场，其登陆段对潮间带生物的影响面积相对较小。开挖土方堆置于电缆沟一侧。

无论牵引船牵引埋设犁方式开挖的登陆段沟槽还是水力冲挖机组、反铲挖掘机开挖的沟槽，其对潮间带生物生境的影响都是短时的，一旦电缆埋设完成，即可对沟槽进行回填压实。由于上述施工回填土方均为原地开挖产生，没有外来污染物带入，因此海缆登陆段施工对潮间带生物的影响主要为对其生境的短时扰动影响并造成一定生物量损失，待施工结束后，潮间带生物的生境也会逐渐恢复至施工前的状态，因此一般而言海缆施工对潮间带生物的影响是暂时和可逆的。

（2）海缆水下埋设对潮下带底栖生物的影响。用于连接海上风力发电机组之间的输电电缆，国内常采用牵引船牵引埋设犁开沟的方式埋设。埋设犁在运行过程中将高压海水喷出冲击海底沉积物，形成一条临时的深槽，随即电缆经退扭后被施放入深槽内。深槽的回填依靠海底沉积物的自然回淤完成。可见，这种方式埋设海底输电电缆不可避免地会对海底沉积物造成扰动，而海底沉积物是众多海底底栖生物的栖身之所，因此海底输电电缆的埋设不仅会对底栖生物体造成损害，还会对其生境造成扰动。但上述影响也主要发生在施工阶段，待施工结束沉积物回淤后，海底输电电缆路由处的沉积物自然属性与施工前相比未发生改变，随着时间的推移，底栖生物栖息密度和生物量会逐渐恢复到本底水平，因此海缆的水下埋设对潮下带底栖生物的影响是暂时和可逆的。

（3）对生物多样性的影响。目前国内常见的海上风电场主要分为位于海岸线外侧潮间带上的潮间带风电场和近岸海域海上风电场。对于位于潮间带的风电场，工程场址范围多为光滩或随潮位涨落而间歇出露的潮间带，这些滩涂区域常有少量呈块状或丛状分布的米草等植被群落，种类组成较简单，大多是单优势群落，甚至为单种群落，往往分布于高滩，风电场的建设基本不涉及这些区域，且风力发电机组基础呈点状分布，基础之间的间距较大，往往在 800～1200m 之间。对于位于海上的风电场，由于风电场所在区域水深较深，场区内基本无植被分布，因此风电场建设对区域植被的生物多样性基本无不利影响。

综上所述，海上风电场施工对海水水质、潮间带生物和底栖生物的影响主要局限于风力发电机组基础和海底输电电缆路由区域，其面积占整个风电场场区比例很小；且对于特定区域，施工期一般均较短，施工阶段除了对滩涂和沉积物造成短时扰动外基本无外源性污染物引入，因此海上风电场的施工除造成局部生物量损害以外，不会造成某种或某类生物的灭绝，对风电场区域的生物多样性影响较小。

6.5.2.2　营运期对海洋生态的环境影响

1. 风力发电机组压占对底栖生物的影响

风力发电机组基础建成后，基础周围的沉积物会受到海水往复流动的冲刷，形成冲刷坑。不同桩基础型式和规格、不同海况下冲刷坑稳定后的尺寸也不尽相同。根据目前国内海上风电场实测，冲刷坑半径在 5～10m，深度在 4～8m。而对于风力发电机组桩基础周围局部区域以外，附近海域整体的水文动力和泥沙冲淤环境基本不会改变，且风电场建成运行后基本不会影响工程海域水质和沉积物环境，工程建成后工程海域潮间带和潮下带生境条件较风电场建设前无明显变化，因此风电场所在海域的底栖生物类型、数量、组成等均不会发生明显变化。因此营运期海上风电场对底栖生物的影响主要为风力发电机组桩基础的长期压占对底栖生物栖息地面积的减少，但该面积往往很小，对风电场区域的底栖生物影响很小。

2. 生境改变对底栖生物的潜在影响

海上风电场工程的建设对风力发电机组基础周围的生物栖息地造成一定的占用和破

坏，使原本以沙土、黏土为主组成的海底，改变成了以钢、碎石及石块为主的风力发电机组地基。底质的硬化改变了风电场区域的海底生境条件，同时风力发电机组基础结构物也有可能提供新的栖息地和避难所，从而导致桩基附近底栖生物种类、数量的变化和群体结构的演替。

以丹麦的 Horns Rev 海上风电场为例，该风电场 2002 年 4 月开始运行，装机容量为 160MW；研究人员在风电场区域内以及附近区域，通过潜水员潜入海底观测，并且配合使用聚碳酸酯棒采集约 15cm 的海底沙土样本，以此来研究风力发电机组区域以及其附近的底栖生物。在风力发电机组建设前后对底栖生物进行了长期的观测研究。

研究结果表明，风电场的建造对于环境方面的影响主要集中在对生物栖息地的破坏，以及将原本以沙土为主组成的海底，改变成了钢、碎石以及石块为主的风力发电机组地基。风力发电机组的底座以及防腐蚀地基占海底面积为 39.500m²，约为整个风电场占地面积的 0.2%。海底土质的改变使得该地区典型的表栖动物群落结构取代了原本的底内生物群落结构。这些变化也增加了生物多样化以及改变了生物的分散程度。

2003—2005 年对于风力发电机组海底地基地区的观测发现，有一部分的原始植被—丝状藻被其他种类的永久性植被—绿藻所取代了。与此相对应的是一些体型较大的具有可移动性的底栖生物的数量变化。在风力发电机组附近，大部分可移动性底栖生物的数量都有明显的增加，其中以黄道蟹（*Cancer Pagurus*）的增加最为明显（图 6-3）。

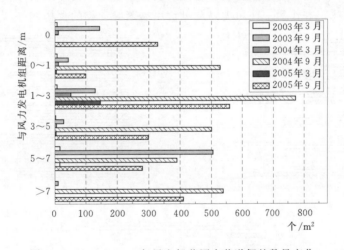

图 6-3　2003—2005 年风电场范围内黄道蟹的数量变化

从图 6-3 可见，2003—2005 年间，在不同的深度，黄道蟹的数量都有明显的增加；同时，黄道蟹的平均个体重量也从 2003 年 9 月的 1.52mg 增至 2005 年 9 月的 44.16 mg。这说明了该风电场风力发电机组地基区域是有利于底栖生物生长的，特别是一些可移动的动物。

藤壶（*Balanus Crenatus*）是风力发电机组建造地的原始生物。图 6-4 中，与 2003 年相比，2004 年藤壶的数量明显减少，并且在 2005 年几乎无法观测到藤壶。但与此同时，在演变过程中，2005 年底在风力发电机组上发现了一些新的藻类，如红藻—纤维多管藻（*Polysiphonia Fibrillosa*）、脐型紫菜（*Porphyra Umbilicalis*）和绿藻—现形硬毛藻（*Chaetomorpha Linum*）。

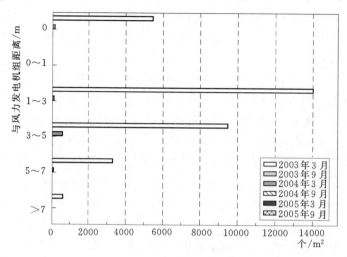

图 6-4 2003—2005 年风电场范围内藤壶数量的对比

理石叶钩虾是一种可移动的底栖生物。根据图 6-5 中 2005 年秋季的观测结果，此类虾的数量明显大于刚建完风力发电机组的 2003 年 3 月。这证明该风电场风力发电机组地基不会减少这类生物的数量，还有利于它们的繁殖。理石叶钩虾是风力发电机组地基区域内数量最大的动物，并作为一些鱼类以及可食用螃蟹等动物的食物。

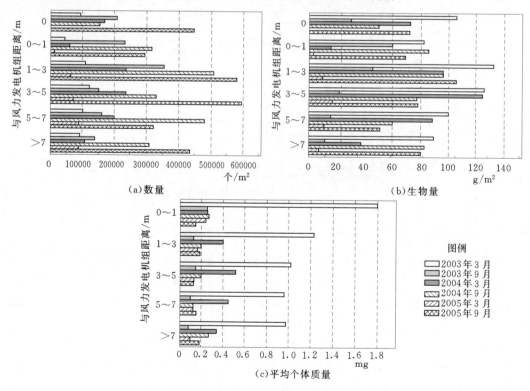

图 6-5 2003—2005 年风电场范围内理石叶钩虾数量、
生物量以及平均个体质量的对比

Horns Rev 海上风电场 2003—2005 年底栖生物的数量以及生物量基本呈逐年增长趋势（图 6-6），其中该地区 7 个优势种占生物数量的比例超过 99％，占生物量的比例超过 88％。2005 年 3 月底栖生物数量低于前一年 3 月底栖生物数量，这很有可能是由于理石叶钩虾数量的季节波动性引起的。

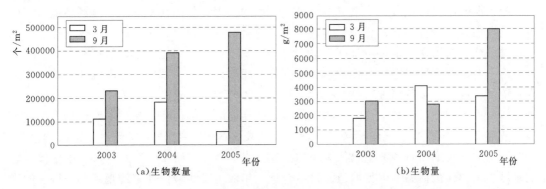

图 6-6　风电场范围内的底栖生物数量、生物量

通过风电场建设前后的长期观测研究发现，丹麦 Horns Rev 海上风电场的建设对于一些原始底栖生物有一定的影响，但对那些可移动的底栖生物如黄道蟹的影响很小。风电场工程的最大影响是导致底栖生物失去栖息地以及增加了坚硬的风力发电机组地基。风力发电机组给更大型的具有可移动特征的底栖生物提供了新的栖息地，使这些可移动的底栖生物数量有着明显的增加。

由于对于地盘的竞争和掠夺，生态群体结构的演替导致了原始底栖生物的减少并被大量的硬地栖息地生物所替代。虽然相比风电场建设之前总生物量只提高了 7％，但给鱼类以及其他生物提供了原有的 50 倍的食物总量。

6.5.3　渔业资源的环境影响

6.5.3.1　施工期对渔业资源的影响

海缆埋设过程中产生的悬浮物将在一定范围内形成高浓度扩散场，悬浮物在许多方面会对鱼类产生不同的影响。首先是悬浮微粒中含有大小不同、从几十微米到十余微米的矿质颗粒，悬浮微粒过多时将导致水体混浊度增大，透明度降低，不利于天然饵料生物的繁殖生长。其次水体中大量存在的悬浮物，会随鱼的呼吸动作进入鳃部，沉积在鳃瓣鳃丝及鳃小片上，不仅损伤鳃组织，而且会阻断气体交换，造成鱼类呼吸困难，严重时造成窒息现象。

悬浮颗粒还会对海洋生物仔幼体造成伤害，主要表现为影响胚胎发育，悬浮物堵塞生物的鳃部造成窒息死亡，大量悬浮物会造成水体严重缺氧而导致生物死亡。不同种类的海洋生物对悬浮物浓度的忍受限度不同，一般说来，仔幼体对悬浮物浓度的忍受限度比成鱼低得多。

根据王云龙等（1999）进行的长江口疏浚泥悬沙对中华绒螯蟹早期发育的试验结果，当悬沙浓度为 8g/L 时，不会对中华绒螯蟹的交配、产卵和胚胎发育造成影响。在原肠期以前，胚胎成活率几乎为 100％，但当胚胎发育至色素形成期会产生一定程度的影响，试验结果三组数据表明最大死亡率为 60％～70％，最小为 5％～10％，平均为 30％。此外在自然环境中，由于悬沙量增加，降低水中透光率，从而引起浮游植物生产量的下降，进

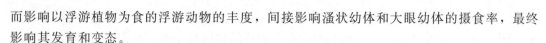

而影响以浮游植物为食的浮游动物的丰度，间接影响溞状幼体和大眼幼体的摄食率，最终影响其发育和变态。

此外，泥沙入海引起海水中悬浮物增加，会对游泳鱼类的正常生理行为产生影响，由于海洋生物的"避害"反应，工程附近海域自然生长的游泳动物将变少。

施工期悬浮泥沙对海上风电场海域渔业资源的损害评估往往是海上风电场环境影响评价的重点内容。能否科学、合理、客观、公正地对渔业资源损害进行评估不仅是环境影响评价文件质量的体现，也是主管部门进行科学决策以及实施生态补偿的依据。

为了对渔业资源损害进行评估，首先要分涨潮和落潮对典型施工点的悬浮物扩散范围内各浓度梯度的包络范围进行数学模型计算，将各典型作业点的悬浮物扩散包络范围进行叠加后，得到整个风电场工程悬浮物扩散各浓度梯度的影响面积。然后参照中华人民共和国农业部 2007 年颁布的《建设项目对海洋生物资源影响评价技术规程》（SC/T 9110—2007）中关于污染物对各类生物损失率的描述（表 6-1），对各悬浮泥沙扩散浓度梯度影响水域中鱼卵仔鱼损失率进行取值。再结合近三年内工程海域渔业资源现状调查得到的渔业资源中鱼类、虾类、蟹类和其他类群生物的生物量，对悬浮物不同浓度梯度影响范围内各生物类群的生物损失量进行估算。最后根据海上风电场工程所在区域近年的渔业资源交易价格，计算得到海上风电场工程对渔业资源造成的经济损失。

表 6-1　污染物对各类生物损失率

污染物 i 的超标倍数 B_i	各类生物损失率/%			
	鱼卵和仔稚鱼	成体	浮游动物	浮游植物
$B_i \leqslant 1$ 倍	5	<1	5	5
$1 < B_i \leqslant 4$ 倍	5~30	1~10	10~30	10~30
$4 < B_i \leqslant 9$ 倍	30~50	10~20	30~50	30~50
$B_i \geqslant 9$ 倍	≥50	≥20	≥50	≥50

注：1. 污染物 i 的超标倍数（B_i），指超出 GB 11607—1989 或超Ⅱ类 GB 3097—1997 的倍数，对标准中未列的污染物，可参考相关标准或按实际污染物种类的毒性试验数据确定；当多种污染物同时存在，以超标准倍数最大的污染物为评价依据。

2. 损失率是指考虑污染物对生物繁殖、生长或造成死亡，以及生物质量下降等影响因素的综合系数。

3. 本表列出的对各类生物损失率作为工程对海洋生物损害评估的参考值。工程产生各类污染物对海洋生物的损失率可按实际污染物种类，毒性试验数据作相应调整。

4. 本表对 pH、溶解氧参数不适用。

6.5.3.2　营运期对渔业资源的影响

海上风电场在营运阶段除了故障检修可能产生一些废油外，基本无污染物产生，因此对渔业资源无污染影响。营运期海上风电场对渔业资源的影响主要包括两个方面：① 海上风电场风力发电机组周边底质条件、栖息环境和底栖生物种类数量的变化对鱼类种群结构和数量产生间接影响；② 海上风电场周边划定的禁捕区对渔业资源和生物多样性的潜在有益影响。

在海上风电场营运后渔业资源种群数量变化的研究方面，丹麦 Horns Rev 海上风电场使用了 BACI（Before After Control Impact）的方式进行了长期监测。BACI 指的是，对比建造风电场前（Before）和建造后（After），以及风电场外部（Control）和风电场内部（Impact）的监测方式。采用海洋回声探测仪以及刺网捕捞鱼类的方式，观测 Horns Rev 海上风电场内鱼类的数量、大小、种类以及分布情况，并与风电场外海域的鱼类进行对比。主要观测区域见图 6-7（Stenberg，Clause，2011）。

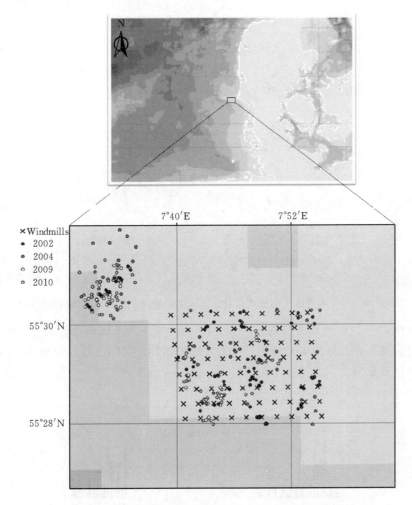

图 6-7　2002 年、2004 年、2009 年、2010 年收集数据分布点

　　玉筋鱼（*Sandeel*）是该地区重要的鱼类之一，一般存在于沙质海底的海域，并会在冬天以及晚上沉入海底砂砾中。坚硬的风力发电机组地基对于风力发电机组区域内的鱼类影响并不明显，但对那些适应了砂质海底的玉筋鱼造成了暂时的影响。

　　根据观测结果，玉筋鱼在秋季不管是风力发电机组建成前后，还是风力发电机组区域内外都没有明显变化（$p < 0.12$）；但在春季，玉筋鱼数量在建成后的 2002—2010 年间有所减少（图 6-8，黑色点以及白色点分别表示捕捞地点位于风力发电机组的南方以及北方；Ref 表示位于风电场西北向的参照测点；M55、M58、M95 分别为风电场内 3 台风力发电机组附近的测点）。

　　从个体尺寸上来看，风电场建成后，玉筋鱼长度有所增加（图 6-9）。2009 年和 2010 年的数据表明，风电场内的玉筋鱼出现了两个或者三个不同的年龄层，虽然小鱼占

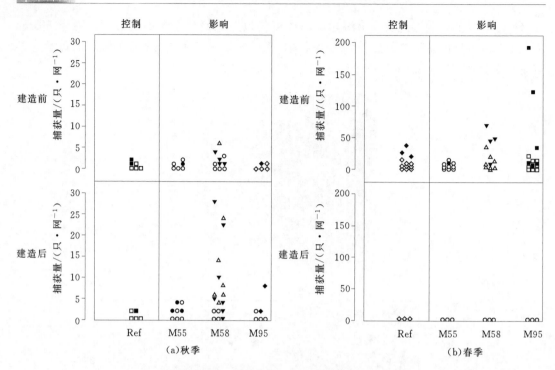

图 6-8　秋季和春季玉筋鱼数量对比（风电场建设前后、风电场内外区域）

据总数的大约 40%，但大部分玉筋鱼在 5~10cm，这表示玉筋鱼已经过了幼年期，在风力发电机组区域有着良好的生长情况。风力发电机组建成 7 年之后，观测表明风电场不再对玉筋鱼群造成影响。

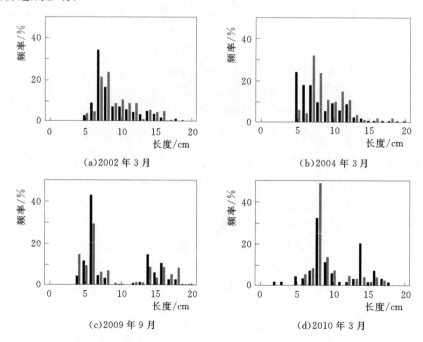

图 6-9　玉筋鱼长度分布（灰色表示风电场外海域测量到的值）

　　观测结果还表明，一些生活在珊瑚中的鱼类在风力发电机组附近的多样性有所增加。相比风力发电机组建造前，秋季在风力发电机组附近，以珊瑚为栖息地的鱼类数量略有增加（图6-10）；而春季的调查中就没有找到明显的位置与数量的关系。除此之外，风电场内以珊瑚为栖息地的鱼类总数也有所增长，并出现了一些新的鱼类，增加了该地区鱼类的多样性。这一结果很有可能是由于风电场附近表栖生物的增加给鱼类提供了更多的食物，表栖生物数量的增加还改变了风电场鱼类的分散程度，更多的食物让鱼类分布更分散。

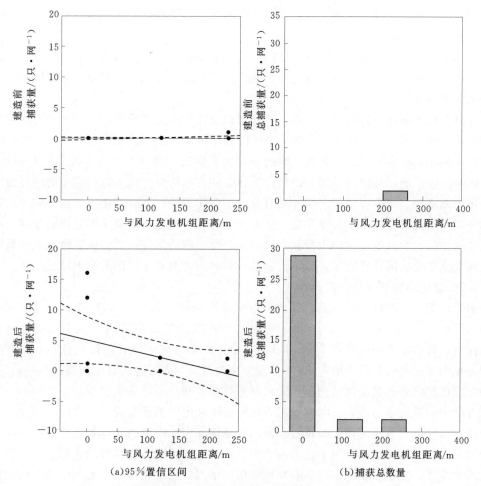

图6-10　风电场建设前后秋季以珊瑚为栖息地的鱼类数量（lgN）

　　总的来说，风力发电机组的建造以及海底的改造对丹麦 Horns Rev 海上风电场的鱼类并没有太大的影响，只有对聚集在沙质海底的玉筋鱼造成了短时间的影响。

　　此外，由于风电场内禁止捕鱼，这形成的类似海洋保护区也有可能有利于鱼类的生长。虽然海上风电场风力发电机组之间距离较远，小型渔船仍可进出场区海域，但由于海上风电场的存在，不可避免的会对在场区海域进行捕捞等渔业生产的渔船造成阻碍作用，使当地海域的捕捞压力大大下降。尽管海上风电场的面积一般在几十至上百平方千米这样的数量级，不足以改变渔业资源枯竭的现状，在当今近岸传统渔场消失、渔业资源普遍严

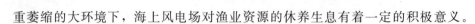

重萎缩的大环境下，海上风电场对渔业资源的休养生息有着一定的积极意义。

6.5.4　渔业生产的影响

6.5.4.1　施工期对渔业生产的影响

对于潮间带风电场，场址区常见的渔业生产活动有贝类底播养殖、紫菜养殖、贝类采拾、沙蚕挖掘等。风力发电机组基础施工和输电电缆埋设施工均会对滩涂区域造成直接的占用，使滩涂养殖面积减小和产值下降。此外风力发电机组基础沉桩作业和海底电缆埋设施工均会使部分泥沙入海，使水体悬浮物浓度增大，受悬浮物扩散影响的局部海域的养殖生产势必会受到影响。

对于海上风电场，施工阶段有打桩船、电缆铺设船舶、其他辅助船舶在场址区航行或停泊，会对原本在该海域进行渔业捕捞作业的渔船造成干扰，同时船舶数量的增加使得施工船舶与渔船发生碰撞事故的风险增加。

在海上风电场环境影响评价阶段，环评机构会针对施工期的环境影响和风险影响提出工期避让、施工方案优化和施工管理等方面的减缓措施，施工前建设单位会根据施工期悬浮泥沙实际影响范围和程度，与受影响的渔业生产者进行协商和沟通，并签订补偿协议，对受影响的渔民进行合理的补偿，避免产生利益冲突和纠纷。施工方在施工前应将施工方案上报地方渔业、海事等部门并接受其监督。工程建设单位在施工期还应加强监测，根据实际环境影响适时调整施工进度和施工强度，以降低对环境和渔业生产的影响程度。此外施工监理单位也会对施工过程进行监理，确保环保措施的落实。总体而言海上风电场施工期较短，且非全面铺开式施工，待施工结束，其对当地渔业生产的影响也随之结束。

6.5.4.2　营运期对渔业生产的影响

对于位于海上的风电场而言，风力发电机组行列间距较大，常在 1km 左右，风电场多采用开放式管理方法，除风力发电机组基础外扩半径 50m 范围内为风力发电机组永久征占用海、输电电缆路由两侧 50～500m（海港区内为海底电缆管道两侧各 50m，海湾等狭窄海域为海底电缆管道两侧各 100m，沿海宽阔海域为海底电缆管道两侧各 500m）范围内为电缆保护区外的其余区域仍可用于水产养殖作业和小型渔船捕捞作业。

对于潮间带风电场而言，考虑到风力发电机组和电缆的正常运行，在电缆埋设区域内禁止开挖池塘进行养殖生产，根据目前国内沿海潮间带风电场的实际情况，潮间带风电场场址区域在建设风电场前比较常见的渔业生产活动一般为开发利用度较低的紫菜、贝类养殖、采拾贝类、挖掘沙蚕等，很少有挖塘养殖的情况，因此总体而言潮间带风电场的建设对当地渔业生产的影响较小。

在海上风电场环境影响评价阶段，环评机构均会提出相应的渔业生产补偿措施并由当地海洋主管部门在工程营运期监督相应措施的落实；工程建设前建设单位均会与当地的渔业生产者进行协商和沟通并给予适当的经济补偿；因此总体而言风电场营运期对渔业生产的影响是可控的。

6.5.5　海洋生态系统服务功能的影响

海上风电场的建设对海洋生态和渔业的影响最终体现在生态系统服务功能上。海洋生态系统服务功能是指生态系统与生态过程所形成及维持的人类赖以生存的自然环境条件与效用。海上风电场一般建设在开放海域，所在海域的生态系统服务功能可划分为物种栖息地、滩涂养殖生产、污染物净化及科学研究4个方面的主导功能。

1. 物种栖息地

国内海上风电场一般布置在离岸10km以内的近岸海域，上述海域是多种水生动物栖息、繁殖的场所，甚至是重要经济鱼类的产卵场、索饵场、育幼场、越冬场和洄游通道。风电场工程施工期会对该栖息地水生动物的栖息、繁殖产生短时干扰，对幼体造成一定程度的伤害，并造成成体回避，但在营运期基本不受影响。

2. 滩涂养殖生产

海洋生态系统通过初级生产与次级生产，合成生产人类生存必需的有机质及其产品。潮间带滩涂区域往往是沿海渔民进行泥螺、海瓜子、弹涂鱼、紫菜等海产品养殖的区域，对于建设在潮间带上的风电场，风电场在建设阶段进行的沉桩、开挖电缆沟等作业会破坏滩涂上的养殖设施，对在潮间带进行的滩涂养殖业存在干扰和损害。一旦风电场建成，由于风力发电机组之间的距离常在800~1200m，不会妨碍渔民进入风电场内继续进行原先的养殖生产，在保证输电电缆不被误挖破损的前提下，潮间带风电场和滩涂养殖生产是可以兼容的，国内目前已经建成运行的潮间带风电场现状也说明了这一点。因此风电场营运期对滩涂养殖生产的影响是较小的。

3. 污染物净化

海洋是一个巨大的净化器，对入海污染物具有一定的稀释、扩散、氧化、还原和生化等综合降解能力。海上风电场施工期产生的悬浮泥沙影响海水水质，使海水真光层厚度减小，海水中浮游植物的光合作用也相应减弱，对污染物净化功能会产生一定影响。而在营运期，风电场不明显改变海域的潮流场特征，同时也不增加海域污染物负荷，因此不会对海域污染物净化功能造成明显影响。

4. 科学研究

潮间带区域作为一种独特的地理单元和生存环境，在科学研究中有着重要的地位。风电场的建设一般不会改变原有的科学研究功能。

6.6 水下噪声对海洋生物的影响

随着海上风电场建设经验的不断积累以及人们对于海上风电场环境问题研究的不断深入，海上风电场在施工期及营运期所产生的水下噪声对海洋生物的影响也逐渐受到关注和重视。

目前，我国有关海上风电场的水下噪声和低频振动对海洋生物的影响研究处于起步阶段，在河北唐山乐亭海上风电场、珠海桂山海上风电场、江苏国华东台四期（H2）海上风电场海洋环评等海上风电场环境影响评价中，均在水下噪声对海洋生物的影响方面做了尝试性的研究；2014年发布的《海上风电工程环境影响评价技术规范》中也对水下噪声对海洋生物的影响评价的内容和方法方面做出了要求。

但目前已有的研究成果受到地域、实验条件、技术手段和经费等的限制，还需要进行

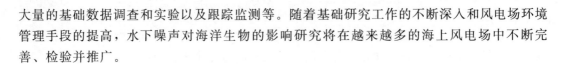

大量的基础数据调查和实验以及跟踪监测等。随着基础研究工作的不断深入和风电场环境管理手段的提高，水下噪声对海洋生物的影响研究将在越来越多的海上风电场中不断完善、检验并推广。

6.6.1　海洋噪声对海洋生物的影响综述

水下噪声污染与许多海洋动物发生行为转变之间存在着联系。在强噪声环境下，海洋动物离开喜爱的栖息地、改变浮游和潜水的规律、改变发音的形式、音量和节奏、大规模搁浅、与船只发生碰撞等各种表现都与噪声干扰的增加有关。

白鲸能够察觉到它们发出的比背景信号仅高出 1dB 的回声定位信号（Turl 等，1987），灰鲸能够感觉到其捕食者虎鲸的叫声（Malme 等，1983）。

海洋哺乳动物能够适应各种自然声音，适应机制同时使它们能够在许多人为产生的噪声存在的情况下正常发挥功能。动物对可察觉声音的响应取决因素包括声音性质（如大小、频率、持续时间、时间模式）、动物性质（如年龄、性别）、栖息地、之前对暴露声音的接触和行为状态等（Wartzok 等，1989）。当介入的声音超出海洋哺乳动物的适应能力时，会对海洋哺乳动物产生生理伤害、引起生理反应或行为响应，从而对动物个体或群体形成威胁。

行为响应的方式包括：改变栖息地以逃离高强度的噪声区域；潜水和上浮模式或运动方向改变；以及发声强度、频率、重复和持续时间变化（Richardson 等，1995；Olesiuk 等，2002）。这些行为响应可能会影响动物的生命功能（如繁殖、摄食等），尚不清楚是否显著影响其对动物个体的繁殖生存或对群体状况，然而在一些情况下，行为响应可导致动物搁浅和死亡，这在一些喙鲸对中频率航海声呐的响应中已被证明（Richardson 等，1995）。

6.6.1.1　噪声对海洋哺乳动物的影响

1. 屏蔽声音

因为噪声增加而使声音难以被听到时就会出现声音屏蔽的情况。在这种情况下，因为噪声无法检测、解释和应对相关的生物学声音，动物的行为可能会受到影响。声音屏蔽可能的影响有：①不能听到远处发声的潜在配偶；②不能有效沟通，母子间的沟通和区分会受到影响；③动物无法侦察到猎物或动物合作狩猎时不能有效沟通，觅食就会受到影响；④如果不能侦测到天敌或其他威胁，就会影响到生存。

一般来说只有接收到的声音比能引起明显反应的声音小时才会出现屏蔽。自然界中的声音，如雨水、海浪和其他海洋哺乳动物的发声可能会屏蔽一些重要信号。海洋哺乳动物有成熟的方法去克服声音屏蔽，如通过增强信号强度、改变时间模式、变换发生频率等，这些方法也可用于克服人为和其他噪声引起的屏蔽。至少一些海洋哺乳动物具有良好的水下定向听力，这也有助于从不是同一方向的噪声源中区分出它们感兴趣的信号。

2. 生理作用

海洋哺乳动物暴露在声能下可能会引起一系列的生理反应。听觉系统被认为对声音是最为敏感的，但是暴露在声源之下也可能导致诸如压力增大和组织损伤等非听觉生理影响。即使是相对较低的水平，随处可听到的噪声也会增加海洋哺乳动物的压力感，激烈的声音会增加白鲸血液的压力水平，然而温和的声音却不会引起同样的现象。

暴露在高强度的声音之下可能导致海洋哺乳动物出现暂时性听觉缺失或暂时性的听觉灵

敏度减弱。听觉灵敏度的减弱是哺乳动物暴露在强烈的或长期的一定限度内的声音刺激时的一种通常反应，是可逆的。然而，由于声音在海洋哺乳动物的日常生活中的重要性，即使是暂时性的缺失也可能增加动物的捕食难度，减少其觅食的效率，或阻碍彼此间的沟通。

3. 身体损伤

当哺乳动物暴露在以下情况中：短暂的非常激烈的声音、长时间的中等程度的声音、间歇性重复的但足以造成听力暂时性缺失的声音，可以导致动物听力永久性缺失，或听力的灵敏度的永久减弱，永久缺失导致感觉细胞和神经纤维的损伤。如曾看报道座头鲸因暴露在爆炸引起的压力波下而使听觉受到损伤的例子，科学家还假设了其他的一些身体损伤，如耳组织受损、耳鸣、幻听或者听力放大等。

4. 生态影响

相关的生态物种由于受到人为声音的影响，从而改变其与海洋哺乳动物的关系或改变生态结构，这就发生了间接生态影响。研究表明，在某些情况下，地震活动可能会导致调查地区鱼类的数量减少。间接生态影响产生时，可能会降低海洋哺乳动物的觅食效率，有可能影响他们的成长条件、繁殖和生存。

5. 累计效应

在某个个体身上不是非常明显的影响过一段时间或者与其他声源的影响结合起来时可能会变成非常重要的影响。比如须鲸使用低频率的声音沟通，因此可能会受地震气枪和航运噪声的影响。同样，声音影响可能会相互作用或与其他影响因素相互作用。例如白鲸，如果气候变化改变了它们食物的分布情况以及取得的难易程度，可能会影响它们的生存和繁殖；持久的有机污染物使它们免疫功能变化，使它们容易感染疾病和寄生虫；石油和天然气作业，破冰船，或商业船只的噪声使它们放弃重要的栖息地。

检测累积影响要依靠详细的风险因素；减少影响则需要更复杂的定量研究和管理战略。累积效应，随着时间的推移，将决定海洋哺乳动物种群和海洋环境的状况。

6. 慢性威胁

长时间暴露于水下噪声中对鲸豚类动物可能造成的慢性威胁包括：遮蔽效应、听力损失、行为模式改变和紧张等。

（1）遮蔽效应指的是由于噪声的存在导致的听力阈值增加。Johnson 等（1989）指出，当噪声的频谱范围和受影响声音出现重叠时，遮蔽效应特别明显。对于鲸豚类动物，遮蔽效应的一个主要危害在于使其目标探测能力和个体间相互通信的效果大大降低。Erbe（1997）在研究中发现，破冰船的蒸气噪声（声源级 194dB/re 1μPa）可对 15km 半径范围内的白鲸产生遮蔽效应，而其螺旋桨噪声（声源级 203dB/re 1μPa）遮蔽半径可达 22km。

（2）听力损失可分为暂时性（TTS）和永久性（PTS），造成听力损失的程度与水下噪声的频谱特性、强度持续时间、占空比（恢复时间）等特性有关。Ridgway 等（1997）通过对 4 只瓶鼻海豚和两只白鲸的研究表明：视信号频谱特性的不同，在 192～201dB/re 1μPa 的声压级下海豚出现可被测得的暂时性听力损失，两只白鲸则分别在 201dB/re 1μPa 和 198dB/re 1μPa 的声压下出现 TTS。另外，Au 等（2000）的研究表明：鲸豚动物自身也可通过调节探测和通信所用声音的频段和强度来抑制水下噪声导致的遮蔽效果，如一只从 San Diego 湾迁移至 Kaneohe 湾的白鲸，由于后一海域的水下噪声比前一海域高了大概

12~17dB/re 1μPa，这只鲸将其回声定位所用 click 声强度提高了大概 18dB，频段从 40~60kHz 提升至 100~120kHz。

长期水下噪声导致的遮蔽效应和听力损失对鲸豚类动物的回声定位、通信、导航所造成的影响仍不可忽视，严重时将丧失捕食能力，由于无法躲避船舶发生撞击、误入渔网而造成死亡。在纽芬兰 Trinity 湾，海洋施工包括桩基作业的逐年增加导致灰背鲸误入渔网事件随之增加，在 140~150/re 1μPa 400Hz 的声压级的长期工业噪声作用下，Todd 等（1996）研究发现灰背鲸对声信号分辨能力出现下降。并发生了鲸在货轮到来时丝毫未做出避让动作而被撞死的事件。

（3）行为模式改变、躲避。Malme 等（1993）的研究表明，在 164dB/re 1μPa 的声压下，10% 的灰鲸表现出躲避行为，在 170dB/re 1μPa 和 180dB/re 1μPa 声压下躲避率则分别为 50% 和 90%。此结果与 NMFS 确定的鲸类 180dB/re 1μPa 安全门限相吻合。

（4）紧张。长期暴露在水下噪声下还将导致鲸豚动物长期处于高度紧张状态，造成心率加快（Andrews 等，1997）和大量的荷尔蒙分泌（Miksis 等，2001）。Richardson 等（1995）的研究表明：鲸类通常通过适当的下潜和上浮节奏进行规律呼吸和肌肉松弛保持良好的生理能量平衡，而水下噪声将造成海豚或鲸正常的行为模式被破坏，引起下潜行为的提前和水面呼吸时间的缩短、游速加快，这将导致更多的能量耗费，影响各器官机能和健康水平，长期的行为节奏被破坏还将造成内分泌失调和免疫力下降。这种影响对潜水深度大的鲸、豚动物更为明显。B. Wursig 等（2000）在研究中观测到了桩基施工噪声造成附近海域中华白海豚的游速明显加快。

6.6.1.2　噪声对海洋鱼类的影响

目前，关于声波对鱼类影响的数据非常有限。研究指出：暴露于高声级单频信号 1h 以上可以损害少数物种的耳朵感觉细胞（Enger，1981；Hastings 等，1996），但损害程度有限并仅发生在连续暴露几个小时之后。鱼类暴露于小型空气枪辐射的声波后，内耳绒毛细胞的损害分析结果表明（McCauley 等，2000、2003）：在暴露于最大接收声级 180dB/re 1μPa、频带为 20~100Hz 之间的空气枪噪声场中，至少一个物种的耳朵其感受细胞受到严重损害。

声波将改变鱼的行为模式。强噪声会使某些鱼离开一个区域很短时间，渔船及机械产生的低频噪声可能引起鱼规避船舶。此外，强噪声对鱼类的总体行为将产生影响，如许多鱼使用声波吸引配偶或其他行为，任何噪声对这些声波的掩蔽都可改变鱼的活动行为。也有证据表明：某些仔鱼可能利用礁石声来发现礁石，这些鱼会到达高声强的区域。因此在存在大的噪声声强时，这些仔鱼可能会被弄糊涂，以至于不能发现礁石，同时噪声可能掩蔽礁石的回声声波，再次阻止仔鱼发现礁石。

6.6.2　水下噪声对海洋生物的影响评价

海上风电场产生的水下噪声来自于施工期和营运期。施工期的主要噪声为水下打桩等所产生的水下冲击波噪声，营运期的主要噪声为风力发电机组运转产生的水下噪声，尤其是低频噪声通过结构振动经风力发电机组塔筒、桩基等不同路径传入水中而产生的水下噪声。

海上风电场水下噪声对海洋生物的影响评价采用定性与定量相结合的方法，通常包括如下内容：

（1）拟建海上风电场工程海域海洋噪声现状调查。调查内容包括水上声环境和水下声环境。

（2）选择与拟建风电场工程规模、风力发电机组型号、海域环境特征、施工工艺等相似的已建海上风电场工程作为类比对象，在类比工程海域开展实际风力发电机组运转产生的水下噪声的现场监测，为水下噪声影响的类比分析提供基础数据。

（3）利用国内外已有的水下打桩等工程的相关文献数据，或对与拟建海上风电场打桩施工相类似的实际打桩作业的水下噪声进行现场测量，类比分析拟建海上风电场工程施工期水下噪声的强度分布以及对海洋生物的影响。

（4）根据营运期水下噪声预测分析结果，通过搜集国内外资料、模拟试验等手段进行评价海域内主要水下声敏感海洋生物的声学特性行为学研究，从可听度、掩蔽、行为反应和危害（TTS/PTS）（鱼、海洋哺乳动物）角度，重点预测评价中、低频（1kHz 以下）尤其是 500～800Hz 频段噪声对评价海域水下声敏感海洋鱼类尤其是石首鱼科鱼类（如大黄鱼）以及重要经济鱼类的产卵场、索饵场、越冬场和洄游通道的影响；预测评价中、高频（1kHz 以上）噪声对海洋哺乳动物及海洋珍稀濒危动物等其他水下声敏感海洋生物种类个体和群体的影响范围与程度。

6.6.2.1　施工期水下噪声对海洋生物的影响

水下工程施工所产生的噪声及对某些海洋生物的影响研究近年来已引起国际海洋生态保护领域的高度关注，发表了一系列的文章。美国自然杂志、美国声学学报、海洋环境研究等刊物上均有一些相关的论文（Christonpher C.，Jepson P. D，2003）。

海上风电场施工作业将在水下产生较强的噪声场，典型的工程作业如桩基打桩作业，拖轮及驳船作业。这些噪声往往同时发生，对附近海域的海洋生物将造成影响。

1. 海上风电场施工噪声源

海上风电场施工噪声源主要包括以下方面：

（1）施工机械。施工现场的各类机械设备包括装载机、挖掘机、打桩机，还有电气接线埋设等，这类机械工程噪声是主要的海上施工噪声源。

（2）运输船只。施工中设备、材料以及土石方调配等运输将动用大量运输船只，这些运输船的频繁行驶经过和施工将对施工海域产生较大干扰噪声。船舶噪声包括机械噪声、螺旋桨噪声和水动力噪声，其中机械噪声和螺旋桨噪声为主要噪声源。船舶机械噪声是船上各种机械振动通过基座传递引起船壳振动并辐射至水下产生的噪声，其来源包括机械运动不平衡产生的噪声、机械碰撞噪声以及轴承噪声等。机械噪声与船速的关联度较低，在低速情况下，螺旋桨噪声和水动力噪声的强度相对较小，船舶噪声主要为机械噪声。在高速情况下，螺旋桨噪声成为船舶噪声的主要成分。螺旋桨噪声的来源包括螺旋桨叶片振动以及螺旋桨空化。

（3）桩基打桩噪声。水下打桩可分为冲击打桩和振动打桩两类，冲击打桩使用水锤泵对桩施加冲击力将桩沉入地下，振动打桩使用旋转偏心块对桩施加交变力，通过振动将桩沉入地下（Blackwell，S. B.，2004）。水下冲击打桩是海洋工程的典型主要强噪声来源，其特点为高声源级，单次冲击表现为脉冲式宽频波形，而对于一根桩柱需要多次冲击才能完成作业，因此表现为连续多个脉冲的脉冲串，图 6-11 为水下打桩施工现场。

　　(a)振动打桩　　　　　　　　　　　　　　　　　　(b)冲击打桩

图 6-11　水下打桩

2. 水下打桩噪声的声压级和声谱级

　　对于涉海工程及海上风电场建设中常见的桩基施工，国外的研究资料表明（Kastelein，R. A. 等，2005）：浅海海域撞击式桩基（直径 1m 左右）施工的声源级在 194dB/re 1μPa 左右，400m 距离处（声压级 134dB/re 1μPa）网箱中的鲑鱼并未出现生理致伤或明显行为模式改变。Susanna B. Blackwell（2004）的研究显示：在水深 12m 的浅海，距离撞击式桩基施工 80m 处测量所得的声压级未超过美国国家海洋渔业机构（NMFS）颁布的鲸类最大可承受声压标准 180dB/re 1μPa（NMFS，2000）。

　　英国货贝（COWEIR）海上风电公司对 BURBO BANK 施工中所监测到的水下打桩噪声时—频分布图（JR Nedwell，2007）见图 6-12、图 6-13。

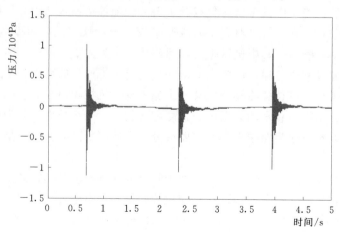

图 6-12　测打桩噪声时域图（距离 100m）

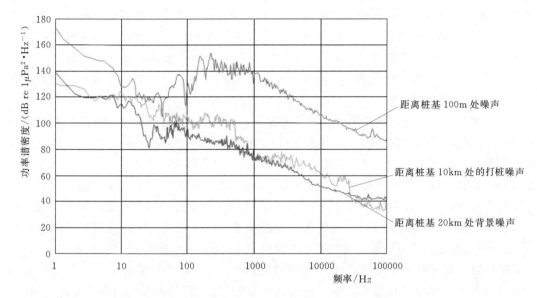

图 6－13 实测打桩噪声频域图（距离 100m）

表 6－2 为历年来国内外资料所得的典型桩芯材料与不同直径对应的水下打桩单次冲击噪声声级。

表 6－2 典型桩芯材料与不同直径的单次打桩对应声源级表（10m）　　单位：dB/re 1μPa

桩型（直径）	峰值声压	均方根值声压
冲击式混凝土桩（61cm）	183/193	171/175
冲击式钢壳桩（30.5cm）	190/200	180/184
冲击式钢芯桩（70cm）	206	188
冲击式钢壳桩（76cm）	208	190
冲击式钢壳（244cm）（距离 25m）	212	197

3. 水下打桩噪声对海洋生物的影响

海上风电场水下打桩噪声对海洋生物的影响分析通常在文献分析的基础上，根据拟建风力发电机组桩柱直径、打桩方式及工程海域声波传播衰减特点，参考文献资料或依据类比监测结果，类比分析水下打桩所产生的声源级；采用噪声衰减模式或类比测量的结果，预测分析噪声随桩基不同距离的衰减；参考国内外关于海洋生物的噪声限制阈值或保护阈值的已有研究成果，分析拟建海上风电场打桩施工对工程海域海洋生物的影响程度和范围。

声衰减计算可采用的计算公式为

$$TL = F\lg(D/R)$$

式中　TL——传播损失，为声源级减去目标声级值（即保护阈值）的差，dB；

　　　D——目标声级值所在的位置与声源的距离，m；

　　　R——计算传播损失时的参考距离，根据声源级计算点与声源本身的距离而定，按照通用标准惯例通常取 1m；

F——衰减因子，其值会随着海况（如水深、底质状况、海面宽阔程度）和打桩的工程参量（如桩的类型材质，以及桩机功率）而变化；距离预测中选取的参考距离 R 为 1m，而衰减因子 F 为 20，该衰减因子适用于浅海声传播的一般衰减计算，为较近距离的球面扩展损失。计算中暂不考虑海水对声传播的吸收。

关于海洋生物的噪声保护阈值，可参考国外的相关标准和限值。自 20 世纪 90 年代，美国和欧洲等海洋国家就开始了针对水下打桩噪声的监测和研究。1997 年，美国高能源地质勘探组织专家小组，针对海洋哺乳动物可能遭到海上地质勘探中水下空气枪所发出的脉冲噪声伤害而进行了噪声暴露的估测分析，最后认定 180dB/re 1μPa 为"超过该声级则可能具有行为、生理及听力影响的潜在危害"；同时也表明视不同的动物，该阈值可能有 ±10dB/re 1μPa 的浮动。而后，美国国家海洋渔业局（NMFS）继续采用该门限值作为"不可逾越"的最高声级；随后又对鳍足类调整至 190dB/re 1μPa；而 160dB/re 1μPa 的行为影响门限值则是基于早期 80 年代对鲸类遭到脉冲噪声所产生反应的观察结果。表 6 - 3 为美国国家海洋渔业局现行采用的（过渡性）保护门限值（NOAA Fisheries Northwest Regional Office，2012，http://www. nwr. noaa. gov/Marine - Mannals/MM - sound - throshld. cfm）

表 6 - 3　美国对海洋哺乳动物和鱼类的水下噪声（过渡性）门限值

海洋哺乳动物类		
A 级	基于暂时性听力阈值提升（TTS）而保守估计的永久性听力阈值提升（PTS）伤害门限	鳍足类：190dB/re 1μPa 鲸豚类：180dB/re 1μPa
B 级	脉冲式噪声（如冲击打桩）可对动物产生行为妨害的门限	160dB/re 1μPa
B 级	非脉冲式噪声（如钻孔）可对动物产生行为妨害的门限	120dB/re 1μPa
鱼类		
门限等级	门限定义	门限值
伤害门限值	声压峰值（适用于所有鱼）：206dB/re 1μPa	累积暴露级（CumulativeSEL）： 对质量大于等于 2g 的鱼体：187dB/re 1μPa 对质量小于 2g 的鱼体：183dB/re 1μPa

6.6.2.2　运营期水下噪声对海洋生物的影响

运营期的水下噪声主要由风力发电机组运转而产生，尤其是低频噪声通过结构振动经塔筒、风力发电机组桩基等不同路径传入水中而产生了水下噪声。欧洲一些国家的海上风电项目水下噪声测量资料表明（Nedwell，J. R.，Edwards，B.，Turnpenny A. W. H.，2004）：运营期的风力发电机组运转噪声远低于施工期的打桩噪声。风力发电机组运行中向水下辐射噪声的主要途径是风力发电机组运行的噪声源从空气中直接通过海面折射到水下、通过风力发电机组塔架传导到水中、从风力发电机组塔架到海底再辐射到水中 3 条声传播路径组成，见图 6-14。

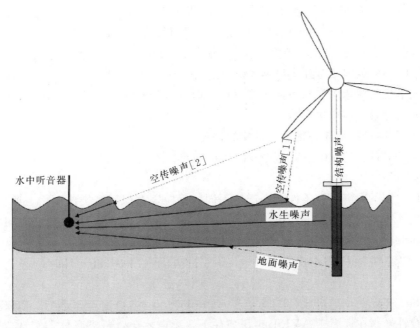

图 6-14　风力发电机组运行水下噪声传播路径

　　风力发电机组运行过程中产生的噪声主要有机械（结构）噪声和空气动力学噪声。机械噪声指由于内部机械设备运转时，机械部件间的摩擦力、撞击力或非平衡力，使机械内部部件和壳体振动而辐射发出噪声。空气动力学噪声指风力发电机组的叶片与空气相互作用而产生的噪声。随着科技的进步，通过提高机械制造精度、配备减震橡胶垫、在机舱盖内部加装隔音棉，机械噪声在现代风力发电机组中控制的越来越低，已不是主要噪声源。空气动力噪声源处于半自由空间，空间位置高，持续时间长，是海上风电场营运期间的主要噪声源。

　　海上风电场营运期风力发电机组水下噪声对海洋生物的影响通常采用类比分析的方法，通过对与拟建风电场工程相似的类比工程风力发电机组运转时水下噪声值的实测，类比预测拟建风电场营运期风力发电机组运转在工程海域产生的水下噪声值和分布；再参考国内外文献资料或进行预测的噪声源强下海洋生物声学特性行为的模拟实验，分析风力发电机组运转水下噪声对海洋生物影响的程度和范围。

　　丹麦、瑞典、荷兰、英国是最早进行海上风电开发的国家，对海上风电场所引起的水下噪声研究也进行了较多的研究。2003 年建成的英国 North Hoyle 海上风电场在营运期对风力发电机组水下噪声进行了监测研究，在离风力发电机组最近 227m 距离上，测出的风力发电机组水下噪声在 300Hz 左右声压谱级达到最大值，为 100dB/re 1μPa，随后强度随频率增加而减少（J. R. Nedwell 等，2007）。英国的 Kentish Flats 海上风电场营运期的水下噪声测量结果显示，噪声声压谱级在 10～300Hz 有明显的线谱信号，300Hz～10kHz 有宽带噪声，但强度基本上已与背景噪声相当。J. R. Nedwell 等在 2003 年总结了约 500 次单独测量的浅水风电场营运期水下噪声，在频率 10Hz～120kHz 上 North Hoyle 海上风电场的水下噪声平均值约为 116dB/re 1μPa，变化范围为 90～158dB/re 1μPa；而 Scroby Sands 海上风电场所测结果是水下噪声平均值为 120dB/re 1μPa，变化范围为 100～135dB/re 1μPa。这结果与两个项目在建设前期所测量的海洋背景噪声级相符。同时还注意到，即使是十分靠近一个正在运行的风力发电机组，其噪声也没有比背景噪声高出 20dB/re 1μPa。从英国已有几个营运的海上风电场风力发电机组水下噪声的测量结果来看，风力发电机组营运中在水下产生了噪声，但风力发电机组噪声的特征并不明显，也没有对较远处的背景噪声产生影响。

6.6.2.3　水下噪声对海洋生物影响的实验研究

水下噪声对鱼类的影响有：掩蔽鱼之间的通讯；不断引起鱼的警觉—生理变化；短暂或永久的听力伤害。

不同鱼类在不同声压级条件下会产生不同的反应，类似于人类的听力、听阈和痛阈，不同鱼类也具有其特定的听觉阈值，包括以下方面：鱼类能感受的阈值（Absolute Hearing Threshold，AHT）；鱼类出现生理反应的阈值（Awareness Reaction Threshold，AWRT），如心跳加快等；使鱼类开始逃逸的阈值（Avoidance Response Threshold，AVRT）。

试验和研究证明，当水域声压值大于 AVRT 时，鱼类会逃离该水域，而仅当鱼类长时间、连续性暴露在远高于 AVRT 声压条件下，噪声才会对鱼类身体器官造成影响，并出现鱼类昏迷和死亡的现象。

水下噪声对海洋生物影响的模拟实验是预测评价拟建海上风电场噪声对海洋生物影响的重要手段，其目的是通过在预测噪声源强条件下对鱼类、底栖生物等的行为变化的观察和生理学指标的测定，评价风电场水下噪声对海洋生物的影响。

模拟实验的内容和方法一般包括以下方面：

（1）不同发射声源级，不同频率和发射信号持续时间，在水下发射噪声源，观测水下噪声对鱼种及其他海洋生物的行为变化。

（2）以拟建海上风电场营运期风力发电机组运转产生的水下噪声级（一般根据类比海上风电场工程营运期水下噪声的测量数据得出）作为噪声源强，在水下播放，观测水下噪声对鱼种及其他海洋生物的行为变化。

（3）鱼种及其他海洋生物的行为变化除了肉眼观测外，还将对其进行血液酶活力变化的测量，其目的是了解海洋生物的活力状态。

实验测定的参数包括行为学参数和生理学参数。行为学参数包含死亡率和运动轨迹（是否有回避强声场的行为）。生理学参数包含激素水平、酶的活性等。

6.7　对鸟类及其生境影响

海上风电场按水深可分为潮间带风电场、近海风电场和深海风电场。目前我国已建成投运的东海大桥海上风电场和欧洲已建的主要海上风电场水深都在 50m 以内，属潮间带和近海风电场。近海海域及岛屿既是风能资源丰富地区，同时也是鸟类迁徙的主要通道和栖息地，海上风电场的建设产生的干扰和障碍都有可能对鸟类的栖息、觅食、飞行等行为产生一定的影响。海上风电场对鸟类的影响因素是多变的，取决于多种因素，包括风电场周围的环境特征、气象特征，周围现有鸟类的数量和种类，鸟类栖息、觅食的习性等。

由于海上鸟类监测和调查不容易开展，加上海上风电场修建起步较晚，对鸟类及其生境影响的相关研究较少。目前，海上风电场对鸟类和生境的影响主要是根据国内外相关研究文献成果、同类型工程跟踪监测资料以及研究区域的鸟类现状调查结果，类比分析其对区域鸟类造成的影响。

研究表明（Sovacool，2009），每生产 100 万 kWh 风电导致 0.3 只鸟类死亡，而核电为 0.4 只，火电为 5.2 只，由此可以看出风电对鸟类的影响相对来说较小。海上风电场由于建设位置避开了陆地，对鸟类产生的影响主要在繁殖、迁徙和越冬季节，因此海上风电场对鸟类的影响可能要小于陆上风电场。

海上风电场对鸟类的影响大体可以分成：①撞击致死；②干扰或者形成障碍而导致鸟类种群分布转移；③直接的栖息地丧失；④风电场修建和运转时的噪声影响；⑤风电场电能传送电缆形成的电磁场影响等（Inger 等，2009）。

上述影响通过一定的途径传递，最终都有可能对鸟类种群水平产生影响，见图 6-15。

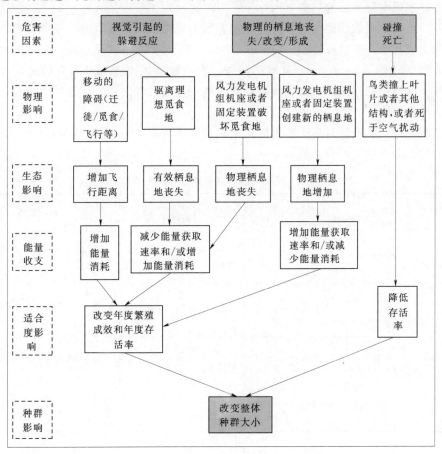

图 6-15　海上风电场对鸟类种群的影响途径

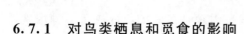

6.7.1　对鸟类栖息和觅食的影响

风电场对鸟类的干扰影响随着建设区域生境的差异、风电场选址和规模的不同以及区域分布鸟类种群对风电场敏感性的不同而不同。

海上风电场风力发电机组建设直接占用的面积一般不大，若风电场选址避开鸟类重要的栖息地，这种直接的栖息地丧失对鸟类的影响非常有限。此外，风电场电缆路由、变电站的建设往往会占据或者直接改变海岸带湿地生境，影响鸟类对这些生境的栖息利用（Drewitt，Langston，2006）。

同时，海上风电场的建设也有可能形成新的栖息地。精心设计的风电场的水下构造有可能形成人工鱼礁等增加鱼类密度（Inger 等，2009），有可能吸引食鱼性鸟类。虽然风力发电机组建设区域的物种多样性有所减少（Linley 等，2007；Wilhelmsson 等，2006），但风电场建设的水下设施会很快聚集表层生活的底栖动物（Langhamer，Wilhelmsson，2007），随着时间的增加，底栖动物的生物多样性会增加。鱼类和底栖动物的增加有助于形成适宜的鸟类栖息地（Drewitt，Longton，2006；Fox 等，2006，Inger 等，2009），吸引海鸟前来觅食。比如在丹麦的 Horns Rev 风电场，监测表明风电场建成以后鸥类和燕鸥都有偏好于风电场区域的趋势（Petersen 等，2004）。

此外，鸟类也可成功改变飞行方向以避开风力发电机组进行觅食，某些鸟类对风电场建成后的生境还会产生适应性。Petersen（2007）等专家曾对 Horns Rev 海上风电场区域的黑海番鸭（*Melanitta Nigra*）开展了调查，发现黑海番鸭在风电场海域的觅食现象比以往任何一次调查都常见，究其原因可能是风电场建成几年之后，黑海番鸭已经习惯了在风电场区域内觅食。

据文献统计，风电场对鸟类产生的最大影响范围为 800m，繁殖鸟是 300m。国外海上风电场对鸟类分布的影响距离见表 6-4。

表 6-4　风电场运行对鸟类分布的干扰影响

区　域	生境	鸟类别	风场规模	显著受影响种类	影响距离
丹麦，Tjaereborg	海岸草地	水鸟	S	凤头麦鸡，金鸻，鸥类	最大 800m，繁殖凤头麦鸡为 300m
荷兰，Oosterbierum	海堤上	水鸟	M	涉禽、鸥类、雁鸭类	最大 500m，对繁殖涉禽没有影响
荷兰，Urk	海堤上	水鸟	M	大天鹅、潜鸭、白颊鸭	最大 300m
苏格兰，Burgar Hill	海岸沼地	潜鸟和猛禽	S	红喉潜鸟	仅在建设初期有一定人为干扰影响
英格兰，Haverigg	海岸草地	金鸻，鸥类	S	无	

区　域	生境	鸟类别	风场规模	显著受影响种类	影响距离
英格兰，Blyth	海岸岸线	鸬鹚、绒鸭、矶鹬、鸥类	S	无	
瑞典，Nasudden Gotland	海岸沼泽和耕地	水鸟	L	无	
丹麦，Tuno Knob	海上	海鸭、黑海番鸭	M	除了飞行路线改变，基本无影响	
比利时，Zeebrugge	海岸岸线	水鸟	M	大部分水鸟	大约300m
Utgrunden	海上	针尾鸭	S	无	

注：L表示"大"，50～200台风力发电机组；M表示"中等"，10～50台风力发电机组；S表示"小"，<10台风力发电机组。

6.7.2 对鸟类种群及数量的影响

6.7.2.1 对鸟类种群的影响

风电场的存在改变了鸟类的飞行路线和方向，鸟类必须消耗较多的能量来绕过风电场。目前研究还没有发现风电场的建设对鸟类种群水平产生影响，但是如果风力发电机组处在觅食地和繁殖地之间，对繁殖鸟类的影响会很大。如果多个风电场连续影响鸟类的飞行路线而增加鸟类的能量消耗，可能会产生累积效应影响鸟类种群（Drewitt，Langston，2006）。风电场对鸟类的干扰程度取决于一系列因素，包括季节、鸟类物种、鸟类的集群规模、鸟类的适应程度、鸟类对风电场建设区域的利用格局、风电场建设区域到重要栖息地的距离、风电场周边可替换栖息地的可提供性、风力发电机组的类型以及鸟类所处的生活史周期（越冬、换羽、繁殖）等（Drewitt，Langston，2006），因此具体的海上风电场工程对鸟类的影响，还需根据具体情况来分析和评估。

研究表明，长线型排列的风力发电机组对鸟类更容易产生阻碍影响（Everaert，Stienen，2007），这种影响因具体地点、长线性排列风力发电机组走向相对于鸟类迁徙、飞行方向而异。比如，燕鸥和鸥类的飞行格局不受风力发电机组阻碍的影响（Petersen等，2004），因而有可能增加撞击死亡率（Everaert，Stienen，2007）。风电场阻碍影响的长期效应也可能会随着时间而发生改变，比如某些物种可能会习惯风力发电机组的存在，风力发电机组阻碍是否会影响当地或者局部区域种群，还需要进一步研究。

有些类群的鸟类，比如海鸭、雁类、天鹅，在迁徙的过程中或者日常飞行中因避开风电场而导致其能量消耗的增加，而绒鸭增加1km的飞行距离对其能量消耗的增加微不足道。图6-16中，雷达监测显示大部分绒鸭都绕道经过Nyted海上风电场，图6-16中黑点为风力发电机组位置，每条黑线代表一只次绒鸭飞行路线（Desholm，Kahlert，2005）。引起鸟类躲避行为的原因可能是风力发电机组的存在，也有可能是人们对风力发电机组的维护活动，比如维护人员的存在或者维护船只的存在（Petersen等，2004）。有躲避行为以及受到风电场影响的水鸟种类一般都有足够大的全球种群规模（Stewart 等，2007），因此，风电场形成的阻碍、驱赶以及由此引起的躲避反应等对鸟类种群规模的影响可以认为很小。

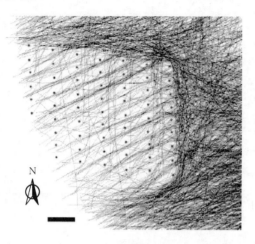

图 6-16　绒鸭雷达监测图
(Desholm，Kahlert，2005)

6.7.2.2　对鸟类数量的影响

通常情况下，海上风电场的建设对区域鸟类丰度有负面影响（Desholm，Kahlert，2005；Stewart 等，2007）。在丹麦的 TunøKnob 风电场，绒鸭和黑海番鸭（*Mel-anitta Nigra*）在风电场建成后的两年内数量有所下降，随后绒鸭种群有所增加。绒鸭的种群恢复有可能是因为风电场增加了一种贻贝（*Mytilus Edulis*）的丰度或者是绒鸭习惯了风电场的存在（Guillemette 等，1998）。丹麦 Horns Rev 风电场建成后，在风电场区域以及距风电场 2km 和 4km 范围内，潜鸟、憨鲣鸟（*Morus Bassanus*）、黑海番鸭和普通海鸦（*Uria Aalge*）、刀嘴海雀（*Alca Torda*）都比预期的数量少，鸥类和燕鸥的数量有所增加（Petersen 等，2004）。从已有证据来看，海上风电场直接导致的鸟类死亡率比较低（Drewitt，Langston，2006），海上风电场区域鸟类丰度的降低主要还是因为鸟类避开了风电场（Desholm，Kahler，2005）。

此外，一般认为鸟类对风电场的出现存在习惯化。虽然鸟类也许可以习惯风力发电机组的存在，但是有研究表明风电场存在时间越长，鸟类丰度减少越多，也就是说，鸟类似乎没法适应风力发电机组的存在。这表明风电场对鸟类的影响需要长期监测，而且风电场长时间的运行可能会大大降低区域鸟类丰度，比如海鸭的数量（Stewart 等，2007）。

6.7.3　对鸟类迁徙的影响

海上风电场对鸟类迁徙的干扰程度与很多因素有关，鸟类在风电场建设初期对风电场表现出趋避特征比较明显，但是随着时间的推移，部分鸟类会对风电场内的环境会产生适应性，从而在数量上会有所增加。

风电场建设给鸟类迁徙带来的不利影响，主要表现为鸟类的趋避行为会使鸟类选择远离风力发电机组飞行，从而在一定程度上减少了鸟类的活动范围，这也是风电场的屏障效应，但从另一个角度来说，鸟类对风电场的这种趋避行为也可以减少鸟类碰撞风力发电机组的风险。

Bech（2005）和 Petersen（2007）等学者曾对丹麦 Horns Rev 海上风电场附近迁徙鸟类的行为进行跟踪观测，研究发现风力发电机组建设后，主要鸟类黑海番鸭的分布范围发生改变，且其在风电场周边 2～8km 范围内的出现频率明显下降。而在迁徙季节，大部分鸟类会绕过风电场迁飞，只有少部分会穿越部分风电场区域。同时，也发现风电场建成一段时间之后，部分鸟类会对风电场内的环境产生适应性，如小鸥（*Larus Minutus*）和普通燕鸥（*Sterna Hirundo*）。

Krijgsveld（2010）等人采用望远镜扫描和全自动雷达观测相结合的方式对鸟类通过风电场的飞行路径进行了研究，结果表明，鸟类的通量在风电场建设后大大低于风电场建设前所测得的，这也许不全是由于风电场的存在造成的，但与海上风电场特定的离岸位置和风电场区域作业渔船数量的显著减少有一定的关系。

6.7.4 鸟类撞击风力发电机组的风险

当风力发电机组安装在鸟类飞行通道上时，鸟类在迁徙过程中存在与风力发电机组相撞而受伤或死亡的风险，这是影响鸟类生存的最直接也是最严重的影响形式。鸟类与风力发电机组相撞的风险在很大程度上取决于鸟类的飞行高度。根据多年鸟类观测统计结果，一般鸟类在直接的长距离迁徙飞行过程中飞行高度通常较高，绝大部分鸟类的飞行高度在150m以上，其中：大型䴙䴘类在150～400m之间，鹭类在150～600m之间，鹳类在350～750m之间，鹤类在300～700m之间，鸭类在150～500m之间，雁类（包括天鹅）在350～12000m之间。海上风电场风力发电机组叶片通常高度为30～130m，因此，风力发电机组运行对候鸟长距离迁徙的碰撞风险不大。

从许多风电场建设的实际经验来看，许多鸟类都会有趋避行为，而不会发生严重的撞击。如丹麦 Horns Rev 海上风电场建立于2002年，总装机容量为165MW，工程建设以后对风力发电机组对鸟类的影响进行了跟踪观测（Elsam Engineering A/S，2005）。区域鸟类优势种为黑海番鸭（*Melanitta Nigra*）和银鸥（*Larus Argentatus*）。风力发电机组建设以后，主要鸟类对风电场表现出明显的趋避特征。如黑海番鸭90％以上分布在风电场东南部100°～160°之间，风力发电机组建设以后73％以上分布在风电场下风向的西北部280°～330°之间，见图6-17。而其在风电场周边2～8km范围内的出现频率明显下降，见图6-18。而在迁徙季节，大部分鸟类会绕过风电场迁飞，只有少部分会穿越部分风电场，见图6-19。如黑海番鸭90％以上在距离风力发电机组200m以上就转变飞行方向，而不是直接穿越风电场。从现场观测结果来看，尽管在风电场周边观测记录了大量的鸟类，但是未发现鸟机相撞事件。在丹麦的 Nysted 海上风电场用雷达进行的研究表明，白天大部分鸟类在距风电场3km以外就开始改变飞行路线，而晚上在1km左右改变方向，鸟类在风力发电机组群周边飞行时表现出明显的躲避行为（Kahlert等，2004；Desholm，2005）。瑞典的 Kalmar Sound 海上风电场对两个近岸风力发电机组进行观察，在150万只迁徙水鸟中，只有一次撞击事件（Pettersson，2005）。而在德国北海一个海上研究平台上的研究发现，13037只迁徙雀形目鸟类中有442个个体撞死于该平台，导致这些雀形目鸟类撞上海上研究平台的原因是大雾和小雨（Huppop等，2006）。

通常鸟机相撞的风险可能发生在鸟类的当地迁徙活动中，鸟类由于觅食的需要，通常会在觅食地和栖息地之间往返迁飞，这种迁飞由于飞行距离一般较短，其飞行高度通常要低于100m，因而增加了与风力发电机组相撞的风险概率。当然随着海上风力发电机组容量的增加，风力发电机组扫掠面积和高度都会增加和增高，鸟类撞击到风力发电机组上而死亡的风险也会随之增加。

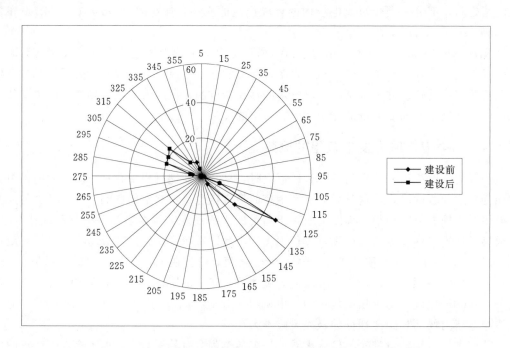

图 6 - 17　Horns Rev 海上风电场风力发电机组建设前后黑海番鸭的分布

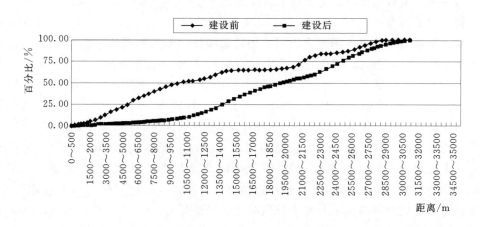

图 6 - 18　风力发电机组建设前后风电场周边黑海番鸭出现频度

　　同样研究监测还发现鸟撞风力发电机组也与环境因素有关。在天气晴好的情况下，即使在鸟类数量非常多的海岸带区域，鸟类与风力发电机组撞击的几率基本为零。而大风、雨天、起雾天气和漆黑的夜晚会降低鸟类对飞行的操控能力，在这些条件下迁徙鸟的飞行高度会降低，促使鸟类与风力发电机组撞击的风险增加，而且在恶劣天气条件下，风力发电机组上的灯光对鸟类的吸引会增强，变成影响夜间迁徙鸟类安全的一个非常重要的因素，增加了鸟机相撞的风险。

　　一般情况下，根据已有观测结果的统计分析，相应飞行高度下穿越风电场的鸟类撞击

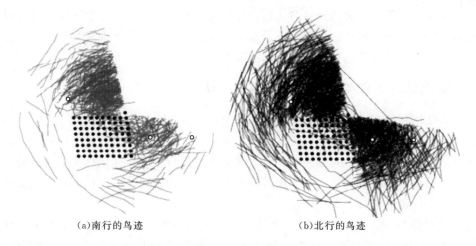

(a)南行的鸟迹　　　　　　　　　　(b)北行的鸟迹

图 6-19　风电场建设以后鸟类迁徙路线的跟踪观测
●—风力发电机组位置；○—气象桅杆；——鸟迹

风力发电机组的概率只有 0.01%～0.1%（Percival，2003），见表 6-5。

表 6-5　鸟 和 风 机 撞 击 概 率

区　域	生境	鸟类别	风场规模	撞击概率/ [只·(台·年)⁻¹]	撞击种类
西班牙， Tarifa	海岸丘陵	猛禽、鹳类和 其他迁徙鸟	VL	0.34	猛禽
苏格兰， Burgar Hill	海岸湿地	潜鸟和猛禽	S	0.15	鸥类，隼
英格兰， Haverigg	海岸草地	金鸻、鸥类	S	0	无
英格兰， Blyth	海岸岸线	鸬鹚、海鸭、 矶鹬、鸥类以及 迁徙鸟	S	1.34	鸥类、海鸭
比利时， Zeebrugge	海岸岸线	鸥类、雀形目 迁徙鸟	M	11～29	90%以上是鸥类
荷兰， Urk	海堤上	水鸟	M	1.7	鸥类、水涉禽和迁徙鸟
荷兰， Oosterbierum	海堤上	迁徙鸟，水鸟	M	1.8	水鸟、鹰、雀形目鸟类
荷兰， Kreekrak	海堤上	水鸟	S	3.4	鸥类、涉禽和其他水鸟
丹麦， Tjaereborg	海岸草地	涉禽和鸥类	S	3.0	鸥类、雁鸭类、雷鸟、雀形目鸟类
比利时， Utgrunden	海上	海鸭	S	0	无

注：VL 表示"非常大"，＞200 台风力发电机组；L 表示"大"，50～200 台风力发电机组；M 表示"中等"，10～
50 台风力发电机组；S 表示"小"，＜10 台风力发电机组。

总体来说，鸟类在长距离迁徙时飞行高度较高，且在风力发电机组群周边飞行时会表现出明显的绕避行为；仅在恶劣天气以及低空迁飞觅食的情况下才会增加与风力发电机组相撞的概率，因此风力发电机组运行对鸟类长距离迁徙的碰撞风险不大。

6.7.5 海上风电场鸟类影响预测内容与方法

目前，我国在海上风电场对鸟类影响的预测评价方面基本采用的是类比分析的方法，借用国外海上风电场鸟类影响评估成果及海上风电场营运后鸟类影响跟踪监测结果，根据海上风电场的选址、规模、施工强度、风力发电机组运行工况、区域鸟类群落组成及行为特征等，定性或半定量地分析工程建设可能对鸟类产生的影响。海上风电场鸟类影响预测一般分施工期和营运期两个阶段。

施工期对鸟类的影响主要包括人类活动、施工机械的干扰以及临时和永久占地对鸟类活动和栖息地的影响。海上风电场施工期间，人类活动和大型船只、机械活动一方面会对鸟类造成干扰，使鸟类远离施工区域，减少鸟类活动范围，使区域中分布的鸟类数量减少、多样性降低；另一方面会影响海洋和底栖生物分布，进而影响鸟类的食物分布。施工产生的噪声会对在施工区及邻近区域觅食的鸟类产生影响，使该区域鸟类的数量减少、多样性降低；晚上施工的照明系统会干扰夜间迁徙的鸟类，吸引鸟类与工程设施相撞。陆上升压站或集控中心的建设可能侵占鸟类栖息地，改变原有栖息地条件和植被分布格局。除工程永久用地对鸟类栖息地的影响会持续至营运期外，其他施工期干扰活动对鸟类和栖息地的影响是短期的、可逆的，当施工结束后，其影响基本可以消除。

营运期对鸟类的影响分为两方面，一方面是对鸟类栖息地的影响进而间接对鸟类产生影响，另一方面是对鸟类的直接影响。对鸟类栖息地的影响，主要包括鸟类栖息地的生境格局、环境特征（维持相应生境所需的特定的环境条件）以及饵料条件等三方面。对鸟类的直接影响主要包括风电场运行对风电场及周边区域鸟类群落组成（种类、密度、个体大小等）、鸟类行为特征（迁飞、停栖、觅食、繁殖等）和鸟类撞击风力发电机组等的影响。

风电场的选址对鸟类的影响是非常关键的，如鸟类沿海岸线飞行或穿越山脊时通常会降低飞行高度，如果在海岸线或者山脊布设风力发电机组，那么鸟类与风力发电机组相撞的风险就会大大提升（Alerstam，1990；Richardson，2000）。国内有学者结合东海大桥海上风电场工程的建设经验和跟踪监测结果，认为海上风电场选址时应考虑离岸距离大于5km，可以为迁徙鸟类预留迁徙通道，降低鸟机相撞的风险。

海上风电场侵占鸟类适宜栖息地的影响程度在不同鸟类种类组成、生境类型区域会有明显差异，其侵占比例从10%、10%~20%、25%~40%、10%~50%、30%~50%等均有存在。在鸟类影响评价中，应根据风电场工程所在地的区域鸟类群落组成、行为特征、生境条件、敏感程度等作具体分析。

在进行鸟类撞击风力发电机组的影响分析时，可通过计算鸟类与风力发电机组相撞的概率来评价。鸟类与风力发电机组撞击（风险）的概率（P_r），可以采用不同的计算方法获得。最基本的计算方法为

$$P_r = \frac{n}{N}$$

式中　n——特定情境下发生鸟击症候的数量，频度，只次；

　　　N——特定情境下风电场区域记录的鸟类总数，频度，只次。

鸟击症候数量需要通过记录鸟与风力发电机组撞击次数、鸟尸收集来反映。该方法一般在陆上风电场运用较多，而海上风电场由于通常距岸较远、建设区在海上，很难收集到鸟尸或者观测到实际的鸟机相撞的情况。

也可以根据风力发电机组运行工况和鸟类活动特征进行计算。单个鸟通过某一点穿越风力发电机组与风力发电机组相撞的概率为

$$p_r(r,\varphi) = \frac{b\omega}{2\pi r} \times [\,|\pm c\sin\gamma + \alpha c\cos\gamma| + \max(L, W\alpha F)\,]$$

$$\alpha = \frac{v}{r\omega}$$

式中　r——鸟类穿越点的半径（距轮毂中心）；

　　　φ——鸟类穿越点在风轮中的角度（相对于垂向），在定点时 $\varphi = 0°$，在底点时 $\varphi = \pi$；

　　　b——风轮中叶片数量；

　　　ω——风轮转动的角速度；

　　　c——叶片宽度；

　　　γ——叶片的节面角（桨距角）；

　　　L——鸟类体长；

　　　W——鸟类的翼展；

　　　v——鸟类穿越风力发电机组的速度。

鸟类拍打翅膀时 $F = 1$，鸟类滑翔时 $F = \cos\varphi$。

此外，还可根据风轮直径进行计算，具体计算形式为

$$P_{\text{average}} = \int_0^R p_r(r)(2\pi r)\,\mathrm{d}r \Big/ \int_0^R (2\pi r)\,\mathrm{d}r = \int_0^R p_r(r)(2\pi r)\,\mathrm{d}r / \pi R^2$$

$$= 2\int_0^1 p_r(r)(r/R)\,\mathrm{d}(r/R)$$

其中，R 为风轮半径，当风力发电机组满负荷运载时，$\gamma = 0$。

国家高技术研究发展计划（863计划）项目"海上风电场环境评价研究"对海上风电场的鸟类影响进行了研究，运用PSR（压力—状态—响应）模型提出了海上风电场鸟类影响评价体系，梳理了鸟类影响的关键参数及其控制阈值以及影响等级，具体见表6-6和表6-7，在实际海上风电场环境影响评价中，可参考上述成果进行鸟类影响评价。

表 6-6　海上风电场鸟类影响压力关键参数及其控制阈值

主要指标	关键参数	控制阈值或工况	对鸟类影响特征	
侵占栖息地面积及其所占比例	侵占适宜栖息地比例	10%～50%	＜10%	影响较小
			10%～50%	影响较大
			＞50%	影响非常大，有可能导致相应物种完全消失
邻近陆域不同生境面积、比例与及连接度	风电场陆上设施建设导致的邻近陆域不同生境所占比例变化	邻近陆域鸟类栖息地有植被、水域、裸地，且水域面积＞20%，植被面积＜60%	植被10%～20%，水域＞20%	基本无影响，较适于水鸟栖息
			植被＞60%，水域＜20%	影响较大，基本不适于水鸟栖息
			介于上述两种情况之间	有一定影响，但还有部分水鸟可以栖息
饵料丰富度与可获得性	适宜饵料的丰富度及可获得性	鸟类迁徙期、活动高峰期饵料丰富度及可获得性变化	饵料丰富度高	影响小
			饵料丰富度低	影响大
			饵料可获得性高	影响小
			饵料可获得性低	影响较大
风电场及周边人类活动	人类活动类型及强度	人类活动强度	强度大	影响大
			强度中等	影响中等
			强度小	影响小

表 6-7　海上风电场的鸟类影响控制阈值及等级

主要指标	关键参数	控制阈值	影响等级及特征		
鸟机相撞导致鸟类受伤或者死亡的风险	鸟机撞击概率	0.01%～0.1%	一级	＞0.1%	影响非常大，可能导致鸟类的大量死亡
			二级	0.01%～0.1%	影响中等，有一定数量的鸟类受伤或死亡
			三级	＜0.01%	影响较小，偶尔有鸟类受伤或死亡
鸟类空间分布与行为特征	风电场及邻近区域鸟类分布比例下降	10%～50%	一级	＞50%	影响非常大，导致区域鸟类数量显著下降
			二级	10%～50%	影响较大，区域鸟类数量有明显下降
			三级	＜10%	有一定影响，但在可接受范围内

6.8　风险影响评价

海上风电场在建设期和营运期均存在发生突发环境事故的可能，主要包括项目海域内通航环境风险，船舶碰撞溢油风险，雷电、台风等自然灾害风险、长时期冲刷造成电缆和海床之间形成淘空的风险和海底线缆突发事故风险等。

6.8.1 海上风电场环境风险事故及危害

6.8.1.1 船舶溢油环境风险

沿海近岸海上风电场所在海域，不可避免地承担着一定量的航运功能，因此在风电场周围分布航道的可能性很大。当风电场施工时，若处理不当，有可能发生施工船舶与航道内航行船舶碰撞的风险。此外，风电场建成后，在大雾和强降雨天气或海况恶劣的条件下，也存在船舶迷航，误入风电场与风力发电机组发生碰撞的可能。当这些风险发生时，有可能产生溢油事故，污染局部海域，对海洋生物和渔业资源造成很大影响。

1. 对浮游生物的影响

溢油事件发生后，油膜会破坏浮游植物细胞，损坏叶绿素及干扰气体交换，从而妨碍他们的光合作用。破坏程度取决于油类物质的类型、浓度及浮游植物的种类。根据国内外毒性实验结果，作为鱼、虾类饵料基础的浮游植物，对各种油类的耐受能力都很低。海洋浮游植物石油急性中毒致死浓度为 0.1～10mg/L，一般为 1mg/L。对于更敏感的种类，油浓度低于 0.1mg/L 时，也会妨碍细胞的分裂和生长的速率。

2. 对浮游动物的影响

浮游动物石油急性中毒致死浓度范围一般为 0.1～15mg/L，Mironov 等曾将黑海某些桡足类、和枝角类暴露于 $0.1×10^{-6}$ 的石油海水中，当天浮游动物全部死亡。当石油含量降至 0.05ppm，小型拟哲水蚤（*Paracalanus sp.*）的半致死时间为 4 天，而胸刺镖蚤（*Centro Pages*）、鸟缘尖头蚤和长腹剑水蚤（*Oithona*）的半致死天数依次为 3 天、2 天和 1 天。另外，Mironov 对不同浓度桡足类幼体的影响实验表明，永久性（终生性）浮游动物幼体的敏感性大于阶段性（临时性）的底栖生物幼体，而它们各自的幼体的敏感性又大于成体。

3. 对底栖生物的影响

底栖生物随种类的不同而产生对石油浓度适应的差异，多数底栖生物石油急性中毒致死浓度范围在 2.0～15mg/L，其幼体的致死浓度范围更小些。软体动物双壳类能吸收水中含量很低的石油，如 0.01ppm 的石油则可能使牡蛎呈明显的油味，严重的油味可持续达半年之久。受石油污染的牡蛎会引起因纤毛鳃上皮细胞麻痹而破坏其摄食机制并进而死亡。海胆、寄居蟹、海盘车等底栖生物的耐油污性很差，即使海水中石油含量只有 0.01ppm，也可使其死亡。而 1‰浓度的乳化油即可使海胆在 1h 内死亡。某些底栖甲壳类动物幼体（无节幼虫）当海水中石油浓度在 0.01～0.1ppm 时，对藤壶幼体和蟹幼体有明显的毒效。据吴彰宽报导，胜利原油对对虾（*Penaeus Orientalis*）各发育阶段影响的最低浓度分别是受精卵 56mg/L、无节幼体 3.2mg/L、蚤状幼体 0.1mg/L、糠虾幼体 1.8mg/L、仔虾 5.6mg/L，其中蚤状幼体为最敏感的阶段。胜利原油对对虾幼体的 96h 半致死浓度为 11.1mg/L。

4. 石油污染对鱼类的影响

国内外许多的研究均表明高浓度的石油会使鱼卵、仔幼鱼短时间内中毒死亡，低浓度的长期亚急性毒性可干扰鱼类摄食和繁殖，且毒性随石油组分的不同而有差异。根据东海

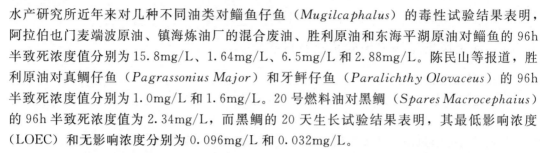

水产研究所近年来对几种不同油类对鲻鱼仔鱼（*Mugilcaphalus*）的毒性试验结果表明，阿拉伯也门麦端波原油、镇海炼油厂的混合废油、胜利原油和东海平湖原油对鲻鱼的 96h 半致死浓度值分别为 15.8mg/L、1.64mg/L、6.5mg/L 和 2.88mg/L。陈民山等报道，胜利原油对真鲷仔鱼（*Pagrassonius Major*）和牙鲆仔鱼（*Paralichthy Olovaceus*）的 96h 半致死浓度值分别为 1.0mg/L 和 1.6mg/L。20 号燃料油对黑鲷（*Spares Macrocephaius*）的 96h 半致死浓度值为 2.34mg/L，而黑鲷的 20 天生长试验结果表明，其最低影响浓度（LOEC）和无影响浓度分别为 0.096mg/L 和 0.032mg/L。

5. 石油对水产动、植物的影响

海洋中一旦发生油污染，扩散的油分子会迅速随风及水的流动而扩散，水产动物、植物一旦与其接触，即会在短时间内发生油臭，从而影响食用价值。以 20 号燃料油为例，当油浓度为 0.004mg/L 时，5 天就能使对虾产生油味，14 天和 21 天分别使文蛤和葛氏长臂虾产生异味。

综上所述，溢油事故一旦发生将对海洋生态系统造成极大的影响。回顾溢油事故实际案例，1999 年珠江口水域发生了"3.24 特大溢油事故"，事故溢油量超过 500t，事故发生当年事故海域的海洋生态系统变化显著，直到事故第二年生态系统才开始逐步恢复，次年的鱼类资源和捕捞量损失约 40%，此后的三四年渔业资源和捕捞量仍明显劣于事故前，直到事故后 7 年渔业资源方恢复到原有水平。可见溢油事故对海洋生态系统、渔业资源的影响是显著的、长期的。

6.8.1.2　自然灾害风险

风电场易受的自然灾害风险来自雷击和台风袭击。

1. 雷击风险

空中的尘埃、冰晶等物质在大气运动中剧烈摩擦生电以及云块切割磁力线，在云层上、下层分别形成了带正、负电荷的带电中心，运动过程中当异性带电中心之间的空气被其强大的电场击穿时，就形成放电。对风电场运行带来危害的主要是云地放电，带负电荷的云层向下靠近地面时，地面的凸出物、金属等会被感应出正电荷，随着电场的逐步增强，雷云向下形成下行先导，地面的物体形成向上闪流，云和大地之间的电位差达到一定程度时，即发生猛烈对地放电。

雷电一般具有：冲击电流大；持续时间短；雷电流变化梯度大和冲击电压高等特点。通常雷击有 3 种形式，即直击雷、感应雷、球形雷。

风力发电机组设备遭受雷击受损通常有以下情况：

（1）风力发电机组直接遭受雷击而损坏，主要指叶片件遭感应雷和球形雷破坏叶尖甚至整个叶片。

（2）雷电脉冲沿与设备相连的信号线、电源线或其他金属管线侵入使设备受损。

（3）设备接地体在雷击时产生瞬间高电位形成地电位"反击"而损坏。

（4）设备安装的方法或安装位置不当，受雷电在空间分布的电场、磁场影响而损坏。

2. 台风风险

台风是强烈的热带气旋，是发生在热带海洋上的中心附近最大风力达到 12 级以上的暖性低压强烈天气系统。台风蕴涵的巨大自然能量将给风力发电机组造成破坏，其破坏机理主要是对设备结构施加静载荷和动载荷叠加效应。

台风对风电场的可能造成的损害包括以下方面：

（1）台风夹带的细小砂砾造成破坏叶片表面，轻则影响叶片气动性能，产生噪声，严重的将破坏叶片表面强韧性由此降低叶片整体强度。

（2）台风带来的狂风暴雨对输电线路的破坏。

（3）台风破坏测风装置，使风力发电机组不能正确偏航避风，设备不能降低受风面积，超过设计载荷极限，使设备遭到破坏。

（4）台风施加在设备上的静力效应和动力效应共同作用下不断施加疲劳载荷，最后达到或者超过叶片和塔架的设计载荷极限，导致引起部件机械磨损，缩短风力发电机组的寿命，严重的使叶片损坏及塔架倾覆。

6.8.1.3 海底电缆及风力发电机组基础泥沙冲刷淘空风险

受长期泥沙冲刷的影响，风电场海底电缆和海床之间有形成淘空的可能。对于淘空风险，可通过海底电缆所在海域的冲淤情况判断。若冲刷大于淤积，那么需对处于该海域的电缆进行有效防冲刷保护。

我国部分海域可遭受风暴潮的影响，风暴潮带来的强劲潮流和风能共同作用也可能造成海缆及基础处的局部冲刷，威胁基础稳定和海缆安全。为避免海缆淘空风险，可在基础承载设计中预留必要的冲刷余量，并在必要时采取基础抛石回填等措施。

6.8.2 船舶溢油事故风险预测

6.8.2.1 油品的风险特征

1. 油品的特性

船舶动力燃油一般使用柴油和汽油。柴油和汽油作为石油化工产品，主要是由烃类组成的复杂液态混合物，同时还含有少量的氧、氮、硫等其他化合物。

其主要特征如下：

（1）易燃性。汽油和柴油等燃料油闪点低，且闪点与燃点相接近。

（2）易爆性。汽油和柴油等燃料油，需点燃的温度和能量较低，在一定的混合气体爆炸浓度范围内，很容易发生爆炸。

（3）易积聚静电荷。汽油和柴油等燃料油电导率较低，即电阻率较高，为静电非导体，很容易积聚电荷，而且不易消散。

（4）易蒸发、易扩散、易流消性。主要成分为烃类分子，很容易蒸发、扩散；油气易沿地面流散，液体易沿地面或水面流消。

（5）易沸溢性。汽油和柴油等燃料油着火燃烧时，可能发生沸腾突溢，向容器外溅。

（6）易受热膨胀性。汽油和柴油等燃料油受热后，温度升高体积膨胀，易造成容器和管件损坏；温度降低，体积收缩，容器内出现负压，会引起容器变形损坏。

（7）毒性。汽油和柴油等燃料油的毒性是溶解芳烃的函数。燃料油中的 C10～C17 芳烃比原油高很多，其毒性比原油大。

2. 油品在水体中的变化过程

油品进入水体后，受风、流、潮、光照、气温、水温和生物活动等因素的影响，在数

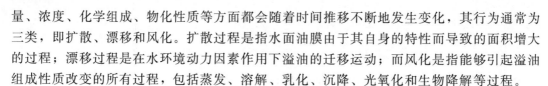

量、浓度、化学组成、物化性质等方面都会随着时间推移不断地发生变化，其行为通常为三类，即扩散、漂移和风化。扩散过程是指水面油膜由于其自身的特性而导致的面积增大的过程；漂移过程是在水环境动力因素作用下溢油的迁移运动；而风化是指能够引起溢油组成性质改变的所有过程，包括蒸发、溶解、乳化、沉降、光氧化和生物降解等过程。

6.8.2.2　溢油预测模式

海上风电场溢油事故风险评价的深度依据风险评价等级确定。一级评价应对溢油事故影响进行定量预测，说明影响范围和程度，提出防范、减缓和应急措施。二级评价可进行风险识别、源项分析，对溢油事故影响进行简要分析，提出防范、减缓和应急措施。

目前，溢油事故影响的定量预测通常采用"油粒子"模型，该模型可以很好地模拟油膜进入水体后的扩展、漂移、扩散和风化等物理化学过程；另外，"油粒子"模型是基于拉格朗日体系的，其具有高稳定性和高效率等特点。"油粒子"模型就是把溢油离散为大量的油粒子，每个油粒子代表一定的油量，油膜就是由这些大量的油粒子所组成的"云团"。首先计算各个油粒子的位置变化、组分变化、含水率变化，然后统计各网格上的油粒子数和各组分含量，可以模拟出油膜的浓度时空分布和组分变化。

GB/T 19485—2014 中推荐的"油粒子"模型如下：

（1）漂移。粒子方法将运动过程分为两个主要部分，即平流过程和扩散过程。宜采用确定性方法模拟溢油的输移过程。单个粒子在 Δt 时段内由平流过程引起的位移可表达为

$$\overline{\Delta S_i} = (\overline{U_i} + \overline{U_{ui}})\Delta t$$

式中　$\overline{\Delta S_i}$——第 i 粒子的位置；

　　　$\overline{U_i}$——质点初始位置处的平流速度；

　　　$\overline{U_{ui}}$——风应力直接作用在油膜上的风导输移。

（2）水平扩散过程。宜采用随机走步方法来模拟湍流扩散过程。随机扩散过程可以描述为

$$\overline{\Delta \alpha_i} = R k_a \Delta t$$

式中　$\overline{\Delta \alpha_i}$——$\alpha$ 方向上的湍流扩散距离（α 代表 x、y 坐标）；

　　　R——$[-1, 1]$ 之间的均匀分布随机数；

　　　k_a——α 方向上的湍流扩散系数；

　　　Δt——时间步长。

因此，单个粒子在 Δt 时段内的位移可表示为

$$\overline{\Delta \gamma_i} = (\overline{U_i} + \overline{U_{ui}})\Delta t + \overline{\Delta \alpha_i}$$

6.8.2.3　预测内容及技术要求

1. 源项分析

源项分析的目的是确定船舶溢油最大可信事故的概率及泄漏量。

（1）船舶溢油事故统计分析。对海上风电场所在区域内历年发生的船舶溢油事故的事故地点、事故类型、事故原因、污染种类及数量分布规律、损失情况进行统计和分析，统计时间段原则上不少于 10 年，收集典型事故案例资料并进行事故分析。统计船舶溢油事故的泄漏量区间及其相对应的发生频率，用于分析海上风电场施工期和营运期可能发生的溢油事故概率。

（2）最大可信事故。最大可信事故指在所有预测的概率不为0的事故中，对环境（或健康）危害最严重的重大事故。最大可信事故概率的确定方法有事件树、事故树分析法或类比法，实际环境风险评价中多用类比法确定事故发生概率。风险概率预测采用风险概率指数 P 作为风险评价指标，以表示一定规模的船舶污染事故在某段历史时期内的分布规律情况。它根据对以往统计数字和历史资料的公式计算和量化处理，衡量评估特定区域下的船舶污染事故风险程度。也可以通过与历史统计数据类比得出船舶污染事故概率。

1）类比法一。在对风险概率指数 P 进行计算前，首先引入两个因素指标：货油溢油指数 O 和燃油溢油指数 F。

对于海上风电场区域及周边海域存在有单独从事石油装卸和运输作业的港口、码头、航道和装卸站的情况，应用货油溢油指数 O 来表征风险概率；对于海上风电场及周边海域没有油类装卸和运输的港口、码头、航道和装卸站的情况，则可用燃油溢油指数表征风险概率；对于既有油类作业也有其他货物作业的港口、码头、航道和装卸站的情况，则应分别考虑货油溢油指数与燃油溢油指数，两者之和为总的风险概率。

货油溢油指数 O：首先计算某区域货油溢油量在该区域石油吞吐量的比值，根据计算数据和实际的需要，对该地区的货油溢油事故风险大小划定特定区间范围，并用整数1~5表示对应的风险等级，该整数数值即为货油溢油指数（O）。表示方式见表6-8。

表6-8　货油溢油指数 O 一览表

货油溢油指数 O	说　明	$\sum$货油溢油量/$\sum$港口石油吞吐量
1	极小	
2	小	
3	中	
4	大	
5	极大	

注：1. $\sum$货油溢油量：仅统计因货油泄漏造成污染事故的船舶溢油总量。

2. $\sum$港口石油吞吐量（亿t）=$\sum$港口石油货物进出口数。

燃油溢油指数 F：首先计算某区域燃油溢油事故数在该区域船舶总艘次数中的比值，根据计算数据和实际的需要，对该地区的船舶燃油溢油事故风险大小划定特定区间范围，并用整数1~5表示对应的风险等级，该整数数值即为燃油溢油指数 F，见表6-9。

表6-9　燃油溢油指数 F 一览表

燃油溢油指数 F	说　明	$\sum$燃油溢油事故数/$\sum$进出船舶艘次
1	极小	
2	小	
3	中	
4	大	
5	极大	

注：1. $\sum$燃油溢油事故数：仅统计因燃油泄漏造成污染的溢油事故件数。

2. $\sum$进出船舶艘次：某段时间内进出港口的船舶艘次总数。

在计算得出该地区的货油溢油指数 O 和燃油溢油指数 F 后，综合考量两种事故在总溢油事故中的权重，得出风险概率指数 P 计算为

$$P = aO + bF$$

式中　　a、b——货油溢油事故和燃油溢油事故在溢油事故中的比例权重。

2）类比法二。根据海上风电场所在海域近年的船舶污染事故统计资料进行类比分析，需要收集的历史数据应尽可能多，原则上不少于 10 年，对不同类型船舶污染事故原因、地点、污染物泄漏量进行分类统计。根据海上风电场的施工船舶艘次和风电场所在海域船舶交通量情况，对操作性船舶污染事故和海难性船舶污染事故的燃油、货油泄漏发生概率进行类比预测。

（3）泄漏量确定。溢油源强可参考《船舶污染海洋环境风险评价技术规范》中的方法确定。船舶溢油量可根据海上风电场施工船舶及所在海域交通运输船舶的主要船型、吨位和实载率进行预测。

1）货油载油量＝邮轮载重吨×实载率，邮轮货油实载率可参考油码头设计文件，一般在 85%～95% 之间。

2）燃油载油量＝燃油舱最大载油量×实载率，非油轮船舶燃油最大携带量也可用船舶总吨推算，根据船型的不同，一般取船舶总吨的 8%～12%，燃油实载率主要与航线有关，需通过调查得到。

3）根据主力船型的载油量，按一个左右油舱或燃油舱的油全漏完预测最可能发生的溢油量。

4）根据最大船型的载油量，按一个左右油舱或燃油舱的油全漏完预测最可能发生的最大溢油量。

5）根据最大船型的载油量，按所载货油或燃油全部漏完预测最坏情况下的溢油量。

2. 溢油影响预测

溢油影响预测应用"油粒子"模型等定量预测模式，对海上风电场发生突发性溢油污染事故所造成的环境影响和损害程度进行预测，预测中应注意以下技术要点：

（1）溢油事故地点选择。根据海上风电场的施工活动情况、与周边航道、港口、码头等的位置关系以及所在区域事故统计与分析结果等，选择事故多发区作为预测模拟的事故地点。

（2）风向风速。气象资料应统计海上风电场所在区域最近 10 年以上的历史数据，并给出风玫瑰图，分析评价项目所在区域的主导风向、年平均风速，冬季和夏季的主导风向、风速，以及对主要敏感目标最不利的风向、风速。

（3）潮流。应分别选择涨潮、落潮两种情景。根据事故点与周边海洋功能区的位置关系，可选择涨急、落急、涨憩、落憩等特征时刻作为溢油的起始时刻。

（4）预测方法。采用随机模拟统计法或典型情景模拟法预测分析溢油在水面上和水体中的可能扩散范围和危害程度。随机模拟统计法需对每个泄漏地点进行多次随机情景组合（应不少于 300 次）的漂移扩散轨迹模拟，每次事故情景发生时间不确定，随机选取过去几年的任一时刻（应不少于 3 年），风向、风速为历史监测数据，流场数据取自海洋动力模拟结果。每一次事故模拟均计算并记录各个网格的污染物漂移经过时间、油膜厚度、污

染物浓度等数据，最后进行统计，得到对附近区域，特别是对敏感目标的污染概率、最快影响时间、油膜厚度、污染物浓度、持续影响时间等污染程度信息。典型情景模拟法具体参数可参照表 6-10。

表 6-10　典型溢油事故情景模拟参数

泄漏位置	泄漏规模	典型风向	风速	溢油时刻
事故多发地点	操作性事故泄漏量	冬季主导风向	冬季主导风平均风速	涨潮
				落潮
		夏季主导风向	夏季主导风平均风速	涨潮
				落潮
	海难性事故泄漏量	不利风向	年平均风速和最大风速	涨潮
				落潮

（5）预测结果。应采用图表方式给出油膜逐时刻（至少 72h）的漂移位置、扩展面积、扫海面积、残油量、厚度分布等，图示溢油事故油膜漂移轨迹（至少 72h），统计分析油膜对敏感保护目标和岸线的影响时间、污染面积或长度。

6.9　其他环境影响

6.9.1　声环境影响

6.9.1.1　施工期噪声影响

海上风电场施工期可能造成水下噪声污染的环节包括施工期打桩、船舶运输噪声。噪声影响主要分水面和水下，水面噪声可按点声源衰减公式计算桩基施工噪声值及影响距离。

水下声环境是声音与水动力活动的综合体，水下噪声影响程度主要取决于噪声频率、声音压力、声音间隔、声音扩散场及消音效应和距声源距离等。水下声环境敏感目标主要为水中的鱼类和海洋哺乳动物。鱼类及海洋哺乳动物经过长时期的演变，形成了一套水动态－声音感知系统，使其感知不可识别的扰动和水下声音的格局以进行捕食、躲避掠食动物或躲开障碍物。鱼类水下感声器官为侧线、鳔及内耳，研究表明声音压力的高低变化会使鳔发生收缩或膨胀变化，超过一定压力便可使鳔胀破，此外肝、肾等器官也可能受水下噪声影响而发生损伤。长期暴露于噪声等应激状态下会导致生物体处于一种异平衡负荷，生物体适应异平衡付出的代价是造成能量的消耗，进而造成机体各项机能的下降。

图 6-20 给出了几种常见的水下噪声污染源及其源强。由图 6-20 可以看出，海上活动产生的水下噪声，频带基本位于 8～10000Hz。施工作业一般为 70Hz 左右，声压级约为 140dB/re 1μPa；海上的船舶噪声一般在 100～1000Hz，声压级约为 160～200dB/re 1μPa。

风电场施工噪声对渔业资源具有一定的影响，风力发电机组基础打桩作业对渔业资源的影响主要体现在对鱼类的驱赶作用。试验和研究证明，当水域声压值大于鱼类能感受的阈值时，鱼类会逃离该水域，而仅当鱼类长时间、连续性暴露在远高于鱼类能感受的阈值

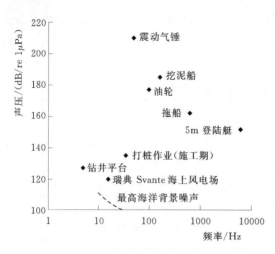

图 6-20　水下噪声源强

声压条件下，噪声才会对鱼类身体器官造成影响，并出现鱼类昏迷和死亡的现象。

6.9.1.2　营运期噪声影响

营运期海上风电场产生的噪声影响主要是低频噪声对海洋哺乳类、鱼类以及迁飞鸟类的影响，其影响在前节已有阐述，但这种影响并非是单方面的不利影响。荷兰一项最新研究表明，如果选址合理，海上风电场对海洋生物不仅负面影响甚微，而且有利于生物多样性。荷兰瓦赫宁根大学的汉·林德博姆教授利用两年时间，对在荷兰北海海上风电场区域生活的鸟类、鱼类和海洋哺乳动物进行了调查研究。林德博姆发表的研究报告显示，建立风电场后，有关海域的生物种类增加了 37 种。增加的原因是：风电场给鱼类和海洋哺乳动物提供了一个休息区，甚至是避难所。

因此，对于海上风电场营运期的噪声影响还需要大量的实验和数据进行积累、判断和分析。

6.9.2　电磁辐射环境影响

海上风电场变电设备与输电线路产生的工频电、磁场与陆上风电场大致相同，但由于输变电线路位于海中，埋于海底，工频电、磁场的衰减方式与陆上稍有区别。陆上电缆电磁场传播介质为土壤或空气，海底电缆电磁场传播介质为海水，海洋沉积物对海底电缆产生的电磁场有一定的屏蔽作用。此外，海上风电场海底电缆一般采用绝缘海缆，电缆外层包裹有金属屏蔽层和铠装层，可以有效地屏蔽电缆带电芯线在周围所产生的电场。

利物浦大学曾对风力发电机组输电线缆产生的磁场进行了测量分析。他们测定了一个各芯电流强度为 350A、置于三层媒介中三芯电缆的磁感应强度，用以分析改变传导介质与磁场衰减的关系。他们的研究表明，掩埋电缆能高效地降低磁场峰值。对于埋设于浅水区的海底电缆，电磁波在海水中传播的能量衰减速率较空气环境中更大。其原因是电磁波在海水中传播时激起的传导电流，致使电磁波的能量急剧衰减，频率愈高，衰减愈快。根据电磁学麦克斯韦方程组，兆赫级以上的电磁波在海水中的穿透深度 D（电磁波的振幅衰减为原来的 $1/e$ 时的传播距离，称为穿透深度 D）小于 25cm，因此海水对交流海底电缆产生的 0.5MHz 磁场的屏蔽作用较空气中更强，浅水区下电缆输电释放的磁场能量会迅速衰减。

6.9.3　景观环境影响

海上风电场风力发电机组以阵列式排列，体量较大。风力发电机组群矗立在工程海域会使周边视觉景观发生改变。不同观察者对事物的形式、线条、颜色和构造特征的认识与喜好不尽相同，因此同一事物在不同观察者眼中可能产生截然不同的视觉影响。

视觉环境的影响范围根据地形条件、气候条件不同而不同。风电场位于开阔的海面，在晴朗的天气条件下，可视距离可达 25km 甚至更远。

　　风电场的景观影响取决于周围海域的功能。若附近海域有跨海大桥、海上航线、娱乐游泳区，那么其在一定程度上影响行人、游客的视觉。

　　对于行驶在桥上的车辆驾乘人员来讲，长时间驾驶易产生视觉疲劳，精力容易分散。风力发电机组群这一独有的风景可以为驾驶人员提供醒目的视觉参照物，能在一定程度上缓解驾乘人员的视觉疲劳，对其具有积极的视觉影响。但另一方面，大量风力发电机组叶片无规律的旋转，特别是在阳光下，若叶片反光将会对驾驶视线造成干扰。

　　对于游客来说，风力发电机组群将形成一道独特的现代人文景观。从景观要素中的自然度、鲜明度和协调性来看，风电场以广阔的海洋为背景，高耸矗立的风力发电机组具有较强的鲜明度和可识别性，可以成为一道引人注目的风景线。

　　对于航行的船舶来讲，风力发电机组群对船只上的船员在视觉上可形成一种警示作用。

第7章　近海风电场环境影响评价案例分析

本书以一个成熟的海上风电场为例，详细介绍应如何对近海风电场环境影响进行评价。

7.1　总　　论

7.1.1　评价任务由来与评价依据

该地区位于东亚季风盛行区，受冬夏季风影响，风力资源较为丰富。根据当地气象部门的统计，郊区城镇地区气象站平均风速在 3.6～4.0m/s；在水陆交界处的沿海滩涂地区，空旷平坦的陆面 10m 高空平均风速约为 4.5～5.5m/s，在距岸 25km 的外海地区 10m 高空平均风速为 6.4～7.0m/s。根据境内多座测风塔实测资料统计和风速推算，该地区沿海岸线 5km 范围内的近岸区域，70m 高度风速约为 7.1～7.8m/s；5km 以外的近海区域风速可达 7.8～8.0m/s，介于风能较丰富区和丰富区，具有经济开发价值。

为充分利用当地风资源，扩大风力发电规模，改善电源结构，也为了促进我国海上风电的开发建设，探索和积累海上风电建设经验，该地区拟建设海上风电场。

根据《中华人民共和国环境保护法》《中华人民共和国海洋环境保护法》《中华人民共和国环境影响评价法》《防治海洋工程建设项目污染损害海洋环境管理条例》和《建设项目环境保护管理条例》等的规定，凡新建、改建、扩建对环境有影响的工程项目必须进行环境影响评价，编制环境影响报告书，以阐明项目所在地环境质量现状及工程项目施工期和营运期的环境影响。受当地电力局委托，当地某环评机构承担了该海上风电场项目环境影响报告书的编制工作，编制完成环境影响评价大纲并组织专家对该环评大纲进行咨询，在专家咨询意见的基础上编制环境影响报告书。该海上风电场工程设计运行期 25 年，本次评价仅包括施工期及营运期的环境影响评价，对拆除工程的环境影响在拆除前另行编制环境影响报告书。

环评工作在设计方案拟定初期已介入，将对环境的考虑充分融入到方案设计中。对工程设计报告中提出的各装机容量和布置方案的环境可行性进行了分析比较。同时环评过程与该地区风力发电规划环境影响评价相结合，以规划环评的结论和建议为基础，将风电项目开发对环境的影响在项目层面上进行深入的分析和评价。在报告书的编制过程中，尽可能收集与项目有关的资料和文献报告，在全面了解工程的建设性质、规模以及区域海域环境质量现状的基础上，按照国家有关规范完成报告书的编制工作。

环评工作的评价目的如下：

（1）对评价区域环境现状进行系统调查，了解工程海域的环境特点，包括环境质量现状、目前存在的主要环境问题、工程范围内的环境敏感点等。

（2）通过工程分析确定本工程的主要环境影响因子及其污染源强，进而对可能产生的主要环境问题进行科学的分析和预测。

（3）针对工程可能带来的主要环境问题，提出切实可行的污染防治方案和环境保护措施，确保污染物达标排放，将工程建设引起的环境影响减小到最低限度。

（4）提出本工程环境管理的要求和建议，实现环境、经济和社会效益的高度统一以及社会经济可持续发展的目标，同时为建设单位实施环境保护措施和环境管理部门监督管理提供依据。

7.1.2 编制依据

法律法规、规章及规范性文件同第 2.4.4 小节。其他依据见表 7-1。

表 7-1 其他依据

序号	文 件 名 称
1	关于委托开展该地海上风电场工程环境影响评价工作的函
2	该地海上风电场工程可行性研究报告
3	该地海上风电场工程海底电缆路由桌面研究报告
4	该地海上风电场台风灾害性论证报告
5	该地海上风电场工程对通航环境影响的安全评估
6	该地风能资源评价报告
7	该地海域海底电缆、管道普查报告
8	该地 10 万 kW 及以上风电场选址报告

7.1.3 环境影响评价执行标准

7.1.3.1 环境质量标准

1. 海水水质

根据该地及周边近岸海域环境功能区划，评价区域内海水水质执行 GB 3097—1998 二类标准和 GB 11607—1987。

2. 海洋沉积物

沉积物执行 GB 18668—2002 第一类标准。

3. 生物质量

海洋生物质量执行 GB 18421—2001 第一类标准。

4. 空气环境

执行 GB 3095—1996 二级标准及修改单的要求（开展环评工作时，GB 3095—2012 尚未颁布）。

5. 声环境

根据环境功能区划，评价区域内分别执行 GB 3096—1993 1~4 类标准。

6. 电磁辐射

参照 HJ/T 24—1998 的推荐值，以 4kV/m 作为工频电场评价标准；以国际辐射保护协会关于对公众全天辐射时的工频限值 0.1mT 作为磁感应强度的评价标准〔注：开展环评工作时，《电磁环境控制限值》（GB 8702—2014）尚未颁布〕。

7.1.3.2　污染物排放标准

1. 污水

（1）海洋捕捞区禁止排污。

（2）其他海域执行该地污水综合排放标准中二级标准。

（3）船舶污水执行 GB 3552—1983。

2. 大气

执行 GB 16297—1996 二级标准。

3. 噪声

施工期执行 GB 12523—1990。营运期执行 GB 12348—1990 Ⅱ 类标准（开展环评工作时，GB 12523—2011 和 GB 12348—2008 尚未颁布）。

4. 固废

船舶固废执行 GB 3552—1983。

7.1.4　环境保护目标

1. 功能区保护目标

（1）生态环境。工程区域海洋生态环境（包括渔业资源）不因工程建设而发生明显恶化。工程区域周围鸟种类和水生生物群落结构等不因工程建设而发生明显变化。

（2）水环境。项目实施后工程海域水质保持二类水质标准要求。

（3）海洋沉积物。项目实施后工程海域沉积物保持一类质量类别。

2. 敏感点保护目标

工程建设涉及的环境敏感目标见表 7-2、表 7-3。

表 7-2　工程区域附近海洋环境敏感目标（一）

名　　称	分　项	距　离	方　位
桥梁和航道	—	1km	西侧

表 7-3　工程区域附近海洋环境敏感目标（二）

名　　称		总长/km	铺设方式	埋深/cm	外径/cm	位置关系
海底线缆	通信光缆	614	埋设	150	5.5	交越
	海底光缆 1	1517	埋设	300/150	3.84/4.88	交越
	海底光缆 2					
	海底光缆 3	1265	埋设	150	3.1~5.15	西侧最近 480m
	海底电缆 1	59	敷设	—	6.5	交越
	通信电缆	39.2	埋设	—	—	较远
	海底输气管道 1	375	埋设	200	35.566	较远
	海底输气管道 2	35.6	—	—	—	东北最近 200m
	海底管道	50.23	—	—	—	较远
渔业资源	日本鳗鲡洄游通道	位于日本鳗鲡洄游通道				
	中华绒螯蟹幼体洄游通道	位于中华绒螯蟹幼体洄游通道南缘				

7.1.5 评价等级和评价范围

1. 评价等级

根据 GB/T 19485—2014 中评价等级判定标准，该地海上风电场工程的风力发电机组工程属海洋能源开发利用工程，为大型规模，用海面积约 428.20 万 m^2，所在海域为近岸海域，生态环境较为敏感，因此水文动力环境、水质环境、沉积物环境、生态环境的评价等级均为 1 级，地形地貌与冲淤环境的评价等级为 2 级；海底电缆工程电缆总长度约 74.15km，所在海域为近岸海域，生态环境较为敏感，因此水质环境、生态环境和海洋地形地貌与冲淤环境的评价等级均为 1 级，沉积物环境评价等级为 2 级。各单项评价等级见表 7-4。

表 7-4 工程评价工作等级

序号	工 程 内 容	海洋环境影响评价内容				
		水文动力环境	水质环境	沉积物环境	生态环境	海洋地形地貌与冲淤环境
1	风力发电机组工程	1	1	1	1	2
2	海底电缆工程	—	1	2	1	1
	总体评价等级	1	1	1	1	1

2. 评价范围

(1) 海域。工程海域环境影响评价范围为：风电场场址周围、电缆所在向外延伸 15km 所包含的海域，包括工程海域附近可能受到影响的环境敏感区。

(2) 陆域。空气和声环境影响评价范围为：风电场变电站场址周围 200m 区域内、工程征地周围 200m 区域内，以及其他可能受到影响的环境敏感点（区）。

7.1.6 评价重点

根据工程特点和周围海洋环境状况，工程环境评价重点如下：

(1) 施工期。①对工程海域海水水质环境的影响；②对工程海域生态环境、渔业资源和渔业生产的影响；③对工程海域沉积物环境的影响；④对鸟类及其栖息地的影响。

(2) 营运期。①对工程海域水文动力、海洋地形地貌与冲淤环境的影响；②对海洋生态环境和渔业生产的影响；③对鸟类及其栖息地的影响；④船舶碰撞溢油对海洋水质、海洋生态的风险影响。

7.2 工 程 介 绍

7.2.1 工程概况

该地区位于我国华东地区，该海上风电场工程总装机容量 100MW，预计年上网电量约 2.6 亿 kWh。风电场最北端距离陆域岸线 8km，最南端距陆域岸线 13km。风电场通过

35kV 海底电缆接入岸上 110kV 升压变电站，接入当地电网。

7.2.2　建设方案概述

7.2.2.1　工艺说明

海上风电场主要由风力发电机组、风电场电气接线和升压变电站 3 部分组成。

风力发电机组的叶片在风力带动下将风能转变为机械能，在齿轮箱和发电机作用下机械能转变为电能。发电机出口电流经过风力发电机组自带的升压变压器升压至 35kV 等级后接入岸上 110kV 升压站，经由两回 110kV 线路接入附近 220kV 变电站升压纳入当地电网。项目工艺流程见图 7-1。

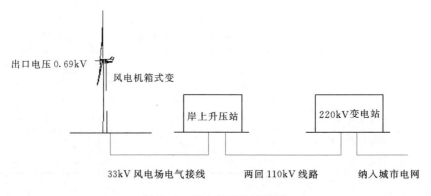

图 7-1　风电场工艺流程图

7.2.2.2　工程规模、等别与标准

工程总装机容量为 100MW，工程等别为三等，主要建筑物级别为 3 级。海上风力发电机组属一般的高耸结构，其安全等级为二级。风电场陆上配套建筑物结构安全等级为二级。

7.2.2.3　风力发电机组

1. 风力发电机组机型

根据场址风速条件，风力发电机组要求安全等级为 IEC Ⅰ，结构型式采用水平轴、上风向式、三叶片风力发电机组机型。风力发电机组功率调节方式选择变速变桨机型。

风力发电机组设备特性见表 7-5。

表 7-5　风力发电机组设备特性表

项　目	建设方案	项　目	建设方案
额定容量/MW	3	叶片长度/m	44
功率调节方式	变速变桨	叶轮直径/m	91.3
预装轮毂高度/m	90	扫风面积/m²	6547
安全风速/(m·s⁻¹)	70	额定电压（发电机）/V	690
安全等级	IEC Ⅰ	频率/Hz	50
叶片数	3		

2. 风力发电机组结构

风力发电机组主要由机舱、塔架和塔基 3 部分组成。风力发电机组总结构见图 7-2。

图 7-2 风力发电机组结构示意图

（1）机舱。机舱作为风力发电机组核心部分安装有发电机、机舱控制器和箱式变压器。

（2）塔架。根据机舱重量和转轮直径要求，确定风力发电机组轮毂高度为 90m。

（3）基础。风力发电机组基础为多桩基础的结构。

（4）防腐设计。工程海上结构分为大气区、飞溅区和全浸区 3 个腐蚀区。

1）大气区的防腐蚀采用涂层保护。

2）飞溅区采用涂层保护。

3）全浸区的防腐采用阴极保护与涂层联合保护。

7.2.2.4 风力发电机组布置

风力发电机组考虑平行于岸线 5 排布置，风力发电机组南北向间距考虑工程施工船舶进场、抛锚等要求，取 1000m；风力发电机组东西向间距取 500m，每排风力发电机组 7～9 台。

7.2.2.5 基础靠船及防撞设计

风力发电机组基础靠泊结构采用靠船设施与风力发电机组基础分离的分离式结构。

7.3 工 程 分 析

7.3.1 产业政策符合性分析

项目为海上风电场工程，装机容量达到 100MW。工程建设代表了国家开发清洁能源的发展方向，符合国家《可再生能源产业发展指导目录》促进我国可再生能源产业的发展的产业政策。同时也符合《国家风力发电中长期发展规划》在东南沿海建设海上风电项目

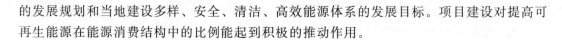

的发展规划和当地建设多样、安全、清洁、高效能源体系的发展目标。项目建设对提高可再生能源在能源消费结构中的比例能起到积极的推动作用。

7.3.2　选址及布置合理性分析

工程占用海域属于当地海洋功能区划中的海上风电场建设区，工程建设与海洋功能区划要求相符。

项目所在区域具有较丰富的风能资源，具备大规模开发条件。场址选择与海洋功能区划和岸线利用规划相容。总体来说该海上风电场选址具有较高合理性。风电场布置考虑风力发电机组之间的尾流影响，充分利用场址风力资源，同时其间距布置满足通行船舶安全要求。因此风电场布置具有较高的合理性。

7.3.3　各阶段环境影响分析

1. 施工期

本项目施工期主要环境影响为风力发电机组桩基施工和电缆沟开挖施工导致海底泥沙再悬浮引起水体浑浊，污染局部海水水质，影响局部沉积物环境，并由此可能对工程海域海洋生态环境（底栖生物和浮游动、植物）和渔业资源造成一定损害，海上施工作业也对工程海域渔业生产产生一定影响。同时，施工活动的侵扰会对临近的鸟类栖息地和觅食的鸟类产生一定影响。施工过程中产生的施工污废水、废气、扬尘、施工噪声和固体废弃物可能对工程区域环境质量造成一定污染。

此外，由于施工海域海底线缆众多，海上施工还可能对海底线缆和海域通航环境安全造成一定危害。

2. 营运期

项目为风力发电项目，风力发电机组在风力带动下将风能转变为机械能，在齿轮箱和发电机作用下将机械能转变为电能，生产过程中无废气、废水和灰渣等污染排放源，对环境的影响主要表现在：①风力发电机组墩柱对局部海底地形和潮流场的影响；②底流在钢管桩周围产生涡流，将海底泥沙搅动悬浮带走，对工程区域的冲淤情况的影响；③风力发电机组运转存在与邻近区域栖息、觅食鸟类和迁徙飞行鸟类发生碰撞的可能性；④风电场建设造成渔业生产海域面积减小，降低渔业捕捞量，对渔民生活产生一定影响；⑤风力发电机组对周围海域通航环境可能产生一定影响；⑥风力发电机组及陆上升压站运行噪声及电磁辐射对周围声环境和电磁辐射环境影响；⑦风力发电机组对所在海域景观环境质量的影响；⑧风电场陆域管理人员生活污水和生活垃圾排放对陆域环境质量的影响。

7.4　环境现状调查与评价

7.4.1　水文水动力环境

1. 潮汐水流条件

该项目海上风电场周边海域为强潮海区，枯水期实测涨潮垂线最大流速为 1.64～

1.78m/s，落潮垂线最大流速为 1.50～1.68m/s；大潮全潮平均流速为 0.88～1.14m/s，中潮为 0.78～1.02cm/s，小潮为 0.80～0.94cm/s。海域潮流呈往复流，涨潮流主要方向为 270°左右，落潮流方向为 100°左右。

2. 泥沙条件

工程区水体含沙量变化受上游江河来沙、当地潮流特征及风浪季节性变化 3 个因素制约。空间分布上，工程区域所在海域属高含沙量区，含沙量垂向分布总体上随深度增加而增加；大、中潮期间含沙量垂线变化梯度较小，小潮期含沙量垂线变化梯度大。

时间分布上，含沙量随年内季节变化和潮汐而相应变化，大、中、小潮比较，大潮含沙量最高，中潮含沙量居中，小潮含沙量则明显为低。

工程海区底沙粒径中径为 0.010～0.016mm，主要为泥土质粉砂。

7.4.2　地形地貌与冲淤环境

风电场海域邻近岸滩历史上经历了大幅冲蚀后退和东延、内坍的过程，19 世纪形成的岸线基本已是今日的形势。近年来海塘工程先后达标，整个海岸线已基本成为人工海岸，岸滩冲淤演变已被限制在海堤以外的海滩和水下斜坡范围。工程海域近岸 6km 范围内近年基本处于微冲状态；从历史资料看 6km 以外海床基本处于微淤状态，风电场工程区海床基本稳定。

7.4.3　环境质量调查评价

1. 站位布设和调查时间

为了较全面地了解该项目海上风电场附近海域及其电缆登陆点附近潮间带环境质量现状，评价进行了海水环境质量现状调查。

2005 年 11 月调查海域共布设水文气象站位 20 个、水质站位 20 个、沉积物站位 15 个、生物站位 15 个、潮间带断面 3 条、生物质量站 2 个。

同时引用 2005 年 3—4 月、2006 年当地附近的 13 个水文气象站位、34 个水质站位、27 个沉积物站位、29 个生物站位、47 条潮间带断面、2 个生物质量站的数据资料。

2. 海水水质调查结果与评价

（1）海水水质调查结果。表 7-6 给出了海水水质现状监测结果。

（2）海水水质评价结果。根据当地海洋功能区划，该海域主要为渔业捕捞区和工程用海区，评价采用二类海水水质标准。

表 7-6　海水水质现状调查结果统计表

项　目	2005 年 4 月			2005 年 11 月			2006 年 8 月		
	最大值	最小值	平均值	最大值	最小值	平均值	最大值	最小值	平均值
水色	20	19	—	20	15	—	19	10	—
透明度/m	0	0.1	0	0.5	0	0.2	1.0	0.1	0.4

续表

项　目	2005 年 4 月			2005 年 11 月			2006 年 8 月		
	最大值	最小值	平均值	最大值	最小值	平均值	最大值	最小值	平均值
水温/℃	11.31	9.88	10.16	20.89	19.10	19.88	30.48	23.30	26.84
盐度	24.230	17.494	20.874	18.996	10.621	14.373	24.625	10.700	19.854
悬浮物/(mg·L^{-1})	1693	294	772	2414	58	560	1632	38	257
pH 值	7.92	7.36	—	7.97	7.76	—	8.18	7.99	
DO/(mg·L^{-1})	10.24	9.58	—	8.18	7.58	—	7.52	5.40	6.57
COD$_{Mn}$/(mg·L^{-1})	1.06	0.54	0.78	1.88	0.04	1.15	1.66	0.31	0.72
磷酸盐/(mg·L^{-1})	0.0416	0.0244	0.0330	0.0434	0.0325	0.0381	0.0603	0.0305	0.0409
无机氮/(mg·L^{-1})	1.227	0.822	1.016	1.5187	0.8758	1.1838	1.338	0.525	0.861
硫化物/(μg·L^{-1})	*	*	*	1.31	*	0.89	6.72	*	1.63
油类/(μg·L^{-1})	44.9	15.8	28.3	142.6	31.6	58.2	94.2	39.3	55.9
总汞/(μg·L^{-1})	128.0	24.2	59.6	140.0	32.5	67.2	126.0	53.8	86.2
铜/(μg·L^{-1})	4.37	0.75	2.32	4.16	1.23	2.15	7.26	0.39	1.61
铅/(μg·L^{-1})	5.78	0.22	2.57	6.84	0.66	2.99	7.55	0.22	2.20
锌/(μg·L^{-1})	37.1	17.0	25.3	71.4	21.4	38.6	36.4	14.4	25.2
总铬/(μg·L^{-1})	0.91	0.16	0.39	0.53	0.28	0.39	0.55	0.30	0.44
镉/(μg·L^{-1})	0.096	0.022	0.058	0.254	0.060	0.116	0.112	0.030	0.060
砷/(μg·L^{-1})	1.39	1.09	1.22	1.87	1.74	1.81	2.42	1.60	1.93

注：＊表示未检出，作平均值统计时按其检出限的 1/2 计算。

1）2005 年 4 月海水水质评价。用二类海水水质标准评价，评价结果见表 7-7。不符合水质要求的因子主要为无机氮，各站位调查数据全部超二类海水水质标准。活性磷酸盐有个别站位超二类海水水质标准。无机氮和活性磷酸盐超标的主要原因是受上游江河径流携带的大量营养物质及沿岸陆源排污的影响。其他评价因子均符合二类海水水质标准。

2）2005 年 11 月海水水质评价。用二类海水水质标准评价，结果见表 7-8。不符合水质要求的因子主要有无机氮、活性磷酸盐，100％超二类海水水质标准；铅和油除了个别站位超二类海水水质标准外，其他各站位的其他评价因子均符合二类海水水质标准。

3）2006 年 8 月海水水质评价。用二类海水水质标准评价，结果见表 7-9。不符合水质要求的因子主要有无机氮和活性磷酸盐，100％超二类海水水质标准；汞、油和铅部分站位有超标现象。

表 7-7 2005 年 4 月各站位水质调查因子评价结果

序号	站位	评价标准	超标因子								总汞	
			无机氮		活性磷酸盐		铅		锌			
			评价结果	标准指数	评价结果	标准指数	评价结果	标准指数	评价结果	标准指数	评价结果	标准指数
1	L17	三类	劣四类	3.59	四类	2.08	—	—	—	—	—	—
2	L21	三类	劣四类	3.37	三类	1.63	—	—	—	—	—	—
3	L24	三类	劣四类	1.37	三类	1.92	—	—	—	—	—	—
4	L25	三类	劣四类	3.07	四类	2.31	—	—	—	—	—	—
5	L04	三类	劣四类	1.73		—	—	—	—	—	—	—
6	L06	三类	劣四类	1.75		—	—	—	—	—	—	—
7	L07	三类	劣四类	1.73		—	—	—	—	—	—	—
8	L16	三类	劣四类	1.95		—	—	—	—	—	—	—
9	L18	三类	劣四类	1.69	—	—	—	—	—	—	—	—
10	L19	三类	劣四类	2.04	—	—	—	—	—	—	—	—
11	L20	三类	劣四类	1.81	—	—	—	—	—	—	—	—
12	L22	三类	劣四类	1.50	—	—	—	—	—	—	—	—
13	L23	三类	劣四类	3.17	—	—	—	—	—	—	—	—

注: 1. 评价标准参照 GB 3097—1997。
2. "—" 表示该因子在此站位不超标。

表 7 - 8　2005 年 11 月各站位水质评价因子评价统计表

序号	站位	评价标准	无机氮		活性磷酸盐		超 标 因 子 锌		铅		汞		油		pH 值	
			评价结果	标准指数	评价结果	标准指数	评价结果	标准指数	评价结果	标准指数	评价结果	标准指数	评价结果	标准指数	评价结果	标准指数
1	FD01	二类	劣四类	4.30	四类	2.57	—	—	—	—	—	—	三类	1.98	—	—
2	FD02	二类	劣四类	4.02	四类	2.59	—	—	—	—	—	—	—	—	—	—
3	FD03	二类	劣四类	4.83	四类	2.74	—	—	—	—	—	—	—	—	—	—
4	FD04	二类	劣四类	4.29	四类	2.66	—	—	—	—	—	—	—	—	—	—
5	FD05	二类	劣四类	4.19	四类	2.50	—	—	—	—	—	—	—	—	—	—
6	FD16	二类	劣四类	4.40	四类	2.58	—	—	三类	1.04	—	—	三类	1.89	—	—
7	FD17	二类	劣四类	3.85	四类	2.55	—	—	—	—	—	—	三类	1.51	—	—
8	FD18	二类	劣四类	3.55	四类	2.63	—	—	—	—	—	—	—	—	—	—
9	FD19	二类	劣四类	4.45	四类	2.53	—	—	—	—	—	—	—	—	—	—
10	FD20	二类	劣四类	3.99	四类	2.61	—	—	三类	1.37	—	—	—	—	—	—
11	FD06	二类	劣四类	1.91	—	—	—	—	—	—	—	—	—	—	—	—
12	FD07	二类	劣四类	1.83	—	—	—	—	—	—	—	—	—	—	—	—
13	FD08	二类	劣四类	1.46	—	—	—	—	—	—	—	—	—	—	—	—
14	FD09	二类	劣四类	1.83	—	—	—	—	—	—	—	—	—	—	—	—
15	FD10	二类	劣四类	1.73	—	—	—	—	—	—	—	—	—	—	—	—
16	FD11	二类	劣四类	2.53	—	—	—	—	—	—	—	—	—	—	—	—
17	FD12	二类	劣四类	2.04	—	—	—	—	—	—	—	—	—	—	—	—
18	FD13	二类	劣四类	1.81	—	—	—	—	—	—	—	—	—	—	—	—
19	FD14	二类	劣四类	1.87	—	—	—	—	—	—	—	—	—	—	—	—
20	FD15	二类	劣四类	1.51	—	—	—	—	—	—	—	—	—	—	—	—

注：1. 评价标准参照 GB 3097—1997。
　　2. "—" 表示该因子在此站位不超标。

表7-9 2006年8月各站位水质评价因子评价统计表

序号	站位	评价标准	超标因子												
			无机氮		活性磷酸盐		锌		铅		汞		油		pH值	
			评价结果	标准指数	评价结果	标准指数	评价结果	标准指数	评价结果	标准指数	评价结果	标准指数	评价结果	标准指数	评价结果	标准指数
1	YSE01	三类	劣四类	3.07	超四类	2.97	—	—	—	—	—	—	—	—	—	—
2	SH1104	三类	劣四类	2.99	四类	2.74	—	—	—	—	三类	1.64	三类	1.88	—	—
3	NH13	三类	劣四类	2.79	超四类	3.29	—	—	—	—	三类	1.34	三类	1.03	—	—
4	NH23	三类	劣四类	4.22	超四类	3.69	—	—	—	—	三类	1.73	—	—	—	—
5	NH27	三类	劣四类	3.43	四类	2.19	—	—	—	—	三类	2.14	—	—	—	—
6	NH28	三类	劣四类	2.00	四类	2.03	—	—	三类	1.26	三类	1.70	三类	1.57	—	—
7	NH29	三类	劣四类	1.75	四类	2.05	—	—	三类	1.28	三类	1.08	三类	1.57	—	—
8	YSE02	三类	劣四类	1.51	四类	1.46	—	—	—	—	—	—	—	—	—	—
9	YSE03	三类	劣四类	1.52	四类	1.35	—	—	—	—	—	—	—	—	—	—
10	YSE04	三类	劣四类	1.35	四类	1.38	—	—	—	—	—	—	—	—	—	—
11	YSE05	三类	劣四类	1.37	四类	1.32	—	—	—	—	—	—	—	—	—	—
12	YSE06	三类	劣四类	1.41	四类	1.35	—	—	—	—	—	—	—	—	—	—
13	NH05	三类	劣四类	1.80	超四类	2.01	—	—	—	—	—	—	—	—	—	—
14	NH06	三类	劣四类	1.66	超四类	1.71	—	—	—	—	—	—	—	—	—	—
15	NH11	三类	劣四类	1.52	四类	1.29	—	—	—	—	—	—	—	—	—	—
16	NH12	三类	劣四类	1.28	超四类	1.57	—	—	—	—	—	—	—	—	—	—
17	NH18	三类	劣四类	1.45	超四类	1.63	—	—	—	—	—	—	—	—	—	—
18	NH20	三类	劣四类	1.53	超四类	1.56	—	—	—	—	—	—	—	—	—	—
19	NH21	三类	劣四类	1.30	四类	1.46	—	—	—	—	—	—	—	—	—	—
20	NH22	三类	劣四类	1.63	四类	1.11	—	—	—	—	—	—	—	—	—	—
21	NH26	三类	劣四类	2.23	四类	1.16	—	—	—	—	—	—	—	—	—	—

注：1. 评价标准参照 GB 3097—1997。
2. "—" 表示该因子在此站位不超标。

3. 沉积物现状调查与评价

（1）沉积物现状调查结果。2005 年 4 月和 11 月分别对该海域进行沉积物现状调查，同时引用 2004 年 8 月、2006 年 8 月附近海域的调查结果，沉积物环境质量的调查结果统计见表 7-10。

表 7-10　调查海域表层沉积物调查要素结果统计表

项目	2004 年 8 月			2005 年 4 月			2005 年 11 月			2006 年 8 月		
	最大值	最小值	平均值	最大值	最小值	平均值	最大值	最小值	平均值	最大值	最小值	平均值
pH 值	7.63	7.07		7.87	7.54		7.88	7.06		8.06	7.27	
含水率 /%	—	—	—	38.51	28.62	34.04	74.20	33.57	49.94	45.16	24.29	38.51
汞 (10^{-9})	74.8	27.7	47.5	64.4	23.1	42.5	64.9	5.1	28.9	60.0	18.6	38.1
铜 (10^{-6})	31.90	5.63	20.11	38.90	4.25	18.99	23.8	3.6	13.2	94.8	12.2	41.7
铅 (10^{-6})	25.6	16.3	22.1	32.50	3.88	14.38	26.6	3.6	17.3	35.8	16.9	24.6
镉 (10^{-6})	0.238	0.040	0.106	0.283	0.010	0.109	0.221	0.106	0.151	0.225	0.079	0.183
铬 (10^{-6})	49.5	28.5	38.2	73.6	10.3	39.9	49.2	4.3	21.7	81.9	12.2	31.9
锌 (10^{-6})	95.7	16.9	60.3	70.8	10.2	42.1	91.3	32.1	60.1	103.0	53.4	78.0
砷 (10^{-6})	—	—	—	11.10	6.56	9.00	11.50	4.17	7.05	14.90	7.66	11.82
石油类 (10^{-6})	14.6	4.9	7.7	275.8	11.1	69.8	108.8	11.9	30.8	68.4	3.8	22.1
硫化物 (10^{-6})				38.45	5.71	15.05	52.8	0.6	21.1	50.9	4.8	18.6
有机碳 (10^{-6})	0.97	0.17	0.57	0.68	0.31	0.46	0.57	0.06	0.30	0.58	0.17	0.41
Eh/mV	216	31	79	480	59	279	384	120	227	309	48	184

注："—"表示未进行调查。

（2）沉积物现状评价结果。根据当地海洋功能区划，该海域主要为渔业捕捞区和工程用海区，用一类海洋沉积物标准评价。

1）2005 年 4 月沉积物评价。各沉积物现状调查因子评价结果见表 7-11，可以看出，调查区各站沉积物评价因子除了个别站位的铜超一类海洋沉积物标准外，其余均符合所在海域所需的海洋沉积物质量标准要求。

表 7 - 11 2005 年 4 月各调查站位表层沉积物评价结果统计表

序号	评价标准	超标因子	评价结果
1	一类标准	无	符合
2	一类标准	无	符合
3	一类标准	铜	不符合
4	一类标准	铜	不符合
5	一类标准	无	符合
6	一类标准	无	符合
7	一类标准	无	符合
8	一类标准	无	符合
9	一类标准	无	符合
10	一类标准	无	符合
11	一类标准	无	符合
12	一类标准	无	符合
13	一类标准	无	符合

2）2005 年 11 月沉积物评价。各沉积物现状调查因子评价结果见表 7 - 12。可以看出，调查区各站沉积物评价因子均符合所在海域所需的海洋沉积物质量标准要求。

表 7 - 12 2005 年 11 月各调查站位表层沉积物评价结果统计表

序号	评价标准	超标因子	评价结果
1	一类标准	无	符合
2	一类标准	无	符合
3	一类标准	无	符合
4	一类标准	无	符合
5	一类标准	无	符合
6	一类标准	无	符合
7	一类标准	无	符合
8	一类标准	无	符合
9	一类标准	无	符合
10	一类标准	无	符合
11	一类标准	无	符合
12	一类标准	无	符合
13	一类标准	无	符合

3）2006 年 8 月沉积物评价。各沉积物现状调查因子评价结果见表 7 - 13，可以看出，用一类海洋沉积物标准评价的各站位中，铜的超标率约为 50%，铬仅有个别站位有超标现象，其他沉积物评价因子均符合所在海域所需的一类海洋沉积物质量标准要求。

表 7 - 13 **2006 年 8 月各调查站位表层沉积物评价结果统计表**

序　号	评价标准	超标因子	评价结果
1	一类标准	铬	不符合
2	一类标准	铜	不符合
3	一类标准	无	符合
4	一类标准	无	符合
5	一类标准	铜	不符合
6	一类标准	铜	不符合
7	一类标准	铜	不符合
8	一类标准	铜	不符合
9	一类标准	铜	不符合
10	一类标准	无	符合
11	一类标准	无	符合
12	一类标准	无	符合
13	一类标准	无	符合
14	一类标准	无	符合

4. 海域生态环境质量

（1）叶绿素 a。工程海域调查叶绿素 a 含量均值分别为 $4.77mg/m^3$ 和 $5.21mg/m^3$。表层叶绿素 a 的含量呈近岸较高、远岸较低的规律。

（2）浮游植物。工程海域调查共鉴定出浮游植物 5 门 33 属 70 种。2005 年 4 月共鉴定出 3 门 29 属 53 种，浮游植物网样细胞丰度均值为 $68.6×10^4$ 个/m^3；2005 年 11 月共鉴定出 3 门 20 属 36 种，浮游植物网样细胞丰度均值为 $448.5×10^4$ 个/m^3；2006 年 8 月共鉴定出 2 门 17 属 35 种，浮游植物网样细胞丰度均值为 $179.0×10^4$ 个/m^3。2005 年 4 月优势种类为 5 种，2005 年 11 月和 2006 年 8 月仅 1 种，中肋骨条藻为两个航次调查的共有优势种。工程海域 2005 年 11 月浮游植物多样性较差，多样性指数、丰富度均远低于 2005 年 4 月和 2006 年 8 月。

（3）浮游动物。工程海域调查共鉴定出浮游动物种类 2 门 9 个类群 74 种（包括 19 种浮游幼体），其中甲壳动物门 8 个类群 45 种，腔肠动物门 1 个类群 10 种。桡足类种数最多，共 23 种，占总种类数的 38.10%。2005 年 4 月共鉴定出浮游动物种类 17 种，浮游动物个体密度均值为 44.97 个/m^3，生物量均值为 $58.94mg/m^3$；2005 年 11 月共鉴定出浮游动物种类 29 种，浮游动物个体密度均值为 594.83 个/m^3，生物量均值为 442.63mg/m^3；2005 年 8 月共鉴定出浮游动物种类 60 种，浮游动物个体密度均值为 239.82 个/m^3，生物量均值为 $211.93mg/m^3$。2005 年 4 月优势种为 3 种，2005 年 11 月为 7 种，2006 年 8 月为 6 种，真刺唇角水蚤为共有优势种类。2006 年 8 月和 2005 年 11 月生物多样性各指数值高于 2005 年 4 月。

（4）底栖生物。工程海域调查共鉴定底栖生物 42 种，多毛类最多，为 19 种，占总种类数的 45.21%；甲壳类次之，为 13 种，占 30.95%。2005 年 4 月平均栖息密度为 64.2 个/m^2，2005 年 11 月平均栖息密度为 58.46 个/m^2，2006 年 8 月平均栖息密度为 95.63 个/m^2。2005 年 4 月、2005 年 11 月和 2006 年 8 月工程海域优势种类分别为 3 种、2 种和

2 种，尖叶长手沙蚕为共有优势种类。4 月底栖生物各项生物多样性指数高于 2006 年 8 月、2005 年 11 月。

（5）潮间带生物。2005 年 3 月工程海域潮间带生物共鉴定出 25 种，其中甲壳动物最多，环节动物次之，软体动物居三；鱼类 2 种，纽形动物 1 种。潮间带生物平均栖息密度和生物量分别为 95.3 个/m² 和 9.401g/m²。

5. 海洋生物质量

2005 年 3 月风电场工程海域采集海洋贝类 2 份，分别为缢蛏和焦河篮蛤；2005 年 11 月采集蛤 1 份。对上述生物体内的石油烃和重金属等污染物含量进行了检测，检测结果见表 7-14。由表 7-14 可知，经济贝类体内的主要污染物为锌、石油烃和铜，其次为砷、铬和镉，铅和总汞含量最低。

表 7-14 工程海域生物体污染物含量　　　　　　　　　单位：mg/kg

样品名称	锌	石油烃	铜	砷	铬	镉	铅	汞
焦河篮蛤	24.2	19.9	3.57	1.13	0.83	0.156	0.07	0.04
缢蛏	44.2	10.0	2.81	1.06	1.96	0.246	0.139	0.04
蛤	27.7	2.3	4.27	0.728	1.690	0.298	1.11	0.0136

根据一类、二类海洋生物质量标准，对焦河篮蛤、缢蛏、蛤体内污染物的一类和二类污染指数进行了统计，结果见表 7-15。由表 7-15 可知，焦河篮蛤体内铬、锌、砷和石油烃的一类污染指数大于 1，其他各污染物指标小于 1；缢蛏体内铬、锌、铅、镉和砷一类污染指数大于 1，其他各污染物指标小于 1；蛤体内铅、铬、镉和锌一类污染指数大于 1，其他各污染物指标小于 1。

表 7-15 工程海域生物体污染物污染指数状况

污染指数	样品名称	铬	锌	铜	铅	镉	砷	总汞	石油烃
一类	焦河篮蛤	1.66	1.21	0.36	0.7	0.78	1.13	0.76	1.33
	缢蛏	3.92	2.21	0.28	1.39	1.23	1.06	0.78	0.67
	蛤	3.38	1.39	0.43	11.10	1.49	0.73	0.27	0.15
二类	焦河篮蛤	0.42	0.48	0.14	0.04	0.08	0.23	0.38	0.4
	缢蛏	0.98	0.88	0.11	0.07	0.12	0.21	0.39	0.2
	蛤	0.85	0.55	0.17	0.56	0.15	0.15	0.14	0.05

上述生物体内所检测指标的二类污染指数均小于 1，说明其污染物含量符合二类海洋生物质量标准。

7.4.4　海洋渔业资源

1. 调查内容

本项目渔业资源的调查内容包括以下方面：

（1）鱼卵、仔鱼的种类组成和数量分布。

（2）拖网调查渔获物种类组成、数量分布、主要品种生物学参数、现存相对资源密度。

（3）张网调查鳗苗的渔获数量分布。

2. 调查时间及站位布设

鱼卵、仔鱼现状根据 2005 年 5 月和 8 月历史调查结果和 2006 年 2 月的现场补充调查结果，游泳生物现状根据 2005 年 5 月、8 月和 11 月历史调查结果和 2006 年 2 月的现场补充调查结果，鳗苗生产现状根据 2006 年 2 月现场补充调查结果。其中鱼卵、仔鱼调查 2005 年 5 月、8 月和 2006 年 2 月均设 15 个站；游泳生物调查 2005 年 5 月、8 月和 11 月均设 11 个站，2006 年 2 月设 12 个调查站；鳗苗调查 2006 年 2 月设 3 个站。

3. 鱼卵、仔鱼

2005 年 5 月、8 月和 2006 年 2 月共 3 个航次，对项目附近海域 15 个测站进行鱼卵、仔鱼调查。其中 2006 年 2 月 15 个测站的调查未发现鱼卵、仔鱼。

2005 年 5 月、8 月调查区域鱼卵、仔鱼种类组成隶属 4 目 10 科，鉴定到种的有 10 个种类，此外还有 1 种未定种，仔鱼的种类较鱼卵更为丰富。其中鲱形目鉴定出 3 种，鲻形目鉴定出 2 种，鲈形目鉴定出 4 种 1 科，鲽形目鉴定出 1 属。鲈形目所占种类数最高为 45.5%，其次为鲱形目占 27.3%。鱼卵平均分布密度为 1.0 个/m²，仔鱼平均分布密度为 3.17 尾/m²。

4. 渔业资源现状

2005 年 3 个季度月渔业资源现状调查总渔获物中有 50 个不同品种。其中，鱼类 27 种，分属于 10 目 18 科，占总渔获品种的 54.00%；虾类 10 种，占 20.00%；蟹类 9 种，占 18.00%；其他品种 4 种，占 8.00%。2006 年 2 月渔业资源现状调查渔获物中有 18 种不同品种。其中，鱼类 9 种，分属于 3 目 5 科，占总种数的 50.00%；虾类 5 种，占 27.77%；蟹类 3 种，占 16.67%；其他品种 1 种，占 5.56%。

2005 年 3 个季度月渔业资源现状调查总渔获重量中鱼类占 46.02%、虾类占 39.18%、蟹类占 14.30%、其他类占 0.50%；总渔获尾数中鱼类占 11.51%、虾类占 86.08%、蟹类占 1.86%、其他类占 0.55%。2006 年 2 月总渔获重量中，鱼类占 55.80%、虾类占 36.55%、蟹类占 7.62%，其他品种占 0.03%；总渔获尾数中，鱼类占 8.98%、虾类占 81.15%、蟹类占 9.79%，其他品种占 0.08%。

2005 年 3 个季度月调查海域平均小时网渔获量为 10.204kg，平均小时网渔获尾数为 6726 尾。2006 年 2 月调查海域平均小时网渔获量为 10.035kg，平均小时网渔获尾数为 4562 尾。

2005 年 3 个季度月鱼类渔获优势种有孔鰕虎鱼、白姑鱼、鮸鱼、龙头鱼、半滑舌鳎、棘头梅童鱼和海鳗；虾类依次有脊尾白虾、安氏白虾、葛氏长臂虾、安氏白虾、细螯虾和管鞭虾；蟹类优势种有日本蟳和三疣梭子蟹。2006 年 2 月鱼类渔获优势种有矛尾鰕虎鱼、焦氏舌鳎、髭鰕虎鱼、棘头梅童鱼、凤鲚、鮸鱼和半滑舌鳎；虾类有葛氏长臂虾、安氏白虾、脊尾白虾和日本鼓虾；蟹类有狭额绒螯蟹。

2005 年 3 个季度月调查海域总渔获物平均个体重 1.714g，其中鱼类为 6.043g，虾类为 0.750g，蟹类为 13.160g，其他品种为 1.581 g。2006 年 2 月调查总渔获物平均个体重 2.200g，其中，鱼类平均体重 13.672g，虾类平均体重 0.991g，蟹类平均体重 1.710g，其他种类平均体重 1.000g。

2005 年 3 个季度月调查海域平均现存相对资源密度重量为 180.664t/km³，平均现存相对资源密度尾数为 11189 万尾/km³。2006 年 2 月调查海域平均现存相对资源密度（重量、尾数）分别为 161.642t/km³ 和 7339 万尾/km³。

2006 年 1—2 月调查海域 3 个调查站的鳗苗资源定置张网日平均网产量为 6.4 尾、潮次网产量 3.2 尾，日平均相对资源密度为 48 尾/km³。

5. 海洋捕捞现状

根据当地水产办 2003—2005 年的统计，在风电场附近海域从事海洋捕捞生产主要为附近区县的渔民，近 3 年平均为 3973 人，渔船近 3 年平均为 625 艘，平均总吨位 34281t，平均 66041kW。

本海区主要是小型渔船的作业场所，有许多经济价值较高的鱼类资源分布，每年有许多小型渔船在这里从事张网、流网、钓等作业。每年 1—4 月大量的小型渔船在此进行张网捕捞鳗苗。

2003—2005 年当地近海海洋捕捞产量近 3 年平均为 30624t。

7.4.5 鸟类

长期观测结果表明，工程建设区及附近边滩区域有记录的鸟类有 13 目 115 种，其中以鸻形目种类最为丰富，其次为雀形目和鹳形目鸟类。从鸟类组成的季节型特征来看，主要以迁徙过境的旅鸟为主 49 种，其次为冬候鸟 38 种，再次为留鸟和夏候鸟分别为 15 和 13 种。在区域记录的鸟类中，列入《国家重点保护野生动物名录》的 9 种，保护级别均为Ⅱ级；列入《中华人民共和国政府和日本国政府保护候鸟及其栖息环境协定》79 种，列入《中华人民共和国政府和澳大利亚政府保护候鸟及其栖息环境的协定》的 42 种。

2005—2006 年迁徙期对陆域工程建设区及邻近栖息地鸟类现状调查结果显示：

（1）风电场邻近陆域，调查期间共记录到鸟类 51 种，主要优势种为鸻形目鸟类。在分布上，堤外滩涂，共记录到鸟类 15 种，以鸻形目鸟类为主；已围垦区域共记录鸟类 27 种，以雀形目和鹳形目鸟类为主。

（2）风电场邻近岛屿区域，调查期间共记录鸟类 14 目 153 种，以雀形目为主。季节型特征上，主要以过境迁徙的旅鸟为主，其次为冬候鸟 41 种、其他留鸟和夏候鸟 14 种。

7.5 环 境 影 响 预 测

7.5.1 水文水动力环境影响预测与评价

7.5.1.1 预测方法及参数

评价采用非结构网格平面二维潮流数学模型，进行海洋水文动力的环境影响预测。

1. 基本方程

（1）连续方程为

$$\frac{\partial h}{\partial t}+\frac{\partial(uh)}{\partial x}+\frac{\partial(vh)}{\partial y}=0$$

（2）运动方程为

$$\frac{\partial u}{\partial t}+u\frac{\partial u}{\partial x}+v\frac{\partial u}{\partial y}+g\left(\frac{\partial h}{\partial x}+\frac{\partial \alpha_0}{\partial x}\right)-fv-\frac{\varepsilon_{xx}}{\rho}\cdot\frac{\partial^2 u}{\partial x^2}-\frac{\varepsilon_{xy}}{\rho}\cdot\frac{\partial^2 u}{\partial y^2}+\frac{gu}{c^2 h}\sqrt{u^2+v^2}=0$$

$$\frac{\partial v}{\partial t}+u\frac{\partial v}{\partial x}+v\frac{\partial v}{\partial y}+g\left(\frac{\partial h}{\partial y}+\frac{\partial \alpha_0}{\partial y}\right)+fu-\frac{\varepsilon_{xy}}{\rho}\cdot\frac{\partial^2 v}{\partial x^2}-\frac{\varepsilon_{yy}}{\rho}\cdot\frac{\partial^2 v}{\partial y^2}+\frac{gv}{c^2 h}\sqrt{u^2+v^2}=0$$

式中　　x、y——水平坐标轴；

$\quad\quad u$、v——x、y 轴向流速；

$\quad\quad\quad t$——时间变量；

$\quad\quad\quad g$——重力加速度；

$\quad\quad\quad h$——水深；

$\quad\quad\quad \alpha_0$——滩面高程；

$\quad\quad\quad \rho$——水流密度；

$\quad\quad\quad f$——柯氏力参数（$f=2\omega\sin\phi$，ω 为地球旋转角速度，ϕ 为纬度）；

ε_{xx}、ε_{xy}、ε_{yy}——紊动黏滞系数；

$\quad\quad\quad c$——谢才系数，采用曼宁公式确定。

2．定解条件

（1）边界条件。数学模型通常使用开边界（水边）和闭边界（岸边）两种边界条件。对于开边界，采用潮位过程进行控制。

$$\xi|_b=\xi(x、y、t)$$

对于闭边界则根据不可入原理，取法向流速为 0，即

$$\vec{u}\cdot\vec{n}=0$$

对于频繁淹没和露出的潮滩，采用干湿判别的动边界处理技术进行研究。

（2）初始条件。计算开始时，整个计算区域内各点的水位、流速值就是计算的初始条件，即

$$\xi(x,y,t_0)=\xi_0(x,y)$$
$$u(x,y,t_0)=u_0(x,y)$$
$$v(x,y,t_0)=v_0(x,y)$$

7.5.1.2　模型建立

1．计算范围

根据研究的需要，潮流和施工期悬浮物扩散数值计算采用了非结构网格的嵌套方法，由东中国海潮波数学模型、风电场周边海域潮流数学模型和风电场悬浮物输移数学模型组成。

风电场周边海域潮流数学模型主要用于潮流场的计算与分析，模型研究范围南北长约 327.5km，东西宽约 158.9km，面积约 $5.1\times10^4\text{km}^2$，开边界由东中国海潮波数学模型提供。

2．计算网格

采用非结构网格，在大范围模型中逐步加密网格直至关心海区的网格尺度达到或接近

模拟建筑物的尺度。模型网格节点数 42930，单元总数 16616。

3. 计算参数

计算海域的糙率是个综合影响因素，是数值计算中十分重要的参数，与水深、床面形态、植被条件等因素有关，其计算公式为

$$n=\frac{n_{\max}^0}{d^a}+n_{\max}^1\exp\left(-\frac{\overline{d}}{d}\right)$$

式中　$n_{\max}^0$——无植被影响情况下，设定的最大糙率值；

　　　$n_{\max}^1$——有植被影响情况下，设定的最大糙率值；

　　　$\overline{d}$——计算单元平均水深；

　　　d——考虑植被影响的最大水深；

　　　α——经验系数。

经调试，根据各海域的不同特点，糙率 n 取值为 0.010～0.018。

4. 模型计算时间段

根据评价要求和附近海域水文实测资料，采用 2003 年 9 月 11—14 日（大潮）和 2003 年 9 月 15—18 日（中潮）以及 2006 年 4 月 13—16 日（大潮）实测资料验证工程附近海域潮流。模型计算则采用 2006 年 4 月 13—16 日（大潮）的潮位过程作为计算潮型。

7.5.1.3　主要预测结果

（1）工程前后周边海域潮流场比较。为分析风电场工程前后对附近海域潮流场的影响，绘制了工程建设前后的流矢对比图，详见图 7-3，图 7-4、图 7-5 绘出了工程前后涨、落潮平均流速差值等值线（工程后流速与工程前流速之差）。同时，在风电场周围布置了一系列分析点 F1～F29（图 7-6）以分析工程前后的潮位和流速变化情况，表 7-16、表 7-17 比较了各分析点工程前后涨落潮平均流速的变化，其中，流速变率被定义为

$$变率=\frac{工程后流速-工程前流速}{工程前流速}\times100\%$$

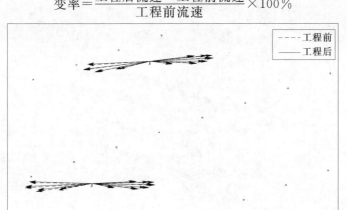

图 7-3　工程前后流矢图对比（局部）

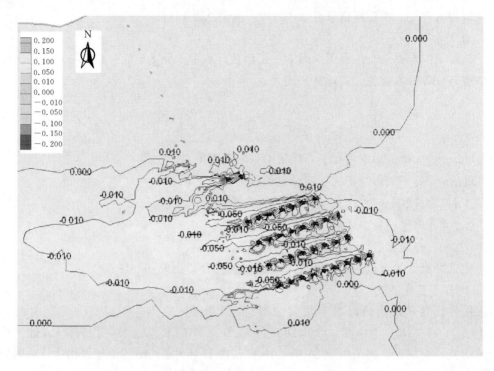

图 7-4　工程前后涨潮平均流速差值线（单位：m/s）

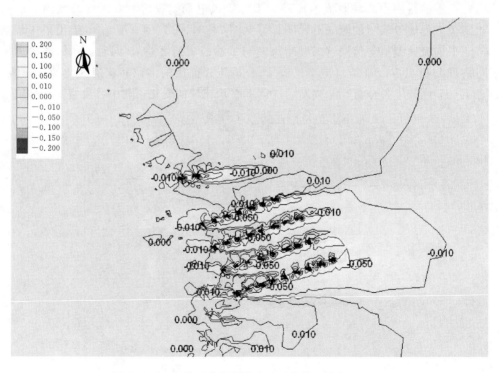

图 7-5　工程前后落潮平均流速差值线（单位：m/s）

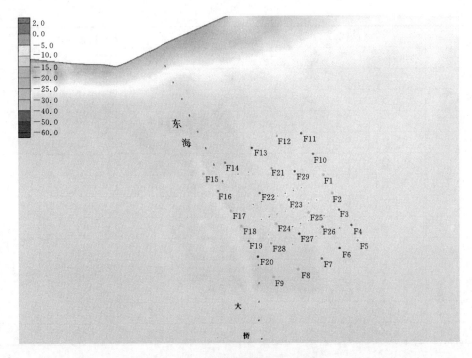

图 7-6 工程区潮流流速比较测点

表 7-16 工程前后工程区附近海域大潮涨潮平均流速变化

点号	工程前		工程后		流速变率 /%	流向差值/(°)
	大小/(m·s⁻¹)	角度/(°)	大小/(m·s⁻¹)	角度/(°)		
F1	1.062	260	1.057	261	−0.5	1
F2	1.065	262	1.056	262	−0.9	0
F3	1.070	264	1.060	264	−1.0	0
F4	1.074	265	1.062	265	−1.1	0
F5	1.077	267	1.072	266	−0.4	−1
F6	1.089	266	1.087	266	−0.2	0
F7	1.114	266	1.117	266	0.3	0
F8	1.165	270	1.176	269	1.0	−1
F9	1.157	268	1.172	268	1.3	0
F10	1.065	257	1.064	258	−0.1	1
F11	1.082	254	1.082	254	0.1	0
F12	1.194	254	1.199	255	0.4	1
F13	1.229	256	1.239	256	0.8	0
F14	1.115	260	1.127	259	1.1	−1
F15	1.241	259	1.237	258	−0.3	−1
F16	1.276	260	1.273	260	−0.2	0

续表

点号	工程前		工程后		流速变率 /%	流向差值/(°)
	大小/(m·s⁻¹)	角度/(°)	大小/(m·s⁻¹)	角度/(°)		
F17	1.141	261	1.110	260	−2.7	−1
F18	1.223	258	1.194	258	−2.4	0
F19	1.072	257	1.058	258	−1.3	1
F20	1.134	263	1.157	264	2.0	1
F21	1.179	258	1.190	259	1.0	1
F22	1.118	262	1.103	262	−1.3	0
F23	1.090	260	1.109	260	1.7	0
F24	1.127	265	1.082	264	−4.0	−1
F25	1.089	262	1.104	262	1.4	0
F26	1.091	264	1.084	263	−0.7	−1
F27	1.080	263	1.033	262	−4.3	−1
F28	1.148	266	1.099	265	−4.3	−1
F29	1.084	258	1.090	259	0.5	1

表7－17　工程前后工程区附近海域大潮落潮平均流速变化

点号	工程前		工程后		流速变率 /%	流向差值/(°)
	大小/(m·s⁻¹)	角度/(°)	大小/(m·s⁻¹)	角度/(°)		
F1	1.049	85	1.063	85	1.3	0
F2	1.051	87	1.039	87	−1.2	0
F3	1.058	88	1.050	88	−0.8	0
F4	1.065	89	1.021	89	−4.1	0
F5	1.072	90	1.049	90	−2.2	0
F6	1.090	91	1.082	91	−0.8	0
F7	1.133	93	1.144	93	1.0	0
F8	1.125	96	1.141	96	1.4	0
F9	1.221	96	1.225	97	0.3	1
F10	1.056	83	1.066	83	1.0	0
F11	1.066	81	1.073	81	0.6	0
F12	1.066	81	1.070	81	0.4	0
F13	1.060	84	1.065	83	0.5	−1
F14	1.000	90	0.986	90	−1.4	0
F15	1.173	90	1.168	89	−0.4	−1
F16	1.140	92	1.135	92	−0.5	0
F17	1.093	94	1.090	94	−0.2	0

续表

点号	工程前		工程后		流速变率/%	流向差值/(°)
	大小/(m·s⁻¹)	角度/(°)	大小/(m·s⁻¹)	角度/(°)		
F18	1.168	96	1.165	97	−0.3	1
F19	1.161	98	1.163	99	0.2	1
F20	1.222	96	1.223	97	0.1	1
F21	1.071	86	1.052	85	−1.8	−1
F22	1.007	92	1.002	90	−0.5	−2
F23	1.058	89	1.019	88	−3.7	−1
F24	1.116	93	1.120	93	0.4	0
F25	1.062	89	1.035	88	−2.5	−1
F26	1.074	89	1.052	89	−2.0	0
F27	1.053	92	1.032	92	−2.0	0
F28	1.176	96	1.182	97	0.5	1
F29	1.057	86	1.057	85	0	−1

根据预测结果可知：

1）工程海域的涨、落潮流主要是东西向的往复流；风电场工程的实施，对当地的潮汐和潮流特性影响甚小，工程前后风电场内部的流速变化相对较明显，并以流速减小为主，风电场外部工程前后的流速几乎不变。

2）风电场方案中流速变幅超过 5.0% 范围约 11.0km²，流速变幅超过 3.0% 范围约 23.1km²，流速变幅超过 2.0% 范围约 33.6km²，流速变幅超过 1.0% 范围约 89.9km²。

（2）风力发电机组基础局部流速影响预测。

1）风电场工程实施后，在垂直潮流方向上基础间距 1000m，各基础几乎互不影响，在沿潮流方向上的基础间距约为 500m，并且基础的数量也较多，基础的影响略有叠加。

2）风力发电机组基础局部流速的变化主要集中其东西两侧（涨、落潮流方向上），南北两侧的流速略有增加。

3）从风力发电机组基础局部的流速变化来看，基础下游（背水侧）离桩越远，流速的衰减幅度越小。

（3）风力发电机组墩柱群影响范围预测。

1）工程影响区域主要集中在风力发电机组基础群附近及其阻水区，其中，流速变幅超过 5% 的区域在其桩基附近，变幅超过 1% 的区域相对较大。

2）由于该水域的潮流特征和沿水流方向的基础较多，所以在涨、落潮时，基础的东西两侧受影响的长度较长。

7.5.2 水质环境影响预测与评价

本工程所在的海域水深相对较浅，不考虑风的瞬时效应时，上、下水层的流速虽有差异，但分层现象并不明显。悬浮物扬起进入受纳水体后，水体中悬浮物浓度将产生一个梯度，在风、浪及海水涡动的垂向搅拌作用下，迅速与周围水体充分掺混稀释，使垂向污染物浓度梯度迅速减小，乃至可以忽略其垂向浓度梯度的存在。因此将海水视为单一水体，在潮流计算模型的基础上，采用沿水深平均的平面二维非恒定流和物质扩散数学模型来描述悬浮物的运动形态。

7.5.2.1　预测方法及参数

1. 浅水物质扩散方程

悬浮物扩散方程为

$$h\left[\frac{\partial c}{\partial t}+u\frac{\partial c}{\partial x}+v\frac{\partial c}{\partial y}-\frac{\partial}{\partial x}D_x\frac{\partial c}{\partial x}-\frac{\partial}{\partial y}D_y\frac{\partial c}{\partial y}-\sigma+kc+\frac{R(c)}{h}\right]=0$$

其中

$$k=\alpha\omega$$

式中　x、y——空间水平坐标轴；

u、v——x、y 轴向流速；

t——时间变量；

h——水深；

D_x、D_y——沿 x、y 轴向的涡动分散系数；

c——沿水深平均的人为升高物质浓度；

σ——污染源强度；

α——沉降系数；

ω——沉速；

$R(c)$——降雨或蒸发率。

2. 浓度场定解条件

（1）边界条件。数学模型通常使用开边界（水边）和闭边界（岸边）两种边界条件。对于开边界，流入计算域时为

$$h\left(\frac{\partial c}{\partial t}+u\frac{\partial c}{\partial x}+v\frac{\partial c}{\partial y}\right)=0$$

考虑到模型的范围足够大，取流入计算域的浓度值为零。

（2）初始条件为

$$C(x,y,0)=C_0$$

式中　C_0——计算初始时刻水域中各点的浓度值，计算中取为零。

7.5.2.2　模型建立

1. 计算范围

为提高模型精度，满足研究需要，本次悬浮物扩散计算在前述风电场海域潮流数学模型的基础上，建立了局部的风电场潮流数学模型。它以拟建的风电场海域为中心，东西长约52km，南北宽约31km，模型范围约 $1.0\times10^3\,\text{km}^2$，保证有足够的范围满足物质扩散场的计算。

2. 计算参数

（1）涡动分散系数。沿水流方向 D_x 和垂直水流方向 D_y 的水流涡动分散系数分别为

$$D_x=5.93\sqrt{g}\,|u|h/c$$

$$D_y=5.93\sqrt{g}\,|v|h/c$$

（2）沉速。本工程海域关于泥沙特性已进行多年的调查研究，积累了丰富的研究资料。因而，模型预测引用的泥沙参数借鉴交通部天津水运工程科学研究所的研究成果。

工程海域附近泥沙沉速经验公式为

$$\omega = 0.074 \frac{S^{0.2}}{V^{0.5}} \left(\frac{d_{50}}{C} \right)^{0.3}$$

式中　ω——沉降速度，cm/s；

　　　S——悬浮物浓度，kg/m^3；

　　　V——流速，m/s；

　　d_{50}——中值粒径，mm；

　　　C——含盐度，取值 21。

（3）降雨或蒸发率。本次计算不考虑降雨或蒸发率 $R(c)$，即 $R(c)=0$。

3. 施工方式及源强

（1）海底电缆铺设施工方式。工程电缆铺设采用开沟犁挖沟，施工进度的正常铺设速度为 1m/min，电缆沟槽底宽 0.5～1m，深 2.5m，对主航道敷设深度不小于 2m。电缆敷设要一次性不间断进行，遇突发性事件，如机械故障，由拖轮将其在海中定位或抛锚定位，排除故障后继续施工。

（2）源强。单条电缆铺设正常施工泥方量按 6.5m³/min 计，折合 390m³/h，单条电缆施工的悬浮物源强以施工土方量的 50% 计，则为 195m³/h。由于电缆沟槽开挖工程由两个施工队伍同时进行，故在 4 条电缆并行处的悬浮物源强取为 390m³/h。然后，根据网格节点的源强权系数以及其代表的面积和水深，将其转化为模型的初始源强。

7.5.2.3　主要预测结果

考虑到风电场电缆的布设和施工方式造成的悬泥特点，以及当地水动力条件相近，在方案中选定 6 个位置（图 7-7）作为典型的悬浮物排放点。考虑到电缆施工方式，C、D、E、F 为单缆施工源点；A、B 为双缆施工源点，按照预定源强排放。根据已建立并经过

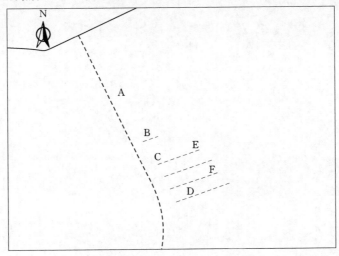

图 7-7　风力发电机组墩柱和施工期悬浮物扩散排放源示意图

验证的风电场周边海域潮流数学模型和风电场悬浮物输移数学模型，增加悬浮物的排放，排放时间根据工程施工情况概化为 12h（电缆铺设约 0.7km），进行工程潮流场和悬浮物扩散浓度场的计算。

涨、落潮时悬浮物扩散影响范围以及包络线见图 7-8～图 7-10。

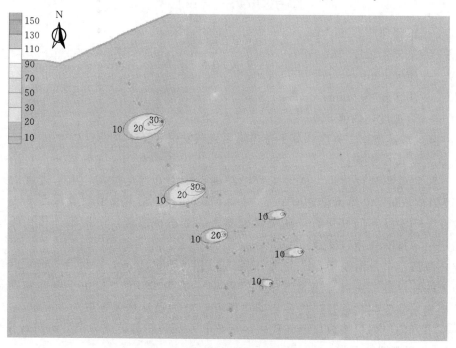

图 7-8　电缆沟槽施工期涨潮悬浮物扩散影响范围（单位：mg/L）

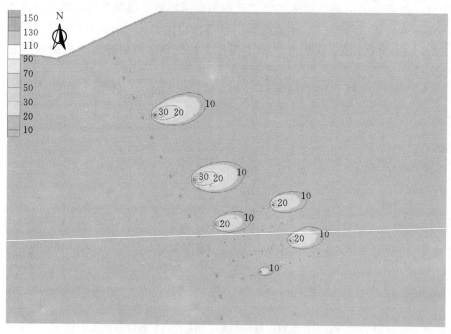

图 7-9　电缆沟槽施工期落潮悬浮物扩散影响范围（单位：mg/L）

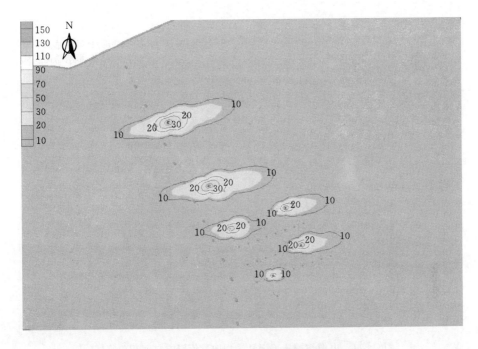

图 7-10 电缆沟槽施工期悬浮物扩散影响包络线（单位：mg/L）

表 7-16 给出了风电场电缆施工期中 6 个典型排放点悬浮物大于 10mg/L（超二类水质标准）、20mg/L、50mg/L、100mg/L（超三类水质标准）和 150mg/L（超四类水质标准）的影响面积及最远影响距离。

表 7-18 施工期悬浮物增量值最大影响范围   单位：km²

点位	>150mg/L	>100mg/L	>50mg/L	>20mg/L	>10mg/L
A	0.0004	0.0038	0.0852	1.2488	6.5987
B	0.0002	0.0032	0.0643	1.0585	6.4042
C	0.0001	0.0009	0.0046	0.2955	2.4381
D	—	0.0002	0.0011	0.0455	0.6493
E	0.0001	0.0008	0.0040	0.2145	2.4038
F	0.0001	0.0007	0.0047	0.2438	2.3068

图 7-11 给出了悬浮物增量值影响总面积包络线，表 7-19 给出了施工期悬浮物增量值最大可能影响总面积。

表 7-19 施工期悬浮物增量值最大可能影响总面积   单位：km²

悬浮物增量值	20mg/L	10mg/L
影响总面积	28.5706	82.2919

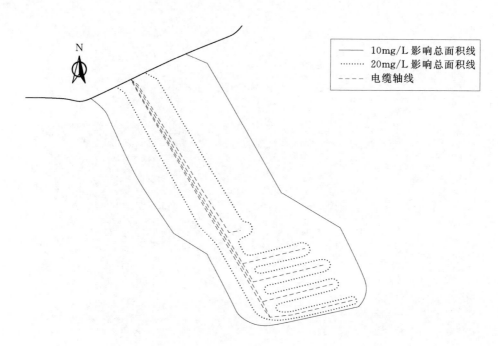

图 7 - 11　电缆沟槽施工期悬浮物增量值影响总面积包络线

从图 7 - 11、表 7 - 18、表 7 - 19 中可以看出：

（1）悬浮物源强越大，扩散的范围越大，例如 A 点大于 10mg/L 的包络面积约 6.6km²，而 D 点约 0.6km²。

（2）人为增加悬浮物高浓度面积较小，而低浓度区的面积相对较大，例如方案中 B 点大于 100mg/L（超三类水质标准）的包络面积约 3200m²，而超二类水质标准（大于 10mg/L）的面积约达到 6.4km²。

（3）电缆沟槽施工期悬浮物增量值大于 20mg/L 的最大可能影响面积为 28.6km²，大于 10mg/L 的最大可能影响面积为 82.3km²。

实际上，悬浮物排放点附近的物质扩散具有明显的三维特性，若采用沿水深平均的二维模式计算，得到排放点远区的扩散范围等结果才具有参考意义。而且，根据电缆的施工方式，采用典型排放点的概化计算模式，得到的悬浮物扩散范围是保守的，偏于安全。

7.5.3　地形地貌与冲淤环境预测与评价

1. 对工程海域的预测与评价

从潮流模型计算结果分析可知，风电场工程实施后只是对工程区海域流场稍有影响，对离电场区较远的海域几乎没有影响，因此可初步分析认为，风电场工程对泥沙冲淤影响应很小。为验证这一初步结论，采用刘家驹经验公式来估算各种工程条件下可能的最终平衡水深为

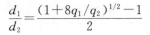

$$\frac{d_1}{d_2}=\frac{(1+8q_1/q_2)^{1/2}-1}{2}$$

其中 $\qquad\qquad\qquad\qquad\qquad\qquad q=ud$

式中　　q——当地单宽流量；

$\quad\quad\quad d$——当地平均水深；

$\quad\quad\quad u$——当地平均流速；

下标1、2——工程前和工程后。

从预测结果来看，风电场对近岸水域地形冲淤影响甚小；工程引起的最终淤积最大为 0.58m，最大冲刷为 0.19m，说明风电场引起的水域地形冲淤变化幅度有限；风电场工程区稍有淤积，最大淤积厚度为 0.71m，工程区周围测点出现轻微冲刷，最大冲刷为 0.19m。

2. 风力发电机组墩柱局部冲刷预测与评价

目前针对潮汐双向水流作用下的桥墩局部冲刷深度还没有较好的计算公式。JTG C30—2015 中推荐的桥墩局部冲刷形式简单，结构合理，经过简单修改，该公式在河口、海湾桥墩局部冲刷计算中也取得了较好计算结果。该项目风电场工程区底质为黏土质粉砂，对于黏性土，采用 JTG C30—2002 中推荐的公式为

当 $\dfrac{h_p}{B_1}\geqslant 2.5$ 时，

$$h_b=0.83K_\xi B_1^{0.6}I_L^{1.25}V$$

当 $\dfrac{h_p}{B_1}<2.5$ 时，

$$h_b=0.55K_\xi B_1^{0.6}h_p^{0.1}I_L^{1.0}V$$

式中　　h_b——桥墩局部冲刷深度，m；

$\quad\quad K_\xi$——墩形系数；

$\quad\quad B_1$——桥墩计算宽度，m；

$\quad\quad h_p$——一般冲刷后的最大水深，m；

$\quad\quad V$——一般冲刷后墩前行近流速，m/s；

$\quad\quad I_L$——冲刷坑范围内黏性土液性指数，适用范围为 0.16~1.48。

引用的计算公式是针对恒定流的，由于潮流的反相输沙作用，将使冲刷坑有所减小，在计算时需考虑潮流作用校正系数 K_T，根据国内外研究成果，取 $K_T=0.8$。

工程区域为开敞海域，各桩基附近流速和底质分布差别不大，各桩基的冲刷情况差别不会很大，因此，计算一个桩基局部冲刷基本可以代表各桩基的情况。

潮汐作用下的墩柱冲刷过程是十分复杂的，本次只对风力发电机组墩柱局部冲刷作了初步分析计算，建议在工程可行性研究或初步设计阶段开展风力发电机组墩柱局部冲刷的专题研究。风力发电机组墩柱局部冲刷深度和冲刷坑直径预测结果见表 7-20。

表 7－20 风力发电机组墩柱局部冲刷深度和冲刷坑直径预测结果

潮　　　　　型		工程后
数模提供流速	深度	3.3m
	范围	20～33m
推算最大流速	深度	5.2m
	范围	31～52m

对于风力发电机组墩柱局部冲刷的预测表明，在推算最大流速条件下，两方案冲刷范围在 31～52m，冲刷深度在 5.2m，在数模提供流速条件下，冲刷范围为 20～33m，冲刷深度 3.3m。因此，需对风力发电机组墩柱局部冲刷区进行防护处理。

7.5.4 沉积物环境

施工期由于大型施工船舶在工程海域集结，施工船舶将产生生产废水、生活污水和垃圾等，若管理不善，可能发生船舶含油的机舱水和污染严重的压舱水、生活污水等废水未经处理直接排海，或生活垃圾、废机油等直接弃入海中，将直接污染区域海水水质，进而可能影响区域海域沉积物质量，造成沉积物中废弃物、大肠菌群、病原体和石油类等指标超标。因此必须严格做好施工期管理、监理和监测的工作，保护沉积物环境。

运行期，仅有少量牺牲阳极保护装置中锌释放到海域中，无其他污染物排放入海。本工程所采用的单套高效铝合金牺牲阳极保护装置每年释放的锌约为 0.12kg，以释放锌全部进入沉积物中计，按工程海域海底土容重 2650kg/m³，单个阳极每年释放的锌 1m 内深度纵横向迁移扩散，预计风力发电机组桩基周围 100m² 范围内，沉积物中每年锌增量约为 0.45×10^{-6}，以 25 年考虑，最大累积增值约为 11.3×10^{-6}，叠加区域沉积物锌含量最大本底值 91.3×10^{-6}，沉积物中锌含量最大值为 102.6×10^{-6}，仍低于沉积物中锌含量一类标准值 150×10^{-6}。

因此本工程采用铝基牺牲阳极保护装置不会引起工程区域沉积物中严重的锌污染，工程运营对区域海洋沉积物环境无明显不利影响。

7.5.5 渔业资源环境

7.5.5.1 施工期

1. 海洋生态影响

打桩、电缆沟开挖使海底泥沙再悬浮，对周围水域的浮游生物产生不利影响。根据长江口疏浚泥浸出液、悬浮液、悬沙对浮游植物、浮游动物的生长试验和急性毒性试验结果，对照本工程的桩基施工、电缆沟开挖，预测工程施工对周围水域的水生生物产生的不利影响，其影响程度随管沟开挖引起底泥浸出液毒性及其悬浮液、悬沙浓度扩散范围而定。初步估计在桩基施工和电缆沟开挖影响范围内（悬浮物浓度增量＞10mg/L），按浮游植物平均生长速率降低 10%，浮游动物平均 30% 受损，平均水深 10m，浮游植物平均数量 258.55×10^4 个/m³，浮游动物平均生物量 250.78mg/m³ 估算，受影响的浮游植物数量

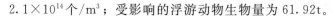

2.1×10^{14} 个/m³；受影响的浮游动物生物量为 61.92t。

桩基、电缆沟在潮下带施工开挖将改变施工区附近底栖生物的生境。以 2005 年 4 月和 11 月两次现状调查的最大生物量的平均值作为评估依据，估计底栖动物损失量为 7.922t。

电缆沟在潮间带开挖对潮间带底栖生物造成伤害。以潮间带长 1000m，电缆沟开挖影响宽度为 50m，根据 2005 年 3 月和 11 月现状调查结果，以最大断面平均生物量作为评估依据，估计底栖动物损失量为 0.642t。

2. 渔业资源影响

电缆沟开挖对渔业资源的影响主要表现在对开挖区附近水域中的海洋生物的仔幼体的伤害，其影响的范围集中在悬浮物增量大于 10mg/L 的范围内，影响面积累计约 82.3km²，平均水深 10m。在这一范围内，鱼卵、仔鱼的死亡率以 10% 计算，以 2005 年 5 月、8 月鱼卵、仔鱼平均分布密度估算，鱼卵、仔鱼的损失量分别为 0.823×10^7 个和 2.609×10^7 尾。在这一范围内，成鱼可以回避，但幼体仍难逃厄运，估算幼体的死亡率为 5%。以 2005 年 5 月至 2006 年 2 月一年 4 次平均现存相对资源密度尾数和鱼、虾、蟹的幼体比例为计算依据，鱼、虾和蟹幼体损失数量分别为 27.611 万尾、204.845 万尾和 15.143 万尾。

上述的影响需换算为成体的损失量，以鱼卵 0.1% 成活，仔鱼 1% 成活，幼鱼 100% 成活，鱼、蟹长成 100g，虾类长成 7g 推算，施工期鱼卵折合损失量为 823kg，仔鱼折合损失量为 26090kg，幼鱼、蟹折合损失量为 42754kg，幼虾折合损失量为 14339kg，合计施工期对渔业资源的损失量为 83.183t。以风电场附近区县 2003—2005 年平均捕捞产值 1.54 万元/t 计算，本项目实施对渔业资源的经济损失在 128 万元。

3. 渔业生产影响

在电缆铺设施工期间，沿线的捕捞生产将受到影响，主要表现为捕捞作业范围受到限制，工程周围海域因施工作业干扰，造成渔获率下降。根据风力发电机组布置方案，34 台风力发电机组影响面积约 19.5km²，约 7.8% 受到工程施工的影响。按施工影响一周年估算，则受影响的年捕捞产量为 79.64t。根据 2003—2005 年风电场附近区县平均捕捞产值 1.54 万元/t 计算，扣除近海捕捞生产成本（以占 60% 估算），工程施工对近海捕捞生产的净收入影响 49.06 万元。

此外，根据统计，风电场附近区县 2003—2005 年鳗苗、蟹苗捕捞产量年平均分别为 1071kg 和 197kg，也分别以 7.8% 受到工程施工的影响估算，施工作业对鳗苗、蟹苗捕捞产量分别减少 83.54kg 和 15.37kg。鳗苗、蟹苗价格年际波动较大，以鳗苗价格 1.5 万元/kg，蟹苗价格 0.50 万元/kg 估算，工程施工对鳗苗、蟹苗捕捞生产收入的影响为 125.31 万元和 7.69 万元。扣除鳗苗、蟹苗捕捞生产成本（以占 60% 估算），工程施工对鳗苗、蟹苗捕捞生产的净收入影响为 53.2 万元。

工程施工合计对附近区县捕捞生产的净收入影响为 122.71 万元。

7.5.5.2 运行期

1. 对海洋生态的影响

本风电场工程运营期对海洋生态的影响主要是每台风力发电机组桩基周围的底栖生物的生境遭到永久的破坏，在该范围内的原有泥质型的底栖生物类群不可恢复，按风力发电机组布置方案，34 台风力发电机组桩基的影响范围为 816m²。根据现状调查结果，底栖生物最大平均生物量为 $10.83g/m^2$，在上述范围内底栖动物生物量为 8.8kg。由于是长期的影响，以 20 倍考虑，总的影响数量为 176kg，折合经济损失 0.3 万元。但附着型的底栖生物类群随时间会逐步形成。

2. 对渔业生产的影响

本风电场风力发电机组布置于海上，从捕捞渔船的作业安全出发，在风力发电机组四边各增加 500m，则 34 台风力发电机组影响面积约 $19.5km^2$。在运营期，在该范围内渔船不能进入捕捞生产，使渔场作业范围减少，从而导致捕捞产量减少。由施工期的影响评价可知，在该范围内对附近区县捕捞生产的年净收入影响为 122.71 万元。

以 16 年周期考虑，运行期对总的捕捞生产净收入影响 1963 万元。

7.5.6　鸟类

从理论角度分析，工程的建设会对鸟类的觅食、休憩和迁飞活动等行为产生不利影响，从而影响鸟类的生存、繁殖，进而影响工程区域内鸟类的群落生态学特征。

该项目海上风电场邻近鸟类迁徙路线的中心线，是相对较为敏感区域。邻近陆域及岛屿等是重要的鸟类栖息地。该项目海上风电场风力发电机组的建设，可能对鸟类迁徙路线具有一定的阻断影响，存在一定的鸟类与风力发电机组撞击的风险；其陆域配套设施的建设，可能侵占区域鸟类栖息地，影响区域鸟类分布的种类与数量。

7.5.6.1　受影响的鸟类种类

从现状分析中得知，区域组成中优势种种类、对人为干扰较敏感的种类及受保护的鸟类为主要受影响种类，以鸻形目种类最为丰富，约 41 种，其次为雀形目和鹳形目鸟类，分别为 17 种和 14 种。从受影响鸟类的数量来看，也以鸻形目鸟类明显占优势。

7.5.6.2　影响方式

通过以上的机理分析，施工期与运行期由于影响作用途径不同，主要生态影响方式及其强度也有一定的差异。

1. 施工期

工程施工期间，由于人类活动、交通运输工具与施工机械的机械运动，相应施工过程中产生的噪声、灯光等以及人为的诱杀、捕杀等活动会对施工区及邻近地区栖息和觅食的鸟类产生一定的影响，使区域中分布的鸟类数量减少、多样性降低。但是这种影响是短期的、可逆的，当工程建设完成后，其影响基本可以消除。

工程施工期的陆域工程区升压变电所占地 $3714m^2$，会改变占地区域内原有植被分布格局，可能侵占部分鸟类栖息地，改变相应鸟类类群的分布，也会对一定范围内鸟类的种类和数量组成产生影响，但由于占地面积不大，因此对区域内的鸟类种类、群落结构不会产生显著影响。

工程临时用地面积虽然相对较大达 $92000m^2$，但其中 $90000m^2$ 位于人为干扰严重区域，不是鸟类的最佳生境，因此对鸟类影响相对较小。

其他陆域工程建设区邻近区域的 $2000m^2$ 临时占地，位于港城内，若利用其围堤内无植被、水体分布的裸地区域，则对鸟类的影响较小；若利用靠近西侧区域，则会侵占部分鸟类栖息地，将对鸟类有一定影响，但由于影响面积较小，且随着施工结束、用地性质的恢复，该影响会逐步消失。

2. 运行期

运行期间，随着临时占地的复垦（合理利用），陆域占地与海域占地比例进一步缩小，且陆域的升压变电所和管理用房对鸟类基本上不会产生影响，影响主要集中在海域风力发电机组对鸟类产生的影响上。根据鸟类栖停迁飞特征的不同，其影响作用也有一定差异，主要分为两种情况：①对邻近区域栖息、觅食鸟类的影响；②对迁徙过境鸟类的影响。

（1）风力发电机组对邻近区域栖息、觅食鸟类的影响。主要包括两个方面：一方面是风力发电机组运行，包括叶片运动、噪声等对鸟类的干扰影响；另一方面是风力发电机组与鸟类可能发生碰撞。

根据已有研究，风力发电机组运行对鸟类的干扰影响范围一般是 800m（繁殖鸟是 300m）（Percival，2003），而该项目海上风电场距离邻近鸟类栖息地都在 1km 以上，因此风力发电机组运行的直接干扰影响较小。且从国外研究结果来看，在部分风力发电机组塔架上甚至有鸟类筑巢。

根据相关研究及鸟类学特性，在风力发电机组邻近区域栖息、觅食的鸟类，其活动时间基本都在白天。而一般鸟类都具有良好的视力，它们很容易发现并躲避障碍物，在天气晴好的情况下，即使在鸟类数量非常多的海岸带区域，鸟类与风力发电机组撞击的几率基本为零。本工程建设区邻近区域停栖的鸟类，特别是夏季和冬季，主要活动高峰基本集中在白天，因此，相应季节鸟类撞击可能性较小，且其觅食地和栖息地基本都在风电场外围，即使作短途、低空迁飞，也不会与风力发电机组发生碰撞。因此，对于邻近区域栖息、觅食的鸟类，风电场的影响相对较小，基本可以接近于零。

（2）风力发电机组与直接迁徙过境鸟类的影响。由于候鸟迁徙基本沿大陆海岸线进行，该项目海上风电场邻近鸟类迁徙路线的中心线。风电场对过境鸟类的可能影响主要是风力发电机组与鸟类发生撞击。

由于大部分鸟类的迁徙是在天气晴好的夜晚，而且大部分鸟类飞行高度较高，即使飞行高度较低的鸟类，也能够较好的识别障碍物，而避免与风力发电机组发生撞击。但在飞行条件较差的时候，如下雨或者起雾时，则有可能发生鸟类与风力发电机组的撞击（Winkelman，1995）。鸟类与风力发电机组发生撞击而造成死亡通常与风力发电机组的转速呈一定的相关关系，一般变速的风力发电机组对鸟类的影响较大。但即使如此，在许多情况下仍然有 80% 以上的鸟类可以穿过变速的风力发电机组而不受丝毫损伤（Winkel-man，1992）。特别是在离岸区域建设风电场，鸟类的撞击概率就更小。如在 Utgrunden 的海上风电场，观察到有 50 万只海鸭穿过风电场，但没有发生一起撞击事件（Petersson 和 Stalin，2003）。在一般情况下，相应飞行高度下穿越风电场的鸟类撞击风力发电机组的概率只有 0.01%～0.1%（Percival，2003）。通过以上资料的分析，以 0.01%～0.1% 预测鸟类撞击风力发电机组的次数。

通过前面对受影响鸟类的分析，结合鸟类飞行高度以及昼夜活动特征，该项目海上风电场潜在的撞击鸟群主要为中小型鸻鹬类和雀形目鸟类。根据风电场邻近区域的连续观测，区域中小型鸻鹬类春季迁徙期的峰值数量为 2200～2800 羽/天，秋季迁徙期的峰值数量为1700～2000羽/天，以迁徙高峰持续时间为 10 天计（往往因天气条件而有一定差异），如果经过邻近栖息地的中小型鸻鹬全都穿越风电场，则因撞击风力发电机组损失中小型鸻鹬的数量春季平均为 2.2～28 羽/年，秋季平均为 1.7～20 羽/年；主要迁徙性雀形目鸟类的峰值数量春季为 1300～2200 羽/天，秋季为 5000～6000 羽/天，以迁徙高峰持续时间为 10 天计，则春季因撞击风力发电机组而损失的雀形目鸟类数量平均为 1.3～22 羽/年，秋季平均为 5～6 羽/年。总体来看，春季损失鸟类数量为 3.5～50 羽/年，秋季平均为 6.7～26 羽/年。

根据观测结果，国家重点保护鸟类主要包括隼形目的猛禽、部分鹳形目和鸻形目以及鹈形目鸟类。根据鸟类的季节型分布、活动特征以及飞行高度，主要保护鸟类中，具有潜在撞击风力发电机组危险的主要有小青脚鹬和小杓鹬。区域小青脚鹬可能的穿越风电场的数量最高为 20～60 羽/年，小杓鹬最高可能为 100～350 羽/年。则发生与风力发电机组撞击而损失的小青脚鹬数量为 0.002～0.06 羽/年，小杓鹬平均为 0.01～0.35 羽/年，损失的数量很小。

在实际迁徙过程中，鸟类迁徙范围较宽，且该风电场为离岸海上风电场，实际穿越风电场的鸟类要小于上述计算数量，加上鸟类的趋避行为，因此实际损失的鸟类数量要小于上述计算结果。但是，风电场邻近滩涂作为成长性的滩涂分布区，还具有较高的淤涨速率。从远期来看，随着滩涂的淤涨，大陆岸线的东移，风电场对鸟类迁徙、迁飞的阻断影响可能会增强。

7.5.7　其他环境影响

1. 声环境影响

由于本项目位于海上，陆域升压站位于堤防内侧，两者周围 1km 范围内均无声环境敏感目标，因此本项目施工期和运行期的噪声不会对周围环境产生明显影响。值得注意的是施工期水下噪声影响可能对风力发电机组桩基周围海域鱼类造成一定危害，但其影响范围有限。

2. 电磁环境影响

由于进行该项目环境影响评价时，GB 8702—2014 尚未颁布，电磁辐射环境影响评价参照 HJ/T 24—1998 的推荐值，以 4kV/m 作为工频电场评价标准，以国际辐射保护协会关于对公众全天辐射时的工频限值 0.1mT 作为磁感应强度的评价标准。

从理论上分析，工频场强由于频率低（50Hz），电磁场能量从带电载体上向外辐射十分微弱，再加上主变金属外壳采取良好的接地措施，减弱了电磁波的传播。类比与该风电场电压等级、容量、设备、规模及使用条件等方面相似的某 110kV 变电站的电磁辐射类比监测结果，变电站建成运行后其工频电场强度波动范围为 1.22～1.25V/m，工频磁感应强度波动范围为 $0.0150～0.985\mu T$，远低于 HJ/T 24—1998 中推荐的工频电场 4kV/m 和磁感应强度 0.1mT 的评价标准。

通过上述分析可知，由于距离衰减和建筑物的屏蔽作用，该风电场建成后工频电场强度、工频磁场强度完全可以满足国家的相关标准和规定。

3. 视觉环境影响

该风电场建成后排列整齐、美观的风力发电机组，与蓝天、白云相结合，将成为当地一道特有的风景，可以成为当地的又一潜在景点资源。

7.6 环境事故风险预测与评价

7.6.1 通航环境风险预测

该风电场海域交通航线发达、船只数量较多且日益增加。所以在施工期，大量施工船舶的航行会造成一定的通航环境风险，而在项目建成后，矗立在海面上的多台风力发电机组将占据大片原属可通航水域，成为过往船舶的障碍物，对船舶的安全航行将产生一定影响。

7.6.2 施工期通航环境风险分析

本项目施工海域具有海况条件恶劣、船舶通航密度大等不利因素。同时工程施工所需打桩船侵占附近可通航水域宽度较大；浮吊船作业时需艏、艉抛设开锚；大量运桩船、拖轮等船舶将频繁行驶在现有航线上，由此项目施工将对通航船舶造成一定的风险和较大的影响。

7.6.3 运行期通航环境风险分析

该风电场矗立在海面上的风力发电机组将可能成为现有航线上往来船舶的碍航物，从而增加船舶发生碰撞事故的几率。

7.6.4 溢油事故风险预测

参照 HJ/T 169—2004，该风电场项目的船舶燃油泄漏事故涉及可燃、易燃危险性物质，且工程区域海洋生态环境较为敏感和脆弱，因此风险评价范围确定为风力发电机组占用海域周围 5km 范围内海域，溢油风险评价等级为一级。

1. 溢油事故模型建立

海上发生溢油，其结果是油膜一方面在风力和潮流共同作用下漂移，一方面向四周进一步扩展。在潮流作用下，油膜中心初始位置 S_0 经时刻 Δt 后漂移到了新的位置，即

$$S = S_0 + \int_{t_0}^{t_0+\Delta t} V_L \, dt$$

式中 V_L——拉格朗日速度。

在风的影响下，油膜漂移速度的增加量为风速的 2%～3%，漂移方向与风向成 0°～40°夹角。由于夹角至今没有一个公认的确切值，故油膜中心的漂移速度和方向是表面海流和风所引起的流速的矢量和，即

$$V = T_T + \alpha V_w$$

式中　　V_T、V_W——潮流速度和风速；

　　　　　α——风因子，一般取为 $0.02 \sim 0.03$。

在潮流和风力共同作用下，油膜的质心位置 S_0 经时刻 Δt 后漂移到新的位置，即

$$X = X_0 + u\Delta t + \alpha V_W \sin\theta \Delta t$$

$$Y = Y_0 + v\Delta t + \alpha V_W \cos\theta \Delta t$$

式中　　u、v——t 时刻的预报潮流流速；

　　　　　θ——t 时刻的风向（向北为 $0°$）。

2. 溢油源强及位置

结合工程布置和通航情况，溢油点考虑位于现有航线 3 号通航孔南侧风力发电机组较为密集的风力发电机组处。

溢油量从最不利角度出发进行计算。根据通航孔规模，以允许通航最大 1000t 油轮发生泄漏事故，泄漏量为千吨级油轮单个油仓载油量 100t 作为源强进行预测。

3. 预测工况

溢油形式主要分为瞬时和连续溢油，一般而言，溢油量的 10% 为瞬时溢油，90% 为连续溢油。结合该工程实际情况，预测以原油作为油品的主要代表，考虑连续一小时溢油的情况，以大潮作为主要的潮流形式。

各种计算工况见表 7-21 和表 7-22。

风速取值分别考虑区域的多年平均风速 6m/s 和多年平均最大风速 19.1m/s。

表 7-21　发生在高潮位时刻工况组

风　　速	E	S	W	N
多年平均风速：6m/s	1	2	3	4
多年平均最大风速：19.1m/s	5	6	7	8
静风状态	9			

表 7-22　发生在低潮位时刻工况组

风　　速	E	S	W	N
多年平均风速：6m/s	10	11	12	13
多年平均最大风速：19.1m/s	14	15	16	17
静风状态	18			

4. 预测结果

对于距离工程最近的两个自然保护区，从表 7-23 预测结果来看，各计算工况 24h 扩散时间内，油膜均未到达上述自然保护区，因此在事故发生后及时采取应急措施的前提下，溢油事故不会对上述自然保护区自然环境和生态环境造成影响。

表 7－23　溢油油膜抵达时间

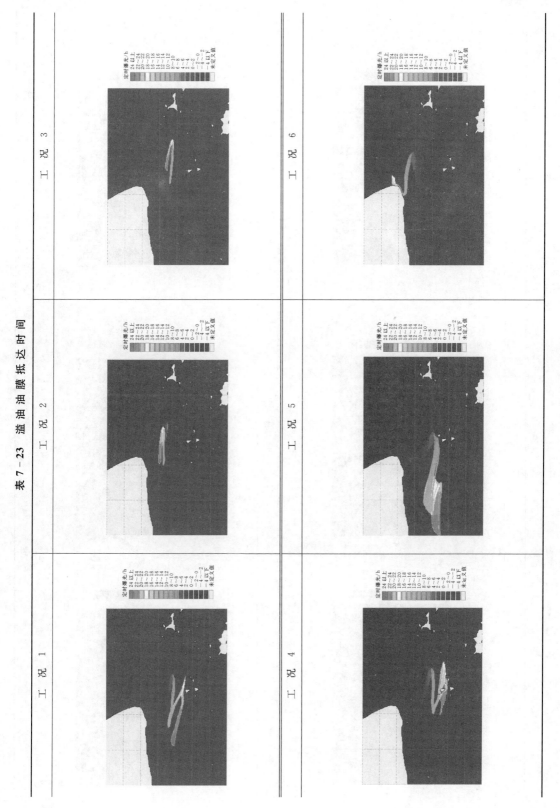

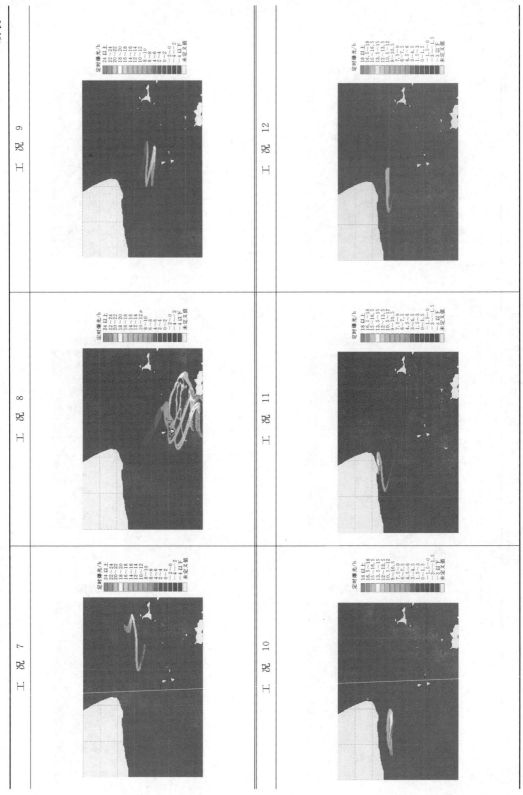

续表

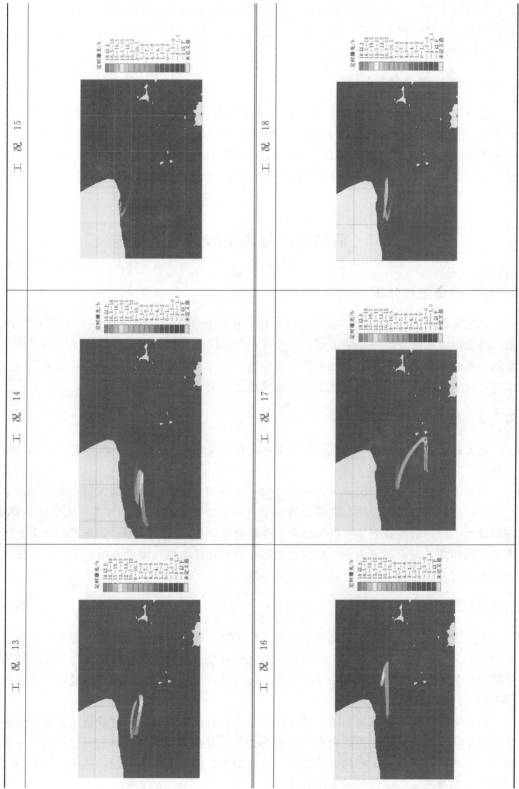

随着风速增大，油膜抵达敏感地区的时间缩短，而溢油发生的扫海面积较大，会给溢油的回收工作带来较大困难，故一旦发生溢油事故，应尽快采取阻拦措施，并组织人员进行油品的回收工作，尽量减小污染。

7.6.5　其他环境风险

　　其他环境风险主要包括：①雷电、台风等自然灾害风险；②长时期冲刷造成电缆和海床之间形成掏空的风险；③海底线缆突发事故风险；④鸟类飞行碰撞风力发电机组叶轮风险。针对可能发生的环境事故，该风电场项目提出了相应的事故防范措施，采取上述措施后，上述环境事故的发生概率可明显降低，事故发生对环境的影响可明显减小。

7.7　清洁生产与污染防治对策措施

7.7.1　清洁生产分析

　　该项目利用风能这一清洁能源进行发电，比较传统的火电技术，该项目具有节约能源，降低污染物排放等明显的优点。符合《中华人民共和国清洁生产促进法》中"使用清洁的能源和原料、采用先进的工艺技术与设备、从源头削减污染、减少或避免污染物的产生和排放、减轻或消除对人类健康和环境的危害"的清洁生产要求。

7.7.2　施工期环保措施

　　海上施工船舶施工污染物应按照海上施工作业规范及相关法规、标准要求处理达标后排放或运至陆上处置。

　　针对该项目主要的对渔业生产和鸟类的不利影响，建议落实下列保护措施：①避免在鱼类产卵高峰期和鸟类迁徙、集群的高峰期进行施工；②优化施工方案，加强科学管理，在保证施工质量的前提下尽可能缩短水下作业时间，控制施工范围；③施工应该避免恶劣天气，保障施工安全和避免悬浮物剧烈扩散；④对在该海域从事渔业捕捞生产的渔民造成的损失，应加强沟通，落实对捕捞渔民的补偿。

7.7.3　运行期环保措施

　　为减少工程建设对海洋生态和渔业资源的影响，运行期实施以增殖放流为主的生态修复措施。为减小对鸟类的影响，建议在风力发电机组上适当位置安设闪烁灯光促使鸟类产生趋避行为，降低撞击风险，并采用生态工程措施，对陆域建设区域侵占的鸟类栖息地进行补偿。

　　此外对于风力发电机组和陆上升压站的噪声和电磁辐射污染，建议通过采取在机舱内表面贴附阻尼材料对机舱进行表面自由阻尼处理，衰减振动，降低结构辐射噪声，主变压器与底座之间衬隔振垫，室内墙体敷设外壳为铝合金的吸音板等措施，减小上述影响。环境保护对策措施、生态保护对策措施见表 7－24。

表 7—24 环境保护对策措施、生态保护对策措施一览表

项目	环境保护对策措施	具体内容	规模及数量	预期效果	实施地点及投入使用时间	责任主体及运行机制
污水处理	生产废水处理	生产废水处理设施	20m³/d，设置隔油池、预沉池各1座、加药及混凝沉淀设备1套	处理后回用水达到GB/T 18920—2002建筑施工标准后回用	施工基地，与施工基地同步建设	施工单位建设、使用和管理
	开关站施工污水处理	移动厕所	统一收集	外运，不向环境排放	开关站施工场地、进场时间步设置	建设单位使用和管理、可委托专业单位
	开关站生活污水	生活污水收集装置	集中收集一外运，5m³/d	由环卫部分集中清运处置	基地内	建设单位使用和管理、可委托专业单位
	开关站油污水	油污水收集桶	设置1个收集桶，集中收集统一外运，36kg/a	外运	基地内	建设单位使用和管理、可委托专业单位
固体废弃物处置	生活垃圾处置	垃圾桶	根据需要在开关站和施工基地设置生活垃圾筒，12.5kg/d	统一收集后委托环卫部门清运处理	开关站和施工场地内，与其建设同步	施工单位、建设单位、使用和管理
	风机维护垃圾	垃圾桶	风力发电机组维护废弃物垃圾箱1个，50kg/a	外送具有相应资质的单位进行处置	基地内，与开关站建设同步	建设单位建设、使用和管理
海洋生态保护	渔业资源补偿	采用增殖放流方法补偿		按照相关主管部门的要求、按时完成增殖放流的品种、数量	风电场影响海域、施工完成后的2年内完成	建设单位落实，可委托专业单位
	鸟类及其生境恢复	当地物种恢复	恢复鸟鸟类生境破坏面积	按照相关主管部门的要求、按时完成当地物种的栽种	风电场破坏范围、项目完成后的2年内	建设单位落实，可委托专业单位
海底线缆保护	海底线缆保护措施	施工期设置昼夜醒目标志	按照施工作业区需要设置	预防海底线缆突发事故	位于海底线缆区域的施工区	建设单位落实

7.8　环境经济损益分析

7.8.1　经济效益

该项目为海上风电场工程，工程装机容量 100MW，设计年平均上网发电量约 26000 万 kWh。项目的经济效益主要为风力发电收入。风力发电收入计算方法：发电收入＝上网电量×上网电价。

根据《中华人民共和国可再生能源法》，风能发电上网电价由国务院价格主管部门根据不同类型可再生能源发电的特点和不同地区的情况，按照有利于促进可再生能源开发利用和经济合理的原则确定，并根据可再生能源开发利用技术的发展适时调整。按照《风力发电建设项目管理办法》及《风力发电场并网运行暂行规定》，该项目整个营运期平均上网电价确定为 0.97 元/(kWh)，因此预计项目营运期内年均产生经济效益约 25220 万元。

7.8.2　环境损益

1. 环境收益

对比燃煤发电技术评价该项目实施所具有的环境、社会效益。

（1）节能效益。该项目总装机 100MW，年上网电量约 26000 万 kWh。与同等发电量的火电相比，该项目运行每年可节约标准煤消耗约 8.58 万 t，折合原煤约为 12.01 万 t/a。以 2004 年国有煤矿煤炭价格标准计算，该项目节能可产生效益约 1952 万元/a。

（2）污染物减排效益。风力发电作为一种清洁能源，相比火力发电，该项目运行每年可减少排放二氧化硫（SO_2）139.43t/a，氮氧化合物（NO_x）659.10t/a，烟尘 811.20t/a，减少排放温室效应气体二氧化碳（CO_2）23.42 万 t/a。

对于减排上述污染物所带来的经济价值，按照上述污染物排污费用折算。根据《排污费征收使用管理条例》规定，向大气排放污染物的，需按照排放污染物的种类、数量缴纳排污费。排污费按照排放污染物当量计算。每一大气污染物当量征收标准为 0.6 元，排放污染物当量计算公式为

$$污染物的污染当量数＝\frac{该污染物的排放量（kg）}{该污染物的污染当量值（kg）}$$

依据《排污费征收标准及计算方法》，烟尘污染当量值为 2.18kg。SO_2 的污染当量值为 0.95kg，NO_x 的污染当量值为 0.95kg。

该项目在计算 SO_2、NO_x 的减排量时，已考虑了电厂的脱硫脱硝，但脱硫脱硝需要增加发电的成本，根据储益萍、钱华等对当地燃煤电厂实施烟气脱硫的综合经济分析的研究成果，燃煤电厂实施脱硫脱硝后，单位发电成本平均约增加 0.015 元/(kWh)。因此，该项目的运行相比燃煤电厂可节省脱硫脱硝设施运行费用 390 万元。

针对减排 CO_2 所能带来的经济价值，参考近年国际市场的碳排交易价格 9.5 欧元/t 的 CO_2 核算，项目减排 CO_2 效益约为 2224.9 万元/a。

据此，该项目减排大气污染可带来经济效益见表 7-25。

表 7-25 大气污染物减排效益

污 染 物	减排量/(t·a^{-1})	环境效益/(万元·a^{-1})
SO$_2$	139.43	8.81
NO$_x$	659.10	41.63
烟尘	811.20	22.33
CO$_2$	23.42 万	2224.9
污染物削减费用	—	390
合计	—	2687.67

此外该项目实施不会消耗冷却水和排放含油废水、锅炉酸洗水、化学处理水等废水；也没有锅炉煤渣和粉煤灰需要处理。可见风电场具有明显的环境效益。

2. 环境损失

该项目实施造成的环境损失主要包括施工造成的底栖生物损失和渔业资源损失、渔业生产海域减少引起的经济损失以及鸟类栖息地减少和鸟类撞击风力发电机组造成的损失。根据环境影响预测评价结果，该项目环境损失约为 130 万元/a。

7.8.3 环境经济损益综合分析

根据上述计算，该项目具有明显的环境效益，体现在减少污染物和温室气体排放量，节约能源原材料消耗等，同时能促进风力发电这一清洁能源在我国的发展，具有一定社会效益。该项目在建设和运行过程中会造成渔业资源和鸟类等方面的环境损失，但其主要发生在施工期，且可通过补偿措施进行恢复。

7.9 公 众 参 与

该项目公众参与采取专家咨询、问卷调查、公示 3 种方式相结合进行。专家咨询对环评起到了指导性作用，咨询研讨会和座谈会中提出的结论和建议在环评报告书编写过程中得到了充分的重视，并反馈给设计单位，在设计中风力发电机组布置等方面做了改进。对所涉及的环境影响已在报告书中有所体现。

问卷调查对象分为团体和个体。由于该项目对于不同人群影响方式和程度不尽相同，其中对在工程海域及周边作业的渔民影响最为明显，因此将个体对象分为普通公众和直接受项目影响的渔业生产从业者。公众参与共调查取得个人意见 121 份，其中普通公众意见 93 份，利益相关者（渔民）意见 28 份，利益相关者占总调查个体比例 23.1%。

截至公示结束，建设单位和环评单位均未收到公众对风电场建设的意见和建议，说明公众对工程建设不存在重大反对意见。

综合公众参与意见，渔政等团体对该项目具有较高的认知度和支持度，针对项目提出的意见具有较高的参考价值。网上接受调查的普通公众和被调查的渔民由于在生活和工作方式的区别，对项目的观点不尽相同，前者比较关心的是项目对海洋生态环境和鸟类栖息环境影响，后者则对项目建设对渔业生产的影响较为关心。半数以上的渔民表示愿意为项目建设而改变现有的生活、生产方式，并对项目建设表示支持。但值得注意的是有约 18% 的被调查渔民对项目建设表示反对，主要原因是担心风电场建设可能对渔业生产产生影响，以及风力发电机组的存在对作业安全有一定隐患，同时对于可能受到的影响，渔民主要要求通过经济补助的方式进行补偿。对于渔民对该项目的反对意见，评价单位对反对者均进行了回访调查，并在报告书中建议通过采取转业安置、经济补偿等方式，并在项目开展前期加强协商、沟通，保障受影响渔民的利益，使该项目获得更高的公众支持率。

7.10　环境管理与监测计划

7.10.1　环境管理计划

1. 施工期环境管理

该项目环境管理工作由建设单位、监理单位和施工单位共同承担。

建设单位具体负责和落实从工程施工开始至结束的一系列环境保护管理工作。对施工期工区内的环境保护工作进行检查、落实，协调各有关部门之间的环保工作，并配合地方环保部门共同做好工区的环境保护监督和检查工作。

环境监理单位承担环境保护监理工作，按照国家对建设项目环境保护管理要求，依据环境影响报告书、环境保护设计文件和合同、标书中的有关内容对施工过程中的环境保护工作进行监理，制定具体监理方案，确保落实各项保护措施、实施进度和质量。工程环境保护监理贯穿于项目施工全过程。

海底线缆和风力发电机组桩基在施工期产生一定量的悬浮物、生活污水和含油污水废水、废弃泥浆及其他施工垃圾等，对环境产生一定程度的不利影响，施工单位应严格按照环境保护有关条例规定开展施工活动，主要内容如下：

（1）根据工程设计文件中的有关环保内容，落实工程的环保措施和各项经费，合理安排施工时间、方式，确保将工程建设对渔业资源和鸟类的影响减到最小；确保施工期间施工废水和生活污水经处理达标后排放；合理安排施工方式、时间，确保施工场界噪声达标；保持场地整洁，保证施工机械和车辆废气排放符合国家有关规定；做好施工人员卫生防疫工作。

（2）委托有资质单位按照有关监测技术规范进行环境监测，定期提供监测数据和分析报告。

2. 运行期环境管理

运行期间，环境管理职能由该项目海上风电场运营方承担，安排专职人员对风电场运行期环境保护工作统一管理，并配合地方环保、渔政和海事部门共同做好工程运行期环境管理，包括海洋渔业资源、鸟类栖息地补偿、鸟类活动及撞机情况观测和通航安全管理等的监督和检查工作。项目营运期结束后，做好项目拆除施工的环境保护工作，对拆除造成的环境影响进行必要的修复措施，确保风力发电机组拆除不会对海域利用造成影响。

7.10.2　环保验收清单

根据该项目建设与运行的环境影响及污染物排放特征，该风电场工程竣工后，环保验收的主要内容列于表 7-26，供环保部门竣工验收时参考。

表 7-26 "三同时"环保竣工验收清单

工程内容	环保验收内容	排放标准或要求
风电场	海洋生态保护	落实对捕捞渔民的补偿；实施增殖放流
	鸟类及其栖息地保护	落实落实本报告中的各项鸟类影响对策措施，鸟类栖息地补偿面积
	风电场降噪情况	落实本报告提出的各项风电场降噪措施
	安全措施的实施情况	保证船舶航行和风力发电机组安全运行
海底电缆区	与其他各海底线缆交越的防护	做好与相关业主的协调工作，保证各类交越管线的安全运行
升压变电所	电磁辐射防护	落实本报告中的各项电磁辐射防护措施，电磁影响满足 HJ/T 24—1998 和 GB 15707—1995 中的相关限值要求
	声环境保护	厂界噪声达到 GB 12348—1990 Ⅱ类标准
	所区绿化及补偿绿化	所区绿化面积大于 30%
风险事故预防	应急预案	确保生态环境安全
	事故处理	有利于环境污染的恢复，将环境影响降低到最小
环境管理	工程环境管理情况	符合国家和行业有关规定；专职人员对风电场环境保护工作统一管理
	环境监测计划执行情况	实施制定的环境监测计划

7.10.3 环境监测计划

1. 水生生物、渔业环境监测

为了解和掌握该海上风电场项目施工海域水生生态、渔业资源的现状；分析、验证和复核工程对海域生态、渔业资源影响的评价结果；及时反映工程对周围海域生态、渔业资源状况的影响；预测可能的不良趋势，及时提出合理化建议和对策、措施；最终达到保护工程周围海域生物多样性和渔业资源的目的。对项目施工期生态、渔业进行跟踪监测。

（1）范围及站点布设。水生生物、渔业现状监测范围及站点布设参照环评的补充监测，设水生生物站位 3 个，潮间带断面 1 个，渔业资源站位 3 个。

（2）监测内容。

1）水生生物主要包括：叶绿素 a、浮游植物、浮游动物、底栖生物和潮间带底栖动物。

2）渔业资源主要包括：调查鱼卵、仔鱼种类组成、数量分布；渔获物种类组成；渔获物生物学特征；优势种分布；渔获量分布和现存相对资源密度。

（3）监测频率和时间。施工期水生生物、渔业跟踪监测进行 2 次，分别在施工期开始后的一年内的丰水期、枯水期实施。

2. 海水水质环境监测

为了解项目施工期悬浮物的污染状况，桩基施工及电缆沟开挖对海洋水质环境的影响，监测施工过程中悬浮物影响程度和范围，评价施工期水质是否满足海水水质标准，为施工期环境管理提供依据，对项目施工期水环境质量进行跟踪监测。

（1）范围及站点布设。海水水质环境监测范围及站点布设参考环评水质调查范围及站点布置确定。共设水质站位 5 个、沉积物站位 3 个。

（2）监测内容。①水质包括 pH 值、悬浮物、油类、化学需氧量、溶解氧、无机氮、活性磷酸盐、叶绿素 a；②沉积物包括 pH 值、铜、镉、铬、油类、硫化物、含水率。

（3）监测频率和时间。施工期水环境监测进行 2 期，与渔业生态监测同步进行，分别在施工期开始后的一年内的丰水期、枯水期实施。

3. 鸟情及其栖息地观测

在运行初期（5 年），加强对区域鸟情、滩涂淤涨变化、鸟类与风力发电机组撞击情况的观测研究。

（1）观测内容。

1）鸟类群落特征包括工程建设区及邻近地区鸟类的种类组成、数量、分布以及迁徙、迁飞特征、穿越风电场、与风力发电机组发生撞击的情况等。

2）栖息地生境特征包括植被、饵料动物的种类、数量以及分布情况的变化；滩涂淤涨情况；鸟类适宜生境面积的变化等。

（2）观测方法与频率。鸟类调查采用路线调查和定点观测相结合的方法进行观测。植被和饵料生物调查，主要采用样方法结合随机采样方法进行。滩涂淤涨情况可以采用定标志杆与遥感分析相结合的方法进行。

调查监测频次根据季节划分，在鸟类数量较集中的春秋季迁徙期，可进行强化监测。

4. 流场、局部冲刷

为了解和掌握该项目海上风电场工程建设对局部流场的影响，以及风力发电机组墩柱局部冲刷情况，并保证风力发电机组的运行安全，同时为检验环境评价预测的准确程度，要求在工程运行期定期对风电场海域潮流场状况进行调查监测，监测内容包括：

（1）风力发电机组墩柱局部冲刷监测。运行初期每年 1 次定期对风力发电机组墩柱局部冲刷情况进行调查，调查包括冲刷深度、冲刷坑直径和冲刷坑形状等参数，在风暴潮等恶劣气象条件过后对风力发电机组墩柱局部冲刷情况进行必要的加测。

（2）航道水深监测。运行初期每年 1 次定期对风电场邻近的航道水深进行监测调查，在风暴潮等恶劣气象条件过后进行必要的加测。

7.11　综合评价结论与建议

1. 结论

该海上风电场项目的建设符合我国可持续发展能源战略规划，在一定程度上改善了当地的能源结构，同时具有示范作用，为我国今后大规模发展海上风电奠定基础。工程建设和运行存在的主要环境问题是对渔业生产和对鸟类的不利影响，可通过经济补偿、合理规划鸟类栖息地、风力发电机组上加设防范措施等环保措施予以减轻。因此，从环境影响的角度评价，不存在制约工程建设的环境因素，工程建设可行。

2. 建议

（1）该项目为海上风电场工程，为分析、验证和复核工程对海域生态、渔业资源影响的评价结果；及时反映工程对周围海域生态、渔业资源状况的影响；达到保护工程周围海域生物多样性和渔业资源的目的，加强对项目施工期生态、渔业进行跟踪监测。

（2）由于工程运行期存在一定船舶与风力发电机组相撞的风险，为减小事故对风力发电机组的损害及航行船只的威胁，建议在下一阶段设专题研究并明确航道航行船舶碰撞概率及防范措施。

（3）为避免海底光缆因船只误抛、拖锚发生安全事故，建议加大在 1000t 航道和登岸段的电缆埋深。

第8章 潮间带风电场环境影响评价案例分析

8.1 总 论

8.1.1 评价任务由来

潮间带风电场是海上风电场的重要组成部分，我国潮间带风能资源比较丰富，据初步估算总装机容量在 3000 万 kW 以上，主要分布于江苏省、上海市、山东省、浙江省等地。本章所举的潮间带风电场总装机容量 100MW，该风电场的建设在全国的潮间带风电场中具有典型意义，其开发可为我国近海风电建设积累宝贵经验，起到良好的示范作用。

根据《中华人民共和国环境保护法》《中华人民共和国海洋环境保护法》《中华人民共和国环境影响评价法》《防治海洋工程建设项目污染损害海洋环境管理条例》和《建设项目环境保护管理条例》等的规定，凡新建、改建、扩建对环境有影响的工程项目必须进行环境影响评价，编制环境影响报告书，以阐明项目所在地环境质量现状及项目施工期和运行期的环境影响。评价包括施工期及运行期的环境影响评价，对服务期满的拆除工程环境影响则应在拆除施工前另行编制环境影响报告书。

在报告书的编制过程中，评价单位广泛收集与该项目有关的资料和文献报告，组织开展了多项专题研究和专家咨询，从环境可行性角度积极参与了建设方案的多次优化调整，编制完成了该项目环境影响报告书。

8.1.2 环境影响评价执行标准

1. 环境质量标准

（1）海洋环境质量标准。根据当地海洋功能区划，该项目海域具有滩涂养殖功能，因此项目海域海水水质执行 GB 3097—1997 二类标准和 GB 11607—1989；沉积物执行 GB 18668—2002 第一类标准；海洋生物质量执行 GB 18421—2001 第一类标准。

（2）环境空气。执行 GB 3095—2012 二级标准及修改单的要求。

（3）声环境。执行 GB 3096—2008 1 类标准。

（4）电磁环境。参照 HJ/T 24—1998 的推荐值，以 4kV/m 作为居民区工频电场评价标准，以 0.1mT 作为工频磁感应强度评价标准（开展环评工作时，GB 8702—2014 尚未颁布）。

2. 污染物排放标准

（1）污水。执行 GB 8978—1996 的一级标准。

(2) 大气污染物。执行 GB 16297—1996 二级标准。

(3) 噪声。施工期执行 GB 12523—1990，运行期执行 GB 12348—2008 1 类标准。

8.1.3 环境敏感保护目标

该项目施工场地均设置在潮间带滩涂，不涉及陆域。项目建设涉及的环境敏感保护目标具体见表 8-1。

表 8-1 项目环境敏感保护目标

序号	名称	功能	方位	距离	保护对象
1	滩涂养殖区 1	滩涂养殖文蛤、四角蛤蜊、泥螺、紫菜等，面积 30.92km²	—	项目选址位于该养殖区范围内	海水水质
2	滩涂养殖区 2	滩涂养殖文蛤、四角蛤蜊、泥螺、紫菜等，面积 31.20km²	—		
3	滩涂养殖区 3	浅水薄滩，适宜进行浅滩管护和滩涂养殖。主要养殖文蛤、四角蛤蜊、泥螺、紫菜等，面积 99.41km²	西	3km	海水水质
4	该地旅游经济开发区	规划建设	南	紧邻	海水水质、滩涂植被、生态景观
5	渔港 1	规划建设	西	2km	水文动力、泥沙冲淤环境
6	渔港 2	国家级中心渔港港内可停泊 100t 以上渔船 500 艘，100t 以下渔船 2000 艘，常有 600 艘渔船停泊	东	6km	水文动力、泥沙冲淤环境
7	排污区 1	接纳当地中西部和镇工业区等地污水，年均径流量 3.93 亿 m³，受无机氮、无机磷和铅污染，污染物等标排放量 1000t/a	东	1.5km	水文动力、泥沙冲淤环境
8	排污区 2	接纳污水通过道河排海，年均径流量 2.47 亿 m³，污染物等标排放量 2200t/a	西	1.5km	水文动力、泥沙冲淤环境

8.1.4 评价等级和评价范围

1. 评价等级

该项目主要由潮间带风电场工程及海底电缆工程等组成，根据 GB/T 19485—2014 中评价等级判定标准，该项目属海洋能源开发利用工程，为大型规模，项目位于沿岸海域，环境较为敏感，因此水文动力环境、水质环境、沉积物环境、生态环境和地形地貌与冲淤环境的评价等级均为 1 级；海底电缆工程电缆总长度约 42.9km，项目位于沿岸海域，环境较为敏感，因此水质环境、生态环境的评价等级均为 1 级，水文动力环境和沉积物环境评价等级为 2 级。综上本评价工作等级见表 8-2。

表 8-2　项目评价工作等级

序号	项目内容	海洋环境影响评价内容				
		水文动力环境	水质环境	沉积物环境	生态环境	海洋地形地貌与冲淤环境
1	风力发电机组工程	1	1	1	1	1
2	海底电缆工程	2	1	2	1	—
总体评价等级		1	1	1	1	1

根据 HJ/T 169—2004 中评价等级判定标准，该项目无生产、加工、运输、使用或储存有毒物质、易燃物质、爆炸性物质，故确定该项目环境风险评价作简要分析。

2. 评价范围

根据 GB/T 19485—2014 要求，该项目海域环境影响评价范围为：风电场场址周围、电缆沿线向外扩展 15km 所包含的海域，包括风电场工程附近可能受到影响的环境敏感区。

8.2　工　程　情　况

该潮间带风电场项目位于当地潮间带区域，距离海堤 0.7～4.4km，场址沿海岸线方向直线距离长约 7.4km，垂直海岸线方向（离岸）宽约 3.7km，场址范围总面积约 15.8km²。

1. 风力发电机组

（1）风力发电机组机型及主要参数。根据场址风速条件，选用安全等级为 IEC Ⅲ 类及以上的风力发电机组。风力发电机组选用单机容量为 2.5MW，轮毂高度为 100m，叶轮直径为 100m 的风力发电机组，机型的主要参数见表 8-3。

（2）风电场年发电量。该项目拟安装 40 台单机容量为 2.5MW 的风力发电机组，预计项目年上网电量为 21299 万 kWh，相应单机平均发电量为 532.5 万 kWh，年等效满负荷小时数为 2130h，容量系数为 0.243。

（3）风力发电机组布置。根据风电场选定的场址范围和确定的代表机组机型，结合风电场的风资源特性（尤其是风向特性）、场址地形地貌、交通运输以及施工工艺的要求等，项目布置 40 台风力发电机组，机组平行海堤分 5 排布置，风力发电机组布置在海堤外约 0.7～4.4km，排距 500～700m、列距 800～900m，各排中以东西两排风力发电机组间距较小，中间风力发电机组间距较大，风电场边线总范围总面积约 15.8km²。

表 8-3　风力发电机组主要参数

项　　目		机型参数
叶轮发电机	叶片数	3 片
	叶轮直径	100m
	扫风面积	7854m²
	轮毂高度	100m
	功率调节方式	变桨变速
	切入风速	3m/s
	切出风速	25m/s
	额定风速	12.5m/s
	型式	直驱永磁同步电机
	额定功率	2500kW
	电压	690V
	频率	50Hz
塔架	型式	锥管式
刹车系统	空气刹车	全顺桨
	机械刹车	碟式
生产厂家地点		国内品牌

（4）风力发电机组配套设备。风力发电机组采用变桨距风力发电机，每台风力发电机组配置一套升压设备。变压器将风力发电机组出口电压升高至 35kV，升压后接入升压站中压开关柜。风力发电机组—升压变采用"1机1变"单元接线方式，升压变压器单台容量为 2750kVA。

风力发电机组利用基础管桩作为自然接地体，采用软铜线连接构成接地网，可满足风力发电机组的防雷接地要求。升压站接地装置除充分利用本身基础管桩作为自然接地体外，敷设人工方孔网格状接地网。

（5）风力发电机组基础。风力发电机组基础选择混凝土桩台基础，基础承台埋深为 2.0m，桩长 24m。

（6）防腐蚀设计。该项目混凝土采用高性能海工混凝土，同时对位于浪溅区和水位变动区的混凝土承台拟采用在混凝土结构外围采用防腐涂层（环氧防腐涂层）、掺入钢筋阻锈剂等特殊防腐蚀措施。

（7）防冲刷设计。在风力发电机组基础周边抛填厚约 40cm 的块石。

（8）靠船和防撞设计。该项目风力发电机组基础高程基本在 0m 以上，船只一般无法进入，不需要考虑靠船和防撞。

2. 海底电缆

（1）电缆布置。风电场每 8 台风力发电机组组成 1 个联合单元，共 5 个联合单元，各联合单元由 1 回 35kV 集电线路接至 220kV 升压站 35kV 配电装置，最大输送容量为 22000kW。集电线路按光电复合海底电缆方案设计，电缆总长度为 42.9km。

（2）电缆结构。35kV 海底电缆型号拟选用铜导体 3 芯交联聚乙烯绝缘分相铅护套钢丝铠装光电复合海底电缆，电缆结构见图 8-1。电缆外被层选用沥青麻被。

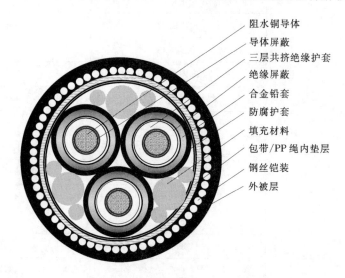

阻水铜导体
导体屏蔽
三层共挤绝缘护套
绝缘屏蔽
合金铅套
防腐护套
填充材料
包带/PP 绳内垫层
钢丝铠装
外被层

图 8-1　电缆剖面结构示意图

（3）防冲刷设计。该项目电缆采取直埋方式，施工完后，没有突起物，滩涂高程不会变化，基本恢复原样，不会加剧泥面冲刷。

3. 升压站

（1）升压站站址。项目配套建设一座 220kV 升压站。风电场 40 台 2.5MW 风力发电机组经变压器升压后组成联合单元接入 220kV 升压站。

升压站位于新鱼塘边，距离大堤约 50m，风电场电能通过 5 回 35kV 集电海缆送至升压站后，以 220kV 架空线路与电网相连。根据项目场址地形，升压站位于现有滩涂养殖鱼塘边，升压站不受海水涨潮淹没影响。

升压站内建筑物包括综合控制楼（含 35kV 高压配电室、220kV GIS 室及主变室）、员工住宅楼、设备楼、无功补偿室、附属用房、水泵房等，总建筑面积 4487.7m²。

（2）公用工程。升压站的管理及运行人数按 30 人考虑（其中运行人员 22 人采取四班三倒制，每班 5～6 人，其余管理及生产辅助人员等安排在该地生活基地）。

升压站内设置雨水管道，利用排水沟及雨水口汇集雨水，通过雨水管道将雨水排出；升压站各用水点排放的污水经污水管道汇入一体化污水处理设备处理后用于绿地浇灌，不外排；事故含油废水排入事故油池外送具有相应资质的单位进行处置，不会污染环境。

35kV 配电装置室内设事故排风，事故排风机兼作夏季通风用；220kV GIS 室设正常通风与事故排风；配电室采用自然进风，机械排风的通风方式，设事故排风机，事故排风机兼作夏季通风用；主变压器室设机械通风；蓄电池室采用自然进风，机械排风的通风方式；无功补偿室设机械通风；柴油机房设事故通风；卫生间采用通风器通风。

（3）防冲刷设计。升压站土台对平台护坡进行了加固处理，采取浆砌石护坡。设计的护坡标准满足设计波浪的冲刷，能保持土台的稳定，能满足稳定要求。在风电场建成后，加强巡视，若发现冲刷程度超过预期的情况应及时进行防护处理。

（4）至升压站公路。至升压站公路从附近海堤进入，公路长度为83.7m，道路顶宽6.0m，道路基础底宽30m，混凝土路面，路面高程为5.50m。

8.3 工 程 分 析

8.3.1 政策规划符合性分析

1. 与相关政策符合性

该项目为国内潮间带风电场示范项目，装机容量100MW。项目建设符合《产业结构调整指导目录（2006年）》对电力行业的指导要求；项目建设顺应国家开发清洁能源的发展方向，符合国家风能资源可持续开发利用的政策要求。

2. 与海洋功能规划区划相符性

根据该省海洋功能区划（2006—2010年），该项目海域属于该地风能区，并具有滩涂养殖和排污功能。项目为利用风资源进行风电开发，为可再生能源项目，项目建设与海洋功能区划相符。

项目建设会造成部分滩涂资源损失和环境质量暂时变劣，但项目运行不排污，不会明显影响项目海域自然和生态环境质量，落实施工期渔业生产补偿和施工结束后生态环境修复措施的前提下可满足滩涂养殖的海洋功能区划要求；项目建成后对项目海域及周边水文水动力影响较小且不会明显改变海域冲淤环境，不会影响河口排污和排洪能力，满足排污区的海洋功能区划要求；因此项目建设用海与该省海洋功能区划要求相符。

3. 与相关规划相符性

该项目为风电项目，项目建设对提高可再生能源在能源消费结构中的比例起到积极作用，符合国家在能源结构调整和能源可持续开发利用的规划要求。同时项目建设符合当地沿海地区发展规划、沿海开发总体规划及风电发展规划等相关规划。

8.3.2 环境合理性分析

1. 选址布局环境合理性分析

该项目为具有示范研究意义的潮间带风电场，从项目总体定位角度分析，与陆上风电场相比：潮间带风电场建设减少陆域土地资源和岸线资源的占用；相比陆上风电场区，风资源丰富、开发效率高。与近海风电场相比：项目场址均位于最高潮位以下，大部分滩涂位于低潮位以上可采用干地施工，工程量小，施工扰动少；避免了离岸式海上风电场建设往往需避开港口航道、海底管线、桥梁隧道等各类海洋开发活动区。

潮间带受陆、海双重影响，环境较复杂，干湿交替变化的生境使潮间带具有较海洋生境更高的生产力和承载力，因此潮间带开发建设活动对海洋生态环境的影响更为显著和敏感。同时项目所在潮滩是该省规划的沿海圈围区域，规划开发该地旅游经济开发区，因此需加强沟通，使风电开发与旅游开发等活动相协调。海洋功能区划已明确该项目海域作为风电开发区，但项目场址部分海域已用作滩涂养殖区，故需加强与周围功能区的协调，尤其与滩涂养殖区的协调。

应更加完善项目建设方案、施工方案，使项目建设最大程度减免对潮间带生境的影响，落实与地方水产养殖者的协调与赔偿，加强与地方海洋渔业、能源、旅游、土地等部门的沟通协商，使海域风电开发与渔业生产、旅游开发等兼容，提高项目海域综合开发利用水平，实现海洋资源综合利用和可持续利用，以充分体现项目选址布局的环境合理性。

2. 施工方案环境合理性

从项目建设方案概述可知，项目施工方案已从施工布置、风力发电机组基础、电缆铺设进行了方案调整，优化方案减少了项目永久占海面积和施工临时占海面积和避免了大量吹填，显著减轻了对滩涂植被和潮间带生物的压占扰动影响、避免了施工临时设施拆除带来的大量弃渣和二次生境扰动。因此项目施工方法是适应潮间带生态环境特点的、环境影响相对最小的施工方法。

同时施工期加强管理，施工应充分利用项目海域潮周期，严格划定施工作业带，减小两栖设备施工作业对滩涂植被和潮间带生境的破坏；尽量选择在低潮位露滩时进行干地施工，减小施工对海洋水质和生态环境的影响；施工高峰期应避开鸟类迁徙的高峰期以及重要鱼类的洄游、产卵高峰期，最大限度减小项目施工对生态环境的干扰。在完善落实施工期各项环境保护措施的前提下，使项目施工方案更具有环境的合理性。

8.3.3 生产工艺与过程分析

1. 施工期

（1）风力发电机组施工工序与产污环节见图8-2。

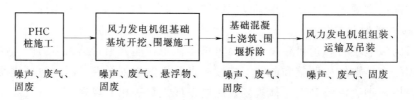

图8-2 风力发电机组施工工序及产污环节

（2）电缆施工工序与产污环节见图8-3。

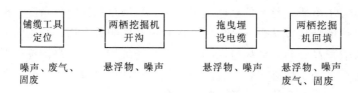

图8-3 电缆主要施工工序及产污环节

（3）升压站施工工序与产污环节见图8-4。

图8-4 升压站主要施工工序及产污环节

2. 运行期

风电场主要运行工序及产污环节见图8-5。

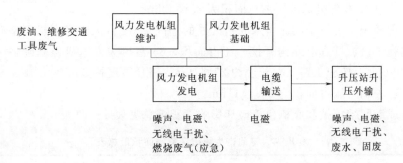

图8-5 风电场主要运行工序及产污环节

8.3.4 项目各阶段环境影响分析

8.3.4.1 施工期环境影响分析

1. 对潮间带水质、沉积物环境的影响

（1）打桩作业。风力发电机组基础桩、风力发电机组基础临时围堰等通过两栖式多履带打桩机和两栖伸缩臂式起重机配装液压振动锤进行施工。打桩作业可选择在干地和浅水状态施工，如干地施工作业，打桩时仅扰动滩涂泥面而造成微量的表层泥面流失；如浅水施工，施工时振动导致海底泥沙悬浮引起水体浑浊，污染局部海水水质，影响局部沉积物环境，打桩作业会引起周围约100m半径范围内悬浮泥沙增加（＞10mg/L）。为减小打桩作业对水质的影响，应尽量选择干地施工。

（2）风力发电机组基础开挖。风力发电机组基础开挖时围堰内基坑排水如未澄清，含有悬浮泥沙的基坑排水直接排放将影响局部海域水质和局部沉积物环境。根据项目海域海底沉积物中值粒径特征，一般静置4~5h后基坑渗水中的泥沙基本全部沉降。根据类似工程经验，若基坑渗水基本未静置直排，则基坑渗水中的悬浮物源强约为2000mg/L，按4台潜水泵同时排水计算，则项目基坑排水的悬浮物源强约为0.055kg/s。为减小风力发电机组基础开挖基坑排水的影响，应选择在基坑渗水静置5h以后，基坑上清液已澄清后开始排水。

（3）电缆铺设。电缆沟施工采用两栖挖掘机进行挖沟作业，电缆埋设时滩面一般处于

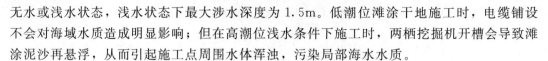

无水或浅水状态，浅水状态下最大涉水深度为 1.5m。低潮位滩涂干地施工时，电缆铺设不会对海域水质造成明显影响；但在高潮位浅水条件下施工时，两栖挖掘机开槽会导致滩涂泥沙再悬浮，从而引起施工点周围水体浑浊，污染局部海水水质。

2．对潮间带生态环境和渔业资源的影响

项目施工期对海洋生态和渔业的影响主要来自于以下 4 个方面。

（1）风力发电机组基础、升压站建设、施工机械压占（含电缆沟开挖）会直接破坏项目区域潮间带植被和底栖生物生境，栖息于这一范围内的滩涂动物将全部丧失，同时也会造成部分滩涂植被的破坏。

根据优化后的风电场布局，升压站、进站道路及 6 台风力发电机组基础位于现状高涂蓄水养殖区，因此潮间带生物损失计算仅考虑位于潮间带的其余 34 台风力发电机组基础压占。34 台风力发电机组基础压占总面积为 2.8832hm²。

临时压占面积考虑位于高涂蓄水养殖区外的潮间带 34 台风力发电机组基础施工作业临时压占和施工机械（含电缆沟开挖）压占面积。34 台风力发电机组基础临时压占总面积为 14.2528hm²。按施工路径总长度约 25.47km，路径宽度按 20m 计，施工机械（含电缆沟开挖）行驶临时压占面积为 50.9411hm²。

项目造成潮间带植被和底栖生境破坏影响面积汇总见表 8－4。

表 8－4　潮间带生境破坏影响面积汇总表

项　目　名　称	破坏面积/hm²	破坏性质
风力发电机组基础	2.8832	永久压占
合计	2.8832	
风力发电机组基础	14.2528	临时压占
施工机械压占（含电缆沟开挖）	50.9411	
合计	65.1939	

（2）风力发电机组基础、电缆沟开挖等施工作业等会使海底泥沙悬浮，增加所在海域的含沙量，使局部海水透明度下降，溶解氧降低，不利于浮游植物的光合作用，使单位水体内浮游植物的数量降低，导致该水域初级生产力水平下降。此外，海底泥沙中可能含的有害物质也可能再溶出从而可能对周围水域的浮游生物产生不利影响。

（3）施工导致的高浓度悬浮物颗粒可能直接对海洋生物仔幼体造成伤害，主要表现为影响胚胎发育，悬浮物堵塞生物的鳃部造成窒息死亡，大量悬浮物造成水体严重缺氧而导致生物死亡，高的悬浮颗粒物浓度会降低光强度和仔鱼视力，严重影响仔鱼的摄食能力，摄食能力下降使仔鱼营养不良，严重时会导致仔鱼死亡，悬浮物有害物质二次污染造成生物死亡等。

（4）施工期间，施工作业侵占现有滩涂养殖作业海域会造成养殖面积减少、养殖产量降低，同时施工船舶频繁进出施工海域会对渔船通行造成一定的影响。

3．对鸟类的影响

项目施工期间，主要由于人类活动、交通运输工具、施工机械的机械运动，相应施工过程中产生的噪声、灯光等可能对项目潮间带滩涂湿地、新围垦区内的荒地及近岸等地区的鸟类栖息地和觅食的鸟类产生一定影响，使施工区域及周边区域中分布的鸟类迁移，导致数量减少、多样性降低。影响的种类多为滨水种类和空中飞翔种类，可能造成该区域的鸟类在种类、数量及群落结构上发生一定变化。

4. 施工噪声影响

风力发电机组基础围堰围筑施工、升压站施工等均位于滩涂区域，故项目施工噪声仅对滩涂声环境产生影响。施工噪声主要来源于土方开挖、混凝土拌制、浇筑以及施工材料的运输等施工活动。类比其他工程，施工噪声源强见表8－5。

表 8－5　施 工 机 械 噪 声 源 强

序号	机械设备名称	噪声源强（距声源10m）/［dB（A）］
1	水陆两栖履带运输车	75
2	两栖式多履带式打桩机	105
3	打桩锤	90
4	液压振动锤	85
5	两栖挖掘机	82
6	拖泵	70
7	牵引车	75
8	轮式施工小型平台	70
9	伸缩臂式履带起重机	75
10	潜水泵	70
11	伸缩立柱式履带起重机	75
12	挖掘机	80
13	装载机	75
14	推土机	76
15	压路机	73
16	振动碾压机	75
17	手扶式振动碾压机	70
18	混凝土运输搅拌车	81
19	混凝土泵	68
20	插入式振捣器	70
21	自卸汽车	82
22	载重汽车	80
23	SC150液压打桩锤	90
24	卷扬机	80

5. 施工污废水影响

（1）施工生产废水。项目生产废水主要为施工基地内的生产废水，风力发电机组基础的混凝土浇筑外购商品混凝土，故生产废水主要为机械维护冲洗废水、场地冲洗等，高峰期生产用水的供水量为 40m³/d，排放系数按 0.8 计，则高峰期生产废水排放量为 32m³/d。

（2）生活污水。项目高峰期施工人员生活用水的供水量为 20m³/d，排放系数按 0.9 计，则生活污水排放量为 18m³/d。项目施工人员均租用附近村镇已建的民房，施工人员生活污水利用已有的生活污水设施处置，对周边环境无污染影响。

6. 固体废弃物的影响

项目施工活动产生固体废弃物主要为风力发电机组基础和升压站开挖的废弃土方，若开挖土方未及时压实或随意倾倒入海，对项目海水水质环境造成不利影响。

施工人员的生活垃圾产生量约 0.2t/d，由环卫部门定时清运。但若处置不当，会对项目区域的土壤和水环境造成污染，并影响环境卫生。

7. 对环境空气的影响

施工期间土方开挖、回填、混凝土拌和以及土方、物料装卸、堆放、运输等将产生大量扬尘。此外在土方、物料运输过程中，由于沿路散落、风吹起尘及运输车辆车身轮胎携带的泥土风干后将对场区内和公路上造成严重的扬尘，污染环境。

8.3.4.2 运行期环境影响分析

风力发电的工艺流程是利用自然风能转变为机械能，再将机械能转变为电能的过程。在生产过程中不消耗燃料，不产生污染物。运行期间对环境的影响主要表现如下：

（1）对潮间带水文动力环境的影响。项目建成后，风力发电机组基础受涨落潮影响，风力发电机组基础在一定程度上改变局部海底地形，对项目海域的潮流场将产生一定影响，尤其是风力发电机组墩柱周围的流速可能发生变化。

（2）对潮间带地形地貌与冲淤环境的影响。项目在区域内呈斑点状分布，风力发电机组之间间距较大。由于底流在风力发电机组基础周围产生涡流和局部冲刷，因此将在一定程度上改变局部海床自然性状，使该区域的冲淤情况发生一定改变。

（3）对海域水质环境的影响。项目建成后，项目及周边海域水文动力条件可能发生变化，从而可能改变排污区污染物扩散对其周边海域水质的影响范围和程度。

项目运行无生产污水排放，但风力发电机组设备日常运行需定期更换润滑油机油等，部分油类属 WHC1 级，若处置不当可能造成水质污染。

（4）对鸟类的影响。

1）风力发电机组与邻近区域栖息、觅食鸟类发生碰撞的可能性。邻近区域鸟类，其觅食区主要分布在草滩前缘及光滩区域，而由于项目海域滩涂破坏，在区域中停栖的鸟类低潮时会飞往邻近光滩分布区觅食，部分可能会穿越风力发电机组建设区觅食，可能会增加鸟机相撞的概率。

2）风力发电机组与迁徙飞行鸟类碰撞的可能性。该风电场处于亚太地区候鸟迁徙路线上，是许多候鸟迁徙过境时的必经之地，候鸟与风力发电机组叶片存在发生碰撞的可能性。

（5）对渔业生产的影响。目前，风电场所在海域部分为滩涂养殖区，风电场建成运行后，由于风力发电机组基础的压占，一定程度上降低了滩涂资源产量，从而引起经济收入下降，对渔民的生活产生一定影响。

（6）对沉积物环境的影响。风力发电机组基础采用混凝土墩柱，几乎无重金属等有害物质溶出，对海底沉积物基本无影响。

（7）对声环境的影响。项目运行期主要噪声源为风力发电机组运行噪声。风力发电机组运行过程中在风及运动部件的激励下，叶片及机组部件产生了较大的噪声，其噪声源主要有机械及结构噪声和空气动力噪声。机械及结构噪声主要是由齿轮振动噪声、轴承撞击和周期激发噪声、电机电磁噪声组成；而空气动力噪声则由叶片与空气之间作用产生。此外风力发电机组设备内配备的通风散热设备也会产生一定的机械噪声。

（8）对电磁环境的影响。由于升压站电气设备均布置在室内，经过建筑物的屏蔽，电气设备室外地面工频场强值基本与周围环境本底值接近，故升压站对电磁环境无明显影响。

风电场输电电缆埋设于滩涂泥面以下 2m 处，对电缆沿线电磁环境影响范围一般在 1m 以内，影响很小。

8.3.5 环境影响识别与筛选

1. 环境影响识别

根据以上分析，项目施工期和运行期主要环境影响因素及影响因子见表 8-6 和表 8-7。

表 8-6 施工期主要环境影响评价因子一览表

环境要素		影响原因	影响性质	影响范围	评价因子	评价程度
自然环境	海洋水质	施工悬浮物、施工污废水等排放	可逆，较小	施工区域及周边环境	悬浮物、COD、石油类	-3
	沉积物环境	施工污水排放及废弃物丢弃	可逆，较小		废弃物及其他、大肠菌群、病原体和石油类	-2
	海洋生态	悬浮物浓度增加，破坏浮游动植物、及底栖生物生境	部分不可逆，较大		浮游植物、浮游动物、底栖生物、渔业资源、滩涂植被	-3
	鸟类	施工活动干扰鸟类栖息地及其觅食活动	较小	施工区及邻近鸟类栖息地	鸟类数量、多样性、生境质量	-1
	空气环境	施工产生的扬尘、施工机械和施工车辆排放的尾气等	可逆，较小	施工区域	TSP、PM10、NO_2、CO、SO_2	-1
	声环境	施工机械和运输车辆运行时将产生噪声	可逆，较小	施工区域	LAeq	-1
	渔业生产	渔业资源受损失、渔业生产面积减小	部分不可逆，较大	施工区域	渔业生产（滩涂养殖）面积	-2

注：评价程度中，负数代表不利影响。

表 8-7　运行期主要环境影响评价因子一览表

环境要素		影响原因	影响性质	影响范围	评价因子	评价程度
自然环境	海洋水文动力	对区域海洋水文动力环境造成一定影响	不可逆，较小	风电场周边海域	潮汐、潮流	−3
	海洋地形地貌与冲淤环境	改变区域海域的地形地貌和冲淤情况	不可逆，较小	风电场周边海域	冲淤深度	−2
	鸟类	风力发电机组运转对鸟类产生一定影响	中等	鸟类迁徙路线	鸟类数量、多样性、生境面积、质量	−2
	声环境	风力发电机组运转将产生噪声	较小	升压站和风电场区域	LAeq	−1
	电磁环境	风电场运行将产生电磁	较小	升压站和风电场区域	电、磁场强度	−1
	海洋水质、海洋生态	船舶风力发电机组碰撞溢油风险、生活污水排放	中等	风电场周边海域	油类、BOD、氨氮	−1
社会环境	社会经济	促进地区社会经济发展	较小	当地	可持续能源利用	+1
	渔业生产	风电场影响渔业生产	中等	风电场征用海域	渔业养殖面积	−3

注：评价程度中，正数代表有利影响，负数代表不利影响。

2. 环境影响评价工作重点

根据上述环境影响识别结论，该项目环评工作重点如下：

（1）施工期。风力发电机组基础、电缆施工对海洋环境、生态及渔业资源的影响；建设方案和施工工艺的环境合理性分析、方案比选及清洁生产水平分析；环境保护对策措施。

（2）运行期。风力发电机组运行对区域鸟类迁徙、栖息及其生境的影响。

8.4　环境现状调查与评价

8.4.1　水文水动力环境

1. 潮汐、潮流

为了解海域潮流和泥沙特征，根据项目海域可调查布点的潮位和水深条件，在项目海域设置 1 个潮位和 3 个潮流测点，大潮期间对项目海域的潮位及潮流进行了实测。

项目海域潮汐以正规半日潮为主，潮流为半日强潮流。项目海区潮流除具有旋转流的特性外，均为沿着主要水道的往复流运动。项目海域附近深槽内均为往复流运动，项目风力发电机组所在海域位于地势较为平坦的浅滩上，由于地形原因，项目海域涨、落潮期间只有高潮时水流会漫滩上流，流速较小。

根据实测水文资料分析，项目海域涨落潮平均流速介于 0.63～1.12m/s 之间，垂线最大流速，涨落潮介于 $1.06\sim2.15\mathrm{m/s}$ 之间；受深槽地形的影响，各垂线均为往复流；2 个站位涨潮流速大于落潮，而 1 个站位落潮流速大于涨潮；流速沿垂线分布呈表层大、底层小变化，3 个站位的底层平均流速，涨潮为 $0.51\sim0.70\mathrm{m/s}$，落潮为 $0.46\sim0.72\mathrm{m/s}$。

2. 泥沙

通过对项目区域大潮期间实测资料分析，项目区附近含沙量变化特点：各垂线涨落潮平均含沙量介于 $0.338\sim0.564\mathrm{kg/m^3}$ 之间；涨落潮最大含沙量介于 $0.43\sim1.67\mathrm{kg/m^3}$ 之间；各垂线含沙量分布，由表层至底层呈递增变化，其中底层平均含沙量介于 $0.554\sim0.652\mathrm{kg/m^3}$ 之间；表层平均含沙量介于 $0.186\sim0.411\mathrm{kg/m^3}$ 之间，底层平均含沙量大于表层 1.5 倍以上。

3. 表层沉积物

项目海域浅滩和深槽表层沉积物粒度分析结果表明：项目海域靠近岸边一侧浅滩上的沉积物主要为砂质粉砂和粉砂；深槽及其附近两侧边滩沉积物主要为砂质沉积；项目海域深槽附近则以砂沉积为主，近岸高潮滩上以粉砂质沉积为主，而水体悬沙物质成分为粉砂；上述各区域分选程度均比较好。项目海域水体中含沙量主要为当地泥沙局部再搬运所致，外界泥沙对项目海域的影响有限。

8.4.2　地形地貌与冲淤环境

1984—2009 年项目区附近潮滩宽度变化分析结果表明，项目区附近的浅滩地形稳定；项目区附近岸滩虽有小幅冲淤变化，但这种变化是局部的，不会对浅滩地形的稳定格局造成影响，说明项目区附近的水动力条件是稳定的，浅滩地形与水动力环境是相适应的，不会出现颠覆性的冲刷状态，可保持长期稳定状态。

项目海域周边没有大的河流，基本无陆源泥沙影响，同时外海涨潮时水体含沙量很小，也不会出现大量的供沙环境，所以项目海域附近泥沙来源主要是以项目海域滩槽泥沙在波流共同作用下的再搬运影响为主。

从底质泥沙取样结果来看，泥沙来源主要是近岸高潮滩的粉砂沉积、深槽及其附近浅滩的较粗的砂质沉积的原地搬运和细颗粒泥沙的再悬浮搬运。

8.4.3　海洋环境质量

1. 调查站位布设和调查时间

为了解项目附近海域和潮间带环境质量现状，委托当地海洋环境监测预报中心于 2010 年 4 月对项目海域水质、沉积物、生态环境现状进行了监测调查，同时引用了 2009 年 12 月、2010 年 10 月项目附近海域环境监测调查成果。

2010 年 4 月调查海域共布设水质站位 20 个、沉积物站位 15 个、生物站位 15 个、潮间带断面 3 条、生物质量站 7 个。

2. 海洋水质调查与评价

根据该项目所在省海洋功能区划，项目海域主要为滩涂养殖区和风能区，海域功能类别要求满足二类海水水质标准。各期海水水质调查结果略，评价结果表明：项目海域海水水质达不到二类标准，主要超标因子有无机氮、石油类、活性磷酸盐、硫化物、锌、挥发

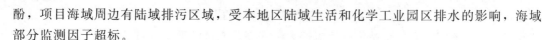

酚，项目海域周边有陆域排污区域，受本地区陆域生活和化学工业园区排水的影响，海域部分监测因子超标。

3. 沉积物质量调查与评价

根据该项目所在省海洋功能区划，项目海域主要为滩涂养殖区，执行一类海洋沉积物评价标准。各期海洋沉积物调查结果略，从三期监测结果来看，调查区各站沉积物监测指标均符合 GB 18668—2002 一类标准要求，说明调查海域沉积物质量总体状况良好。

4. 海域生态环境质量

（1）浮游植物。2010 年 4 月大潮调查共鉴定出浮游植物 5 门 24 种，其中硅藻门 15 种（占 60 %），甲藻门 5 种，金藻门 2 种，隐藻门 1 种，绿藻门 1 种。2010 年 4 月小潮共鉴定出浮游植物 5 门 27 种，其中硅藻门 18 种（占 67 %），甲藻门 5 种，金藻门 2 种，隐藻门 1 种，绿藻门 1 种。

2010 年 10 月调查共鉴定出浮游植物 2 门 25 种，其中硅藻门 13 属 19 种（占 76 %），甲藻门 6 种。

（2）浮游动物。2010 年 4 月大潮调查共鉴定出大中型浮游动物 19 种，其中：桡足类 13 种（占 68.4%），浮游幼虫 3 种（占 15.8%），毛颚动物 2 种，磷虾类 1 种。中小型浮游动物 21 种，其中：桡足类 15 种（占 71.4 %），浮游幼虫 2 种，占 9.52%，被囊类、原生动物、毛颚动物、水母类各 1 种。2010 年 4 月小潮共鉴定出大中型浮游动物 23 种，其中：桡足类 14 种（占 61%），浮游幼虫 3 种（占 13.04%），毛颚动物 2 种，磷虾类、糠虾类、端足类和浮游软体动物各 1 种。中小型浮游动物 22 种，其中：桡足类 14 种（占 63.6 %），浮游幼虫 3 种，占 13.6 %；被囊类 2 种，占 9.1%；原生动物、毛颚动物、水母类各 1 种。

2010 年 10 月调查共鉴定出大中型浮游动物 27 种，其中：桡足类 14 种（占 52%），浮游幼虫 4 种（占 15%），水母类 3 种，毛颚动物 2 种，磷虾类、糠虾类、端足类、浮游软体动物各 1 种。中小型浮游动物 27 种，其中：桡足类 13 种（占 48.2 %），浮游幼虫 5 种（占 18.5%），水母类 3 种（占 11.1%），毛颚类 2 种（占 7.4%），被囊类、腹足类、糠虾类、磷虾类各 1 种。

（3）底栖生物。2010 年 4 月调查共鉴定出底栖生物 23 种，其中：软体动物 11 种（占 47.8 %），环多毛类 4 种（占 17.4%），甲壳动物 3 种（占 13.1 %），腔肠动物、棘皮动物、蔓足类、端足类和星虫类各 1 种（占 4.34%）。

2010 年 10 月调查共鉴定出底栖生物 23 种，其中：软体动物 10 种（占 43.5 %），多毛类 6 种（占 26.1%），甲壳动物 3 种（占 13%），端足类 2 种（8.7%），棘皮动物和蔓足类各 1 种（占 4.3%）。

（4）潮间带生物。2010 年 4 月调查共鉴定出潮间带生物共 26 种，其中：以软体动物和多毛类占优势，分别为 14 种（占 53.8%）、5 种（占 19.2%）；甲壳类 2 种（占 7.69%）；棘皮动物、星虫类、端足类、腕足动物、节肢动物各 1 种。2010 年 10 月经鉴定调查海域潮间带生物共 36 种，其中：以软体动物和甲壳动物占优势，分别为 17 种（占 47.2%）、6 种（占 16.67%）；多毛类 5 种（占 13.89%）；蔓足类和星虫类各 2 种（分别占 5.56 %）；腔肠动物、棘皮动物、端足类和腕足动物各 1 种（各占 2.78%）。

5. 海洋生物质量

通过对项目海域及项目附近海域 2 期的贝类生物体海洋生物质量调查可知：2010年 4 月贝类所测各项指标均符合 GB 18421—2001 的一类标准，海洋生物质量总体状况良好；项目附近海域 2 期调查贝类生物体出现铅超标但达到二类标准，其余各因子均达到一类标准，生物体铅超标可能与陆域地表径流污染和沿海航运及船舶工业发达造成的污染有关。

8.4.4　海洋渔业资源

为了解项目海域渔业资源状况，在项目海域开展了 2 期渔业资源现状调查，调查时间是 2010 年 5 月和 2010 年 9 月。

1. 鱼卵、仔鱼

2010 年 5 月和 9 月水平和垂直拖网调查共鉴定鱼卵为 3 目 8 科 13 种和 2 个未定种，仔鱼 2 目 3 科 4 种。5 月鉴定鱼卵 3 目 8 科 10 种和 1 个未定种，仔鱼 2 目 2 科 3 种；9 月鉴定鱼卵 2 目 2 科 3 种和 1 个未定种，仔鱼 1 目 1 科 1 种。

2010 年 5 月鱼卵和仔鱼密度平均为 1.96ind./m³ 和 0.15ind./m³，仔鱼中密度最高的种类是大黄鱼，平均密度为 0.08ind./m³，分别占全部鱼卵总密度的 69.90% 和 17.86%。

2010 年 9 月鱼卵和仔鱼密度平均为 1.57ind./m³ 和 0.17ind./m³。鱼卵中焦氏舌鳎和未定种 2 密度较高，分别为 0.95ind./m³ 和 0.32ind./m³，分别占全部鱼卵总数的60.07% 和 20.57%，9 月的仔鱼仅虾虎鱼科一种，密度为 0.17ind./m³。

2. 渔获物

2010 年 5 月和 2010 年 9 月调查海域拖网、定置张网及流刺网捕获的渔获物中共出现游泳动物 81 种，其中：拖网 67 种，定置张网 47 种，流刺网 2 种。拖网中，鱼类 37 种占拖网总种数的 56.06%，虾类 18 种占 27.27%，蟹类 10 种占 15.15%，头足类 1 种占 1.52%。

2010 年 5 月期间拖网渔获物中，鱼类 18 种占 46.15%，虾类 12 种占 30.77%，蟹类出现 9 种占 23.08%。2010 年 9 月拖网渔获物中鱼类 27 种占 56.25%，虾类 13 种占27.08%，蟹类 7 种占 14.58%，其他类 1 种占 2.08%。

2010 年 5 月渔业资源密度（重量、尾数）中，重量和尾数密度均值分别为 182.40kg/km²和 48.98×10³ind./km²。

2010 年 9 月渔业资源密度（重量、尾数）中，重量和尾数密度均值分别为 65.64kg/km²和 2.54×10³ind./km²。

8.4.5　潮间带植被

在项目区域及沿岸上下游范围内调查发现有 4 个植物群落类型，分别为互花米草（*Spartina Alterniflora Loisel*）群落、互花米草—盐角草（*Salicornia Europaea L*）群落、盐角草群落以及互花米草—碱蓬（*Suaeda Glauca*）群落。发现滩涂植物和陆生植物共 24 种，潮间带植被群落优势种为互花米草，主要伴生种为盐角草和碱蓬，生物多样性较为单一，最为常见的植物群落类型为互花米草群落。调查未发现经济养殖、珍稀、濒危以及特有保护植物种类。

8.4.6　鸟类

调查共记录到鸟类 152 种 34872 只，其中水鸟 66 种 33534 只，占本次调查记录到的鸟类总数的 96.2%，非水鸟 68 种 1338 只，占本次调查记录到的鸟类总数的 3.8%。水鸟主要为鸻鹬类和鸥类，这些水鸟主要在堤外潮间带湿地栖息，但是在高潮位滩涂淹没后，这些鸟会聚集在靠近大堤高程较高的裸地或是飞入堤内荒地内休憩。

8.5　环 境 影 响 预 测

8.5.1　对海洋水文动力环境的影响

海洋水文动力环境影响预测使用模型为：考虑波浪作用的二维潮流数学模型；二维泥沙数学模型；地形冲淤数学模型。

1. 计算域的确定和网格剖分

根据试验要求，建立合适的大范围数学模型和项目区域的局部数学模型，模型的范围和边界处理充分考虑重点区域的代表性，以能满足预测精度要求为原则，岸滩采用动边界技术。大模型计算区域东西向长约 254km，南北向宽约 243km，总面积约 61722km²。小范围南北距离 60km，东西距离 62km，总面积约 3720km²。

2. 边界条件

模型共有东边界、北边界、南边界 3 条外海开边界，由潮位过程控制，潮位由中国海域潮汐预报软件 Chinatide 计算给出。小范围数学模型开边界由大范围数学模型提供。

3. 预测结果

（1）项目实施前流态特征。项目海域附近深槽潮流为往复流运动，该项目风力发电所在海域位于地势较为平坦的浅滩上，由于地形原因，项目海域只有高潮时潮流才漫滩，流速较小。

根据 2006 年实测资料显示：本海区潮段平均流速，涨潮介于 0.59～1.03m/s 之间，落潮介于 0.57～1.07m/s 之间；潮段最大流速，涨潮介于 1.13～1.57m/s 之间，落潮介于 0.81～2.00m/s 之间。而根据 2010 年实测资料显示：项目海域附近深槽海域潮段平均流速，涨潮介于 0.87～1.07 m/s 之间，落潮介于 0.63～1.12m/s 之间；潮段最大流速，涨潮介于 1.30～2.15m/s 之间，落潮介于 1.06～1.68m/s 之间。

（2）项目实施后流态变化。根据项目实施前后周围海域涨急、落急、涨憩、落憩流场图，由于项目位于浅滩上，高潮淹没，低潮露出。经统计，只有涨平附近 3h 左右项目浅滩处大部分区域会被海水淹没，其余时间大部分区域均为露滩状态。

项目场址范围是浅水弱流区，不是周围各水道的主水流交换通道，只有在高潮时，海水才会淹没项目所在的浅滩海域，使得桩柱局部流场发生一定的变化，其余时刻只有靠近外海部分的风力发电机组对潮流有一些局部影响。因此，项目建成后不会改变周围各水道的水动力分布和主流走向，不会对水道产生负面影响，仅对项目附近区域局部流场有较小影响，对远离项目附近的海域没有影响。

（3）项目实施后流速变化。根据项目实施后海域全潮平均流速和最大流速等值线分布图，项目实施对海域流速分布影响较小，流速变化主要集中在风力发电机组桩墩周围水域，对场址外海域流速基本无影响。场址内流速变化趋势则主要表现为墩柱迎背水面流速有所减小，墩柱两侧流速略有增加。从变化幅度分析，迎背水面流速变幅一般在 0.05m/s 以下，而墩柱两侧流速增幅则一般在 0.03m/s 以下。

为了进一步分析项目建设对项目区域附近所产生的影响，模型选取 45 个特征点。表 8-8 给出了项目实施前后特征点全潮平均流速和最大流速变化。由表 8-8 可知，所选取的特征点处全潮平均流速增减幅度约介于 -0.02~0.02m/s 之间，最大流速增减幅度约介于 -0.03~0.05m/s 之间，大部分区域流速没有变化。

表 8-8　特 征 点 流 速 统 计 表　　　　　　　　单位：m/s

特　征　点	序号	全潮平均流速			最大流速		
		项目前	项目后	变化量	项目前	项目后	变化量
风力发电机组附近	1	0.292	0.297	0.005	0.478	0.489	0.011
	2	0.243	0.255	0.012	0.477	0.509	0.032
	3	0.369	0.363	-0.006	0.577	0.544	-0.033
	4	0.406	0.400	-0.006	0.596	0.634	0.038
	5	0.361	0.367	0.006	0.673	0.701	0.028
	6	0.405	0.385	-0.020	0.641	0.687	0.046
	7	0.431	0.434	0.003	0.632	0.666	0.034
	8	0.437	0.437	0.000	0.598	0.582	-0.016
	9	0.351	0.365	0.014	0.650	0.704	0.054
	10	0.534	0.537	0.003	0.898	0.916	0.018
	11	0.396	0.403	0.007	0.701	0.726	0.025
	12	0.425	0.431	0.006	0.622	0.637	0.015
滩涂养殖区	13	0.413	0.413	0.000	0.886	0.886	0.000
	14	0.619	0.621	0.002	1.404	1.408	0.004
	15	0.413	0.418	0.005	0.886	0.893	0.007
	16	0.619	0.616	-0.003	1.404	1.400	-0.004
	17	0.331	0.332	0.001	0.910	0.910	0.000
	18	0.508	0.501	-0.007	0.656	0.647	-0.009
	19	0.309	0.309	0.000	0.874	0.874	0.000
	20	0.650	0.650	0.000	1.057	1.057	0.000
	21	0.326	0.326	0.000	0.522	0.522	0.000
	22	0.602	0.602	0.000	0.945	0.945	0.000
	23	0.604	0.604	0.000	1.089	1.089	0.000
	24	0.653	0.653	0.000	0.916	0.916	0.000

特 征 点	序号	全潮平均流速			最大流速		
		项目前	项目后	变化量	项目前	项目后	变化量
渔港及排污区1	25	0.544	0.544	0.000	0.765	0.765	0.000
	26	0.378	0.384	0.006	0.657	0.666	0.009
	27	0.014	0.014	0.000	0.057	0.058	0.000
	28	0.190	0.190	0.000	0.312	0.312	0.000
	29	0.159	0.160	0.000	0.537	0.537	0.000
	30	0.235	0.235	0.000	0.404	0.403	0.000
	31	0.314	0.314	0.000	0.403	0.403	0.000
	32	0.230	0.230	0.000	0.491	0.491	0.000
	33	0.483	0.483	0.000	1.079	1.079	0.000
	34	0.483	0.483	0.000	0.713	0.713	0.000
渔港及排污区2	35	0.199	0.199	0.000	0.313	0.313	0.000
	36	0.166	0.166	0.000	0.736	0.736	0.000
	37	0.296	0.296	0.000	0.856	0.856	0.000
	38	0.544	0.544	0.000	0.765	0.765	0.000
附近深槽	39	0.436	0.436	0.000	0.863	0.863	0.000
	40	0.556	0.556	0.000	1.188	1.188	0.000
	41	1.004	1.004	0.000	1.954	1.954	0.000
	42	1.050	1.050	0.000	1.830	1.830	0.000
	43	0.797	0.797	0.000	1.417	1.417	0.000
旅游经济开发区	44	0.889	0.893	0.004	1.552	1.560	0.008
	45	0.955	0.955	0.000	1.544	1.544	0.000

（4）对敏感目标及航道通航环境的影响分析。项目建成后对滩涂养殖区、渔港等环境敏感目标的潮流场影响较小，全潮平均流速变化最大仅为 0.02m/s，不影响环境敏感保护目标的功能。项目建成后对周围排污区的污染物扩散条件无明显影响。由于全潮平均流速变化最大仅为 0.02m/s，基本不改变航道航行的潮流动力条件，项目实施后对航道通航环境基本无影响。

8.5.2 对泥沙冲淤环境的影响

1. 泥沙冲淤影响

通过泥沙数学模型对项目实施后进行模拟计算，泥沙淤积计算动力条件：潮汐动力以大、中潮组合为代表潮流动力，波浪条件根据不同波向及频率组合进行考虑。经过计算得出了项目实施后项目海域年冲淤分布情况。计算结果表明，项目实施后项目海域局部墩柱周围及电缆区域附近有冲有淤，但年冲淤变化不大，均在 0.2m 以下。

为进一步分析项目海域的冲淤趋势，模型在计算中选取了 45 个特征分析点（同潮流分析点）。根据计算结果，项目区域绝大部分特征点泥沙年冲淤幅度在 0.1m 以下，最大淤积幅度 0.096m，最大冲刷幅度 0.072m。可见，项目区泥沙年冲淤幅度较小。

2. 对环境敏感目标的影响

项目建成后对环境敏感目标的泥沙冲淤影响较小，项目实施对旅游经济开发区、滩涂养殖区、排污区及渔港、附近深槽的冲刷幅度较小，特征点变化范围小于 0.1m，因此不会对上述敏感目标造成不利影响。

3. 对桩墩局部冲刷的影响

桩墩局部冲刷，在正常波流并遇 50 年一遇 NE 向波浪情况下，沿程桩墩局部冲刷越靠近外海冲刷深度越大，靠外海一侧墩柱最大冲刷深度为 2.3m。

8.5.3 海洋水质环境影响预测

1. 海缆埋设造成的悬浮泥沙扩散影响

（1）计算工况。计算工况分别考虑大潮和小潮两种潮型，预测时刻在满足两栖挖掘机作业要求的条件下选择各源强代表点悬浮泥沙扩散影响最不利时刻。

（2）预测结果。为计算电缆埋设施工造成的悬浮泥沙扩散影响，在海缆沟沿线选取了 12 个代表点，潮流条件同样分大、小潮进行计算。电缆铺设施工影响代表点见图 8-6。

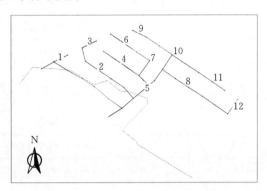

图 8-6　电缆施工影响代表点布置

电缆铺设施工悬浮泥沙计算结果见表8-9～表8-11。

表 8-9　电缆施工悬浮泥沙增量扩散包络范围　　　　　　单位：km²

潮　型	≥10mg/L	≥20mg/L	≥50mg/L	≥100mg/L	≥150mg/L
大潮	18.78	6.88	3.09	1.38	0.61
小潮	8.67	2.97	1.18	0.85	0.57
大小潮叠加	19.09	7.83	3.68	2.05	1.02

表 8-10　单个代表点悬浮泥沙增量扩散范围（大潮）　　　　　　单位：km²

代表点	≥10mg/L	≥20mg/L	≥50mg/L	≥100mg/L	≥150mg/L
1	0.64	0.20	0.06	0.00	0.00
2	1.67	0.48	0.26	0.14	0.00
3	0.41	0.22	0.13	0.07	0.06
4	1.36	0.40	0.21	0.10	0.09
5	1.90	0.55	0.18	0.10	0.06
6	1.12	0.46	0.22	0.14	0.06

续表

代表点	≥10mg/L	≥20mg/L	≥50mg/L	≥100mg/L	≥150mg/L
7	0.88	0.35	0.20	0.11	0.04
8	1.36	0.50	0.25	0.12	0.05
9	0.70	0.27	0.17	0.00	0.00
10	1.11	0.38	0.14	0.05	0.00
11	1.25	0.44	0.19	0.11	0.08
12	0.54	0.26	0.15	0.06	0.04

表8-11 单个代表点悬浮泥沙增量扩散范围（小潮）　　　　单位：km²

代表点	≥10mg/L	≥20mg/L	≥50mg/L	≥100mg/L	≥150mg/L
1	0.00	0.00	0.00	0.00	0.00
2	0.00	0.00	0.00	0.00	0.00
3	0.00	0.00	0.00	0.00	0.00
4	0.00	0.00	0.00	0.00	0.00
5	0.00	0.00	0.00	0.00	0.00
6	0.93	0.64	0.46	0.32	0.29
7	0.00	0.00	0.00	0.00	0.00
8	0.00	0.00	0.00	0.00	0.00
9	1.39	0.48	0.21	0.11	0.07
10	2.47	0.83	0.41	0.19	0.05
11	2.17	0.81	0.31	0.17	0.11
12	0.00	0.00	0.00	0.00	0.00

从图8-6、表8-9~表8-11可知，电缆铺设施工悬浮泥沙扩散范围在大潮条件下其影响范围明显大于小潮，大潮受潮流动力的影响悬浮泥沙更易于扩散，低浓度增量扩散区面积较大，小潮则反之；但是对于高浓度泥沙扩散包络范围，大、小潮包络面积相差略小些；大潮计算条件下，悬浮固体（SS）浓度超过10mg/L的包络面积约18.78km²，而小潮计算条件下SS浓度超过10mg/L的包络面积约8.67km²，大潮计算条件下SS浓度超过150mg/L的包络面积约0.61km²，小潮计算条件下SS浓度超过150mg/L的包络面积约0.57km²。

大小潮叠加情况下，SS浓度超过10mg/L的包络面积约19.09km²，超过150mg/L的包络面积约1.02km²。

2. 风力发电机组基础开挖造成的悬浮泥沙扩散影响

（1）计算工况。计算工况分别考虑大潮和小潮两种潮型。

（2）预测结果。风力发电机组基础施工悬浮泥沙计算结果见表8-14。

表 8-12　风力发电机组基础施工悬浮泥沙增量扩散包络范围　　　　单位：km²

潮型	≥10mg/L	≥20mg/L	≥50mg/L	≥100mg/L	≥150mg/L
大潮	7.81	2.13	0.89	0.57	0.38
小潮	2.65	1.09	0.61	0.45	0.34
大小潮叠加	9.46	2.91	1.34	0.98	0.63

由表 8-14 统计结果可知，悬沙浓度超过 10mg/L 的包络范围，大潮情况下为 7.81km²，小潮情况下为 2.65km²；悬沙浓度超过 20mg/L 的包络范围，大潮情况下为 2.13km²，小潮情况下为 1.09km²；悬沙浓度超过 50mg/L 的包络范围，大潮情况下为 0.89km²，小潮情况下为 0.61km²；悬沙浓度超过 100mg/L 的包络范围，大潮情况下为 0.57km²，小潮情况下为 0.45km²；悬沙浓度超过 150mg/L 的包络范围，大潮情况下为 0.38km²，小潮情况下为 0.34km²。

大小潮叠加情况下，SS 浓度超过 10mg/L 的包络面积约 9.46km²，超过 150mg/L 的包络面积约 0.63km²。

单个风力发电机组基础影响范围无论大潮还是小潮，影响范围均较小，且大潮情况下的影响范围要明显大于小潮。风力发电机组基础施工悬浮泥沙扩散范围及分布情况受潮流动力及水深地形影响明显，随位置不同，每台风力发电机组基础施工时悬浮泥沙扩散情况差异较大。

3. 风力发电机组基础施工和电缆施工悬浮物影响最大包络范围

图 8-7 给出了风力发电机组基础施工和电缆埋设造成悬浮泥沙扩散影响情况，根据

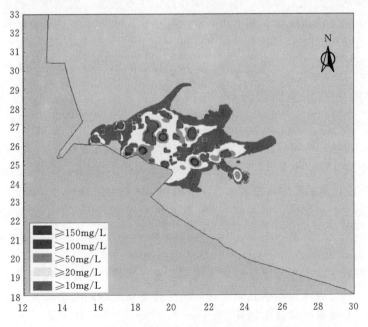

图 8-7　施工期悬浮泥沙扩散总包络范围（单位：km）

表 8-15 包络范围统计结果，悬沙浓度超过 10mg/L 的包络范围为 24.56km²；悬沙浓度超过 20mg/L 的包络范围 13.34km²；悬沙浓度超过 50mg/L 的包络范围为 5.85km²；悬沙浓度超过 100mg/L 的包络范围为 3.12km²；悬沙浓度超过 150mg/L 的包络范围为 2.40km²。

表 8-13 施工期悬浮泥沙增量扩散总包络范围　　　　　单位：km²

浓度	≥10mg/L	≥20mg/L	≥50mg/L	≥100mg/L	≥150mg/L
面积	24.56	13.34	5.85	3.12	2.40

4. 对环境敏感目标影响预测

项目施工对滩涂养殖区影响较大些，最大影响面积（以悬浮泥沙增量不小于 10mg/L 计）达到 20.31km²。但是高浓度悬浮泥沙增量范围比较小，以悬浮泥沙增量不小于 100mg/L 计，对滩涂养殖区最大影响面积为 2.78km²。

项目施工对渔港、排污区等其他敏感目标基本没影响。

5. 悬浮泥沙浓度变化分析

悬浮泥沙浓度变化规律表现为：越靠外海的代表点，悬浮泥沙沉降时间越长，越靠岸边越短。靠外海的代表点浓度呈先增后减、再增再减的趋势，而施工中心区的代表点，悬浮泥沙被掀起后，随时间推移，悬沙逐渐落淤，浓度随之降低。整体来看，高含沙浓度持续较短，浓度衰减速度相对较快，悬浮泥沙影响时间基本在 6h 以内。

8.5.4 对海洋沉积物环境的影响

由于在滩涂区设置施工场地，施工活动将产生生产废水、生活污水和垃圾等，若管理不善，可能发生施工机械废水、施工生产废水和生活污水等未经处理直接排海，或生活垃圾、废机油等直接弃入海中，将直接污染区域海水水质，进而可能影响区域海域沉积物质量，造成沉积物中酸碱度、有机污染物、大肠菌群、病原体和石油类等指标超标。

8.5.5 对海洋生态和渔业资源环境的影响

1. 施工期

（1）对浮游生物的影响。在风力发电机组基础施工，电缆管沟开挖建设作业过程中，泥沙与海水混合形成悬浮泥沙含量很高的水团，削弱水体中的透光层厚度从而降低海洋初级生产力，浮游植物生物量的减少，会引起以浮游植物为饵料的浮游动物生物量也相应地减少。

（2）对渔业资源的影响。桩基施工和电缆沟开挖对潮间带底栖生物造成伤害。初步估算永久占用潮间带导致经济损失为 146.44 万元，临时占用潮间带导致经济损失为 496.68 万元，合计 643.12 万元。

施工过程中悬浮物将在一定范围内形成高浓度扩散场，悬浮颗粒将直接对海洋生物仔幼体造成伤害，主要表现为影响胚胎发育，悬浮物堵塞生物的鳃部造成窒息死亡，大量悬浮物造成水体严重缺氧而导致生物死亡。

鱼卵折成鱼苗按 1% 成活率计，仔鱼折成鱼苗按 5% 成活率计；从幼体长成鱼虾蟹的成熟的个体均按 50% 成活率计，成鱼和成蟹按 100g/尾计，成虾按 7g/尾计，经济损失按

3 年计算，该项目施工期对鱼虾蟹类的直接经济损失总计为 377.87 万元。

综合上述两项影响，项目施工期共造成渔业资源经济损失 1020.99 万元。

（3）渔业生产影响。项目海域均为滩涂养殖，项目建设对项目占用的滩涂养殖造成影响。施工期破坏的滩涂养殖范围为风力发电机组基础、升压站、进站道路压占的面积，风力发电机组基础临时影响面积为 20.16hm^2，升压站、进站道路为占海面积，施工机械压占（含电缆沟开挖）为施工设备行驶路径占用影响面积为 74.0hm^2。

按当地滩涂养殖近 3 年平均产量计算，则施工期滩涂养殖损失量为 275.09t/a，运行期损失量为 345.99t/a。

2. 运行期

（1）对海洋生态环境的影响。项目建成后除风力发电机组墩柱周围局部区域外，海域的水文动力和泥沙冲淤环境基本不会改变，且项目建成运行后基本不会造成海域水质和沉积物环境的变化，因此海域潮间带生境条件较项目实施前无明显变化，项目建成后项目所在潮间带的生物类型、数量、组成等均不会发生明显变化，项目运行期对海洋生态环境影响较小。但风力发电机组基础和升压站及进场道路的修筑会造成少量潮间带生境的永久丧失，项目运行期无法恢复。

（2）对渔业生产的影响。由于项目风力发电机组行列间间距较大，且采用非封闭式的管理方法，因此运行期风电场范围内除风力发电机组基础、升压站、进站道路占海面积外的其余区域仍可用于滩涂养殖作业。项目建设前建设单位应与地方渔业行政主管部门进行充分的协商沟通，对受影响的滩涂养殖者进行合理必要的补偿。

8.5.6 对鸟类及其生境的影响

1. 对潮间带植被的影响

该项目由于升压站和风力发电机组基础建设，压占潮间带面积，造成潮间带植被的损失，项目压占区域的植被类型为互花米草。项目区域内植物群落结构简单，种类单一，对现存植物群落结构和格局影响不大。但随着当地滩涂的淤涨，项目区域可能会对植物群落的未来格局存在影响。

该项目潮间带植被参照芦苇损失计算，对植被的压占面积约 13.21hm^2，则该项目潮间带植被生态损失为 190.27 万元。

2. 对迁徙期鸟类的影响

在春季和秋季迁徙期，项目区域主要鸟类为鸻鹬类、雀形目鸟类以及猛禽三大类群。

风电场所处地区位于东亚—澳大利西亚迁徙路线的中间位置，每年有近百万只鸻鹬类在迁徙过程要经过该地区。研究表明，鸟类在迁徙飞行时高度较高，一般飞行高度为数百到上千米，与风力发电机组发生碰撞的机会很小，但在能见度较低或是天气较为恶劣的时候，迁徙鸟类的飞行高度会降低，而风力发电机组上的灯光也会吸引它们，这就增加了鸟类被撞死的几率。在迁徙过程中，一些鸟类在风电场及附近区域觅食，补充能量以便进行下一阶段的迁徙飞行。风电场的建设会造成鸟撞的发生从而直接给鸟类带来影响，同时也会通过改变鸟类的栖息地生境从而影响到鸟类的觅食和能量补充。

一些雀形目的鸟类也会沿海岸线迁徙。由于滩涂上缺乏适宜雀形目鸟类栖息的环境，这些雀形目鸟类主要在堤坝内的林地休息，在迁徙途中可能会经过风电场区域。如在附近区域停歇，它们在风电区域可能会降低飞行高度，有可能发生鸟机相撞事件。在恶劣的气候条件下，迁徙的雀形目鸟类也可能会降低飞行高度，发生鸟机相撞的事件可能会有所增加。

猛禽在迁徙时多利用上升气流飞行，以减少飞行过程中的能量消耗。因此，猛禽在迁徙过程中的飞行高度一般为数百米甚至上千米，且较少在海岸线活动，风电场对迁徙猛禽的影响较小。猛禽在迁徙过程中会在风电场区域捕食小型鸟类，该过程中可能发生鸟机相撞事件。猛禽的捕食活动多发生在天气情况较好的时间，风力发电机组等容易识别，因此猛禽发生鸟机相撞的概率很小。

由于项目区域在迁徙期的鸻鹬类和雀形目鸟类数量很大，发生鸟机相撞事件很难避免。但目前国内外有关小型鸟类发生鸟机相撞的概率在不同区域有着不同的研究结果。根据该潮间带风电场附近某风电场的观测调查结果，直接由风力发电机组引起鸟机相撞的事件发生概率很低，类比某风电场，该项目鸟机相撞事件对鸟类的影响不大。

3. 对繁殖期鸟类的影响

区域记录到的繁殖期鸟类主要为国家二级保护鸟类黑嘴鸥、猛禽、鹭类以及一些雀形目鸟类。

根据对当地滩涂黑嘴鸥繁殖地的调查，黑嘴鸥的营巢地的植被以碱蓬为主，其他类型的植被黑嘴鸥都很少利用。而该项目区域的滩涂植被以互花米草为主，因此项目区域并不适宜黑嘴鸥营巢，近年的多次调查都没有在项目区域发现黑嘴鸥的巢，项目区域对黑嘴鸥繁殖的作用可能是作为黑嘴鸥的觅食地，风电场对黑嘴鸥繁殖活动的影响不是很大。

猛禽在林地营巢繁殖，风电场的建设区域并不具备猛禽的营巢条件。项目区域可能主要是猛禽的觅食场所，猛禽在繁殖期捕食滩涂上的一些鸟类等作为其食物。根据项目区域的现状调查，项目区域的猛禽主要为红隼，红隼在我国东部沿海区域均有广泛分布，由于项目占地相对较小，对其影响不是很大。

鹭类在林地营集群巢进行繁殖，滩涂湿地不适合其筑巢。滩涂湿地是鹭类的主要觅食地，湿地的一些底栖动物、水生生物是鹭类的主要食物。鹭类在繁殖地和觅食地往来飞行时，可能会发生鸟撞现象。鹭类为目前湿地的优势水鸟类群，近年来其数量增长迅速，在很多区域对当地环境已经造成了危害性，采取一定措施控制其种群增长，否则会破坏湿地生态系统的生态平衡，对湿地的其他生物类群不利。尽管鹭类在风场附近频繁的飞行会增加它们与风力发电机组发生碰撞的几率，对鹭类可能会造成一定影响，但由于其种群规模大、繁殖力高，不会对种群带来明显的影响。

在繁殖季节，雀形目鸟类主要在大堤内的林地、灌丛等有植被分布的区域活动，少部分鸟类会在滩涂湿地的植被带活动。由于滩涂的植被以外来植物互花米草为主不适合鸟类栖息，滩涂上繁殖的雀形目鸟类种类和数量均较少，风电场的建设对其影响较小。

项目区域由于受到互花米草入侵的影响不适合鸟类营巢，风电场对繁殖鸟类的影响主要表现在对鸟类觅食地的影响以及鸟类在飞行过程中可能发生的鸟机相撞事件。

4. 对越冬期鸟类的影响

冬季项目区域的鸟类主要为雁鸭类、鸥类和鸻鹬类。

翘鼻麻鸭在水线附近栖息，而罗纹鸭、赤颈鸭等鸭类主要栖息于堤内人工湿地。对雁鸭类栖息地利用的研究表明，滩涂上的互花米草和光滩区域对雁鸭类的利用价值均很低，所以风电场区域并不是雁鸭类的主要栖息地，发生鸟机相撞的概率很小。雁鸭类对附近人类活动的干扰较敏感，项目施工及施工人员活动会对附近的雁鸭类的活动带来一些干扰，雁鸭类在附近区域仍可找到替代的栖息地，因此风电场对雁鸭类的影响程度很小。

项目区域冬季有国家一级重点保护鸟类遗鸥的分布。遗鸥主要分布于黄海区域的北部滩涂，该项目区域的数量较少，为偶见鸟类。由于数量较少且正常飞行的速度较慢，发生鸟机相撞的概率很低。其他鸥类的种群数量均较大，在我国东部滩涂均有较广泛的分布，尽管可能有发生鸟机相撞的可能，但对种群影响不大。

越冬的鸻鹬类主要在光滩活动。项目建设会破坏滩涂，导致项目范围栖息地质量下降甚至栖息地丧失，对其产生影响，但可以在项目附近区域找到相似生境的滩涂湿地作为替代的觅食地，故对其影响不大。

项目区域的滩涂植物以外来植物互花米草为主，对鸟类的利用价值较低，不是鸟类的主要栖息地类型。冬季无植被的光滩有鸥类和鸻鹬类的分布，水域有雁鸭类的分布。风电场可能会给这些鸟类带来鸟撞的威胁。

5. 小结

项目施工会暂时改变滩涂湿地的结构，这可能会导致施工期鸟类的栖息地丧失、区域适宜生境面积暂时减小和质量下降。同时施工人员、机械的大量进驻和密集活动也会驱赶鸟类离开这一生境。因此项目施工会直接导致鸟类高潮期适宜生境的丧失，对鸻鹬类等造成短期的不利影响。但施工结束后施工破坏的潮间带滩涂植被和底栖动物群落会逐渐得到修复，鸟类适宜的生境面积会有所恢复。

运行期风力发电机组转动会对周边滩涂及堤边防护林中觅食的鸟类也会产生一定的影响，干扰影响半径一般在100m左右，可能减少在受影响区域的觅食时间，并可能使鸟类被迫将其觅食活动转移至附近其他区域。结合项目布置分析，该项目风力发电机组间距在500～900m，项目建成后风力发电机组虽然会侵占、干扰周围局部区域栖息地，造成其质量下降和面积减小，但不会影响其他远离风力发电机组的栖息地质量，也不会造成风电场潮间带区域鸟类栖息地生态功能整体丧失。此外，由于项目区域的滩涂湿地和附近区域的滩涂湿地环境条件相似，鸟类仍可以在附近区域找到替代的觅食地。

由于潮汐的影响及滩涂底栖动物分布的不均匀性，潮间带滩涂湿地上的很多鸟类都会在滩涂上寻找适宜的栖息地，这些鸟类的飞行高度一般在100m以下，在飞越风电场时有可能会撞到风力发电机组。国外相关研究表明，在一般情况下，相应飞行高度下穿越风电场的鸟类撞击风力发电机组的概率只有0.01%～0.1%。因此虽然项目建设会带来一定的鸟类撞击风力发电机组的可能，但发生的概率总的来说较低，不会对区域鸟类的数量种类造成明显影响。

8.5.7 其他环境影响

1. 噪声影响

（1）风力发电机组噪声。风力发电机组在额定转速条件下的噪声影响最为明显。

该项目风力发电机组额定转速下的最高声功率级为105dB（A），由此计算的风力发电机组噪声随距离的衰减见表 8-14。

表 8-14　风力发电机组噪声随距离衰减表

与轮毂直线距离/m	100	150	200	250	300	350	400	450	500	600	700	800	1000
噪声级/[dB（A）]	54.0	50.5	48.0	46.0	44.5	43.1	42.0	40.9	40.0	38.4	37.1	35.9	34.0

由计算结果可知，在距离轮毂 100m 处即塔筒地面处，风力发电机组运行噪声影响在 54dB（A），而随距离衰减至 300m 处时，噪声影响仅 44.5dB（A），可满足 1 级标准要求。而当衰减至 500m 处时，噪声影响仅 40dB（A）。该项目风力发电机组间距均在 500m 以上，因此风力发电机组噪声叠加作用并不明显，同时由于项目区域周围 500m 内基本无环境敏感目标分布，因此风力发电机组噪声不会对周围声环境造成明显不利影响。

（2）升压站。升压站的噪声主要来自室内的主变压器、电抗器和屋外配电装置等电器设备所产生的电磁设备噪声。变电设备的噪声以中低频为主，正常情况下主变压器噪声值为 75dB（A），当断路器在动作时瞬时噪声值最高可达 100dB（A），但除设备调试安装时有数次动作发生，正常运行时一般极少发生；电抗器声级值一般为 65dB（A）。由于主变位于控制楼室内，变压器经过建筑物墙体降噪，传至室外可达到 GB 12348—2008 中 1 类标准，且该项目升压站周围无环境敏感目标分布，因此升压站不会对周边声环境产生明显影响。

2. 对电磁环境的影响

（1）海底电缆对电磁环境影响分析。项目海底电缆均为金属铠装屏蔽电缆，电缆外层的金属屏蔽层和铠装层可以有效地屏蔽电缆带电芯线在周围所产生的电场，但是电缆芯线中的电流所产生的磁场却不能为其外层金属屏蔽层有效地屏蔽。

图 8-8 给出了工作电流为 300A 陆域的中压（10～20kV）电缆在常规埋设深度下，采用不同排列方式产生的地面工频磁感应强度数值及分布示意图。

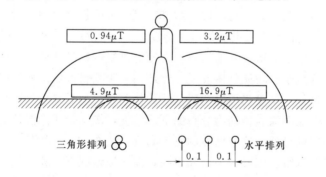

图 8-8　中压地下电缆产生的地面磁场（单位：m）

该项目采用的三芯电缆从排列上属于三角形排列，由图 8-8 可见，在电缆埋设深度 0.8m 的条件下，埋设处地面位置的工频磁感应强度在 4.9μT 左右，且工频磁感应强度随距离迅速衰减，至 1.8m 处衰减至 1μT 以下，因此其影响范围和程度均较小。项目海底电缆载流量在 50A 左右，电缆开沟埋设深度在 2.0m，因此电缆在滩涂处可能造成的磁感应强度最大约为 1μT。

（2）升压站对电磁环境影响分析。鉴于变电设备电磁场空间分布的复杂性，较难进行理论计算，因此采用类比分析的方法进行预测分析。

经调查，已建成运行的某 220kV 变电站的电压等级、平面布置、电气布置、规模及使用条件等方面与该项目 220kV 变电站较为相似，可以作为该项目的类比工程。

某 220kV 变电站的监测结果表明，围墙外各测量点位的电场强度波动范围为 0.06006 ~1.5670V/m 之间，磁感应强度波动范围为 0.09630~2.081μT 之间，电磁场强度值均较小，远远低于 HJ/T 24—1998 中推荐的工频电场 4kV/m 和磁感应强度 0.1mT 的评价标准。

根据 220kV 变电站类比监测数据，220kV 风电场配套升压站在不受外界其他变电站或线路影响的情况下，变电站四周工频电磁场强度水平远小于相应的国家标准要求。

通过上述分析可知，由于距离衰减和建筑物的屏蔽作用，该项目建成后工频电场强度、磁感应强度均可以满足国家的相关标准和规定，对周边电磁环境无明显影响。

8.6 环 境 事 故 风 险

8.6.1 项目周边海域内通航环境风险

1. 施工期通航风险

项目施工采用两栖式设备，可干地或涉水行走，涉水深度在 2.5m 以内。上述施工存在水上施工风险，同时对通航有一定影响，主要表现如下：

（1）两栖式设备在施工期较为频繁进出施工水域与附近小型渔船发生碰撞的影响。

（2）施工围堰、两栖式设备在高潮时阻碍沿岸航行的小型渔船航路的影响。

（3）浅水区敷设的电缆对进入施工区的两栖式设备抛锚的影响。

（4）两栖式设备水面航行时受强潮流和大风浪可能发生失控、倾斜甚至倾覆的影响。

（5）吊装作业时因未能把握两栖式设备稳定性，从而导致施工平台倾覆。

2. 运行期通航风险

项目建设于潮间带上，与附近大船航道的距离较远，项目建成后仅项目两侧有小型渔船和小型机动船舶航路，该项目风力发电机组距离附近渔港航线最近约 1.3km，进出两侧的船只主要利用涨潮阶段通过海水冲刷的较为固定的深水区进出，而该项目主要选址于高程 0.00m 以上区域，项目区域不具备通航条件，因此项目建成后基本不会对周围航道、航线的通航安全造成不利影响，同时项目选址位于潮间带，项目运行期的设备维护检修主要由进场道路采用两栖交通设备进出，场址无需频繁占用两侧航道进出。因此项目建成运行后也不会增加海域行船密度，总的来说项目建成后对海域通航风险的影响较小。

8.6.2 施工船舶碰撞溢油风险

由于项目位于浅滩上，高潮淹没，低潮露出，因此项目海域基本不具通航功能，同时由于施工均动用两栖施工设备在无水或浅水条件下进行施工，因此也不存在施工船舶溢油的可能。因此，该项目溢油风险主要为两栖施工设备因操作不当或管理维护不善造成的溢油事故，同时还存在一定两栖设备与附近小型渔船碰撞的可能。

从载油量角度分析，项目施工均采用两栖施工设备，相比各类施工船舶其设备规模较小，相应的载油量也较少，以各类施工设备中规模较大的两栖履带运输车河打桩机为例，其燃油箱容量一般在 200～300L，如配备液压油箱，其容量也在 100～200L，单台施工设备的总载油量最大在 500L 左右；对于海域附近航行的小型作业渔船，由于吨位较小，其载油量也有限。因此，即使发生操作或碰撞事故，溢油量也较有限。

综合该项目海域通航环境特点和各类施工设备及周围航行船舶规格分析，项目施工及运行期溢油事故的概率极小，仅存在发生少量油料泄漏事故的可能。但考虑到油品的危险性及其可能对海洋自然、生态环境带来的危害，需要从油品的风险特性及溢油事故对海洋环境的影响角度提出针对性的防范措施。

8.6.3　通航、溢油风险事故防范措施

为保证工程施工安全，防止油污事故发生，施工单位必须有水上施工经验，施工过程中需科学合理安排施工工序，周密考虑工程施工期间的安全措施，应主要包括：

（1）项目施工期间需制订切实有效的安全管理措施和一旦发生突发性事故的应急预案，预案应包括应急事故组织机构、应急救援队伍、应急设施及物质的配备、应急报警系统、应急处理措施、应急培训计划等内容。根据项目场地特点，该项目发生船舶溢油事故可能性仅为两栖设备与附近小型渔船碰撞，建议项目施工期船舶溢油事故的应急预案可依托项目附近渔港的船舶溢油事故风险预案。

（2）施工水域处于潮间带，易受寒潮和台风等恶劣天气影响；流速快，潮差大。施工条件比较复杂，要做好安全防范工作。

（3）施工作业开工前按规定向海事局有关部门申请办妥水上水下施工作业手续，划定施工界限，获得施工许可，申请发布有关施工作业航行通告和航行警告，在施工海域设置警戒区并配备符合标准的警戒标志。遵守海事部门的现场监管，研究两栖施工设备的干扰问题，制订相互避让办法。

（4）调查项目附近海域的养殖区，标定养殖区范围，及时公布，避免施工设备进入养殖区造成安全事故。一旦出现事故时及时通知水产养殖场，做好减少污染准备。

（5）施工作业单位切实做好安全管理工作，尽早发现安全隐患，并采取必要的安全保障措施。施工设备设施的负责人要切实负起施工设备管理的责任，确保作业安全，杜绝冒险作业。

（6）两栖施工设备作业时，应保持足够的谨慎，对周围环境的各种因素有足够的考虑；对各种特殊情况应事先制定应急预案，并保持应有的戒备，以便能及早采取行动来避免事故的发生。

（7）要加强项目施工期间施工区附近水域的通航环境的安全管理。

8.6.4　其他环境事故风险

其他环境事故风险主要包括：雷电、台风等自然灾害风险；风力发电机组损坏风险；长时期冲刷造成电缆和海床之间形成掏空的风险；混凝土输送泄漏风险。针对可能发生的环境事故，提出相应的事故防范措施，采取风险防范措施后，上述环境事故的发生概率可

明显降低，事故发生对环境的影响可明显减小。

8.7 清洁生产与污染防治对策措施

8.7.1 清洁生产分析

1. 建设方案清洁生产水平分析

（1）项目场址布置比选。建设单位在前期开展了该项目场址比选工作。

比选方案中除推荐场址外还选取了一处备选场址，备选场址位于推荐场址外侧约6km的浅海区域，距离海岸线约10km，长约5.6km，宽约2.4km，场址范围总面积约15.8km²。

表8-15对两选址布置方案从资源条件、用海面积、环境影响、施工难度、工程投资等角度进行了分析。

表8-15 选址布置比选分析

比选内容	备 选 场 址	推 荐 场 址
风资源条件	区域100m高度全年平均风速为6.67m/s，年平均风功率密度为299.7W/m²	区域100m高度全年平均风速为6.54m/s，年平均风功率密度为282.0W/m²
项目海域占用	场址范围总面积约15.8km²，风力发电机组用海面积为56.95万m²，海底电缆用海85.80万m²，升压站及进站道路用海2.70万m²，总用海面积145.45万m²，用海区域远离岸线且避开港区及航线，对海域今后开发限制较小	场址范围总面积约18.2km²，风力发电机组用海面积56.95万m²，海底电缆用海62.18万m²，升压站及进站道路用海2.70万m²，总用海面积121.83万m²，用海区域现状为养殖区，今后周围海域规划作为旅游经济开发区，需协调风电开发与养殖生产，圈围后旅游土地开发等的关系实现共同发展
海洋水质、沉积物环境影响	海上桩基础作业及海缆埋设工程量较大，相应水质悬浮扩散影响较大，基础位于海洋常年对潮流动力有一定影响	采用两栖作业方式，利用干地施工，悬浮扩散影响能有效控制，对潮流影响仅限在高潮部分时段
海洋生态、渔业资源（生产）影响	悬浮扩散影响造成渔业资源损失量较高，海底电缆埋设施工和船舶搁浅作业对底栖生物生境造成一定面积破坏，对潮间带生境影响范围较小，不会大范围直接影响滩涂养殖作业	悬浮扩散对渔业资源影响相对较小，海底电缆埋设仅破坏潮间带生境，但对较敏感的潮间带生境破坏较大，潮间带生物以及滩涂植被生物损失量较大，需较长时间恢复，同时造成滩涂养殖区面积损失
鸟类及其生境	距离鸟类集中栖息、觅食的潮滩区域较远，对鸟类栖息、迁飞活动影响相对较小，不会造成较大面积的鸟类生境损失	临近鸟类栖息觅食集中区域，建成后对鸟类迁飞会造成一定阻碍，鸟机相撞概率相对较高，直接压占潮滩造成鸟类生境的损失
工程量及施工难度	桩基础及海缆敷设工程量较大，需采取改造后可搁浅的船舶施工，海域受风浪影响较大，可作业时间短	海缆及桩基础工程量相对较小，采用两栖式施工设备施工，适宜施工时间较长
工程投资	静态投资为170562万元，静态投资为17056元/kW	静态投资为146761万元，静态投资为14767元/kW

总的来说，两方案在资源环境、工程施工以及资源环境影响方案各有利弊，从各要素比选分析来看，使推荐方案可行性满足清洁生产要求的关键在于加强海域开发利用功能间

的协调，优化施工布置减缓对海洋水环境及生态环境的影响以及工程后期潮间带生物及滩涂植被的补偿与恢复。

（2）风力发电机组设备工艺水平分析。该项目是国内潮间带风电场示范项目，设计采用的变速变桨能主动以全顺桨方式来减少转轮所承受的风压力，具有结构轻巧和良好的高风速性能等优点，风能利用系数较传统定桨距失速风力发电机组高，且适宜项目海域大风日出现几率较多、风功率密度较高的特点。从国际上兆瓦级风力发电机组技术发展趋势分析，变桨距调节方式将逐渐取代失速调节方式。因此项目设备选型符合海上风力发电机组技术发展方向。

2. 施工工艺清洁生产水平

（1）风力发电机组基础。项目施工方案已经多方面优化调整，为此，评价针对前期选择的吹填临时施工道路和施工平台施工工艺与两栖设备作业施工方法进行环境影响比选，以分析施工工艺的清洁生产水平。

按工程前期设计的吹填施工方案计算，采用高基础平台的吹填量达 100 万 m^3，施工临时道路吹填达 80 万 m^3。现设计采用低桩高台柱风力发电机组基础并采用两栖设备施工，风力发电机组基础填方量仅 2 万 m^3，从施工工艺上可大大降低填方量，也可大大降低对海水水质、沉积物环境和海洋生态环境的影响，此外还可减少施工后期吹填道路废弃拆除的工程量，可缩短施工周期，加快区域潮间带生境的恢复和滩涂养殖生产。

（2）升压站。升压站施工站内地面场平高程为 8.00m，升压站现状为高涂蓄水养殖区，为了避免升压站施工时场地内雨水漫流对周边水产养殖的影响，以及基础填筑施工可能造成的水土流失及对周围水环境和滩涂养殖环境的影响，应在升压站施工前对升压站基础范围设置挡墙，并在挡墙内设置排水沟，并在挡墙修筑后进行升压站基础填筑，以进一步提高升压站修筑的清洁生产水平。

8.7.2　污染防治措施

该项目环境保护对策措施具体见表 8-16，环境管理措施见表 8-17。

表 8-16　环境保护对策措施一览表

项目	环境保护对策措施	具体内容	规模及数量	预期效果	实施地点及投入使用时间	责任主体及运行机制
污水处理	生产废水处理	生产废水处理设施	隔油池 5m^3，预沉池 1 座 50m^3，加药及混凝沉淀设备 1 套，处理能力 10m^3/h	处理后回用，多余部分排入污水管道系统	施工基地，与施工基地同步建设	施工单位建设、使用和管理
	升压站施工污水处理	移动厕所	5 套移动厕所整体产品，粪箱容量 1000L，清掏周期 1600 人次	外运，不向环境排放	升压站施工场地，进场时同步设置	
	升压站生活污水	生活污水处理设施	一体化污水处理 1 套，处理能力为 2m^3/d	处理后绿地浇灌，不向环境排放	升压站场地内，与升压站建设同步	施工单位建设、使用和管理
	变压器事故废水处置	事故油池	事故油池 3m^3	外送具有相应资质的单位进行处置	升压站场地内，与升压站建设同步	建设单位建设、使用和管理

项目	环境保护对策措施	具体内容	规模及数量	预期效果	实施地点及投入使用时间	责任主体及运行机制
固体废弃物处置	生活垃圾处置	垃圾桶	根据需要在升压站和施工基地设置生活垃圾筒	统一收集后委托环卫部门清运处理	升压站和施工场地内，与其建设同步	施工单位、建设单位建设、使用和管理
	风力发电机组维护垃圾	垃圾桶	风力发电机组维护废弃物垃圾箱1个	外送具有相应资质的单位进行处置	升压站场地内，与升压站建设同步	建设单位建设、使用和管理
海洋生态保护	渔业资源补偿	采用增殖放流方法补偿	需补偿的潮间带生物损失量 115.25t，需补偿鱼卵 5998.58 万粒、仔鱼 459.08 万尾、幼鱼 0.62 万尾、幼蟹 1.41 万尾、幼虾 0.37 万尾	按照相关主管部门的要求，按时完成增殖放流的品种、数量	风电场影响海域，施工完成后的 2 年内完成	建设单位落实，可委托专业单位
	鸟类及其生境	风力发电机组叶片涂色	40 台风力发电机组的 120 片叶片全部涂色	增加风力发电机组叶片可见度	风力发电机组叶片，与风力发电机组安装同步	建设单位落实，可委托风力发电机组叶片厂家
		当地物种恢复	恢复鸟类生境破坏面积 13.21hm²	按照相关主管部分的要求，按时完成当地物种的栽种	风电场破坏范围，项目完成后的 2 年内	建设单位落实，可委托专业单位

表 8-17 环境保护管理对策措施一览表

环境要素	施工活动或环境影响因子	环境保护管理对策措施
海洋水质	滩涂施工	优化施工进度安排，应选择海况良好的低潮位露滩干地进行风力发电机组基础和电缆铺设施工，以减少施工引起的悬浮物扩散范围。 施工机械应在划定的施工作业范围内施工，禁止超出施工作业范围，可减小施工扰动造成的滩涂表层泥沙流失。 强化施工渣土管理，做到风力发电机组基础和电缆开挖及时回填夯实；控制基坑排水，应在泥沙下沉后抽排上清液，以减少施工排水的悬浮影响。 禁止施工设备直接向海域水体排放油污水、丢弃生活垃圾
	施工基地	注意施工场地的清洁，及时维护和修理施工机械，避免机油的跑冒滴漏。 加强对施工废水收集处理系统的清理维护，及时清理排水沟及处理设施沉泥沉渣，保证系统的处理效果。 为防止工区临时堆放的散料被雨水冲刷造成水土流失，应对施工场地四周进行防护。 加强对施工人员的教育，贯彻文明施工的原则，严格按施工操作标准执行，避免和减少污染事故发生
海洋生态	潮间带生态	施工机械应在划定的施工作业范围内施工，禁止超出施工作业范围，避免任意扩大施工范围，增加破坏潮间带生境范围。 优化施工方案，加强科学管理，在保证施工质量的前提下尽可能缩短作业时间。 当风力发电机组桩基和电缆铺设完后，应及时平整并压实滩涂地面，以有利于加快滩涂植被的自然修复

续表

环境要素	施工活动或环境影响因子	环境保护管理对策措施
海洋生态	渔业资源	应选择海况良好的低潮位露滩干地进行风力发电机组基础和电缆铺设施工，减少施工引起的悬浮物扩散范围。 合理安排施工作业时间，尽量避让鱼类产卵高峰期施工；设置施工标志告知明确禁止进行养殖活动；对受影响的渔民进行补偿。 开展生态环境及渔业资源跟踪监测、开展增殖放流
	鸟类及其生境	应加强对施工人员的环保教育，提高其对鸟类尤其是珍稀保护级鸟类的保护意识，严禁捕杀。施工中互花米草植株应销毁、不得随意抛弃，以免造成该外来植物的大面积扩散尽量。在鸟类迁徙的高峰期以电缆回路为单元进行分区，避免施工区域多点零散施工，以减少对鸟类栖息、觅食等的影响。合理安排施工作业时间，尽量避免鸟类迁徙的高峰期施工。风力发电机组叶片涂色，增加鸟类对风力发电机组的可见度；进行当地土著的物种的恢复；开展鸟类跟踪监测
固体废物	施工固废	强化施工渣土管理，做到风力发电机组基础和电缆开挖及时回填夯实，防止沙土随潮流入海。 风力发电机组吊装固废及时收集回收；施工场地设置垃圾收集装置
	升压站固废	生活垃圾设置垃圾收集装置后委托环卫部门清运处理；危废经收集后交由具有相应资质处理
声环境	施工噪声	禁止使用不符合国家噪声排放标准的施工机械设备；选择低噪声设备、加强设备维护
	变压器噪声	选择低噪声设备、加强设备维护；主变压器建筑设计上从空间布局考虑降噪、主变压器室内、风力发电机组机舱内使用降噪材料
空气环境	施工机械废气	禁止不符合国家废气排放标准的机械和车辆进入工区；加强对施工机械，运输车辆维修保养
	施工扬尘	加强施工洒水、保持施工场地整洁，控制施工扬尘；加强对施工人员的环保教育，坚持文明施工、减少施工期的空气污染
通航环境	船舶通行	强对施工作业安全管理，两栖施工设备需进行安全检测，操作人员需进过安全培训，落实施工安全措施和应急措施。 施工单位应拟定施工期间水上交通安全维护方案，并告知周边相关设计海上通航单位和个人

8.8 公 众 参 与

在该项目报告编制过程中，评价单位联合建设单位以公示、问卷调查和专家咨询会等多种形式开展了公众参与工作。

公示包括建设单位对项目的公示和环评单位对环评主要结论的公示，分别于 2010 年 3 月和 2011 年 1—2 月在该县政府网上公示和工程现场进行公示。

2011 年 2 月进行开展了公众参与问卷调查，将个体对象分为普通公众和直接受项目影响的渔业生产从业者。公众参与共发放调查问卷 140 份，其中：普通公众 70 份，渔民 70 份，渔民调查数占总调查数的比例为 50%。

从普通公众和渔民的公众调查的情况来看，参与调查的公众和渔民都认真地回答了提问，绝大部分对项目建设持肯定的态度，且对该项目都表示出一定的认知，反映了对项目的建设总体上表示关心、理解和支持。

调查发现被调查者对施工期间环境破坏、渔业生产、渔业资源、噪声污染、滩涂资源破坏、海洋生态环境、地形冲淤、施工期三废排放以及交通便利等方面的影响较为关注，对于该项目的意见和建议主要为："不要造成交通不便""施工时减少破坏，减少噪声""加强施工管理，不随便弃渣""严格控制三废""少破坏鱼塘""尽量少破坏滩涂""做好污水排放控制工作""减少施工期对渔业生产作业的干扰，协调好与渔民之间的关系""保护生态环境""加大投资希望早日建成让当地人民受益"等。对于上述意见和建议，项目报告均予以采纳，并在报告中针对可能产生的环境影响提出了相应的预防和减缓措施。

公示期间，建设单位和环评单位均未收到公众对项目建设的意见和建议，说明公众对项目建设表示赞同或不介意，不存在重大反对意见。

8.9 评价结论与建议

1. 结论

该项目建设符合我国可持续发展能源战略规划、符合项目所在省的海洋功能区划（2006—2010 年），与沿海地区发展规划等相符，同时具有潮间带风电场建设的示范作用，可为我国发展潮间带风电奠定基础。

从环境保护角度看，项目施工期和运行期的主要环境影响包括对潮间带生境和滩涂植被的破坏，对鸟类迁飞及其生境的干扰，滩涂资源损失和对滩涂水产养殖的影响，需通过实施生态修复、经济补偿等措施予以缓解。项目建设需协调项目海域及周围的滩涂养殖、旅游开发活动等综合利用关系并取得滩涂养殖户和地方相关主管部门同意。在全面落实环评报告提出的各项环保措施，优化项目建设方案和施工方案，取得地方政府及相关主管部门同意的前提下，该项目建设可行。

2. 建议

该项目主要建议如下：

（1）项目海域具有较高的开发潜力与价值，建议进一步加强与周围旅游开发等的协调互动，提高海域利用率，实现海洋资源可持续开发利用。

（2）建议下阶段进一步优化项目海域旅游开发区周边风力发电机组布置，使之与当地旅游景观更加协调。

（3）建议下阶段进一步优化高台柱 PHC 桩风力发电机组基础设计、施工方案，尽可能减少围堰施工、基坑开挖、风力发电机组基础承台现浇、多级混凝土泵输送系统对滩涂生境的影响。建议根据项目海域潮位特征，在技术可行的前提下，采用无需围堰施工的桩高风力发电机组基础承台或其他环境更优的设计、施工方案。

（4）项目为潮间带风电场示范工程，为验证和复核环评报告对潮间带海洋环境的影响预测评价结果，及时反映项目建设对潮间带海洋环境的实际影响，达到示范、借鉴和利用的目的，应在项目施工期和运行期对项目海域海洋环境进行跟踪监测。

第 9 章　海上风电场水下噪声对海洋生物
影响评价案例分析

　　海上风电场在施工期及营运期所产生的水下噪声对工程海域海洋生态环境将带来一定的影响，评估影响的广度和深度并采用积极有效的方法减少影响是当前海上风电场建设中急需解决的迫切问题。近几年来，随着海上风电场环境影响评估研究的不断深入和评估技术手段的不断提高，海上风电场水下噪声对海洋生物的影响逐渐成为风电场环评影响评价中的重点和热点，并在我国少数海上风电场环境评价中有所尝试和突破。海上风电场在施工期的主要噪声为水下打桩等所产生的水下冲击波噪声，营运期对海洋生态环境的影响主要为风力发电机组运转产生的水下噪声和电磁辐射等对海洋生物的影响。

　　本章以一个海上风电场为例介绍如何进行海上风电场水下噪声对海洋生物影响评价。

9.1　工程海域海洋环境噪声概况

　　该项目海上风电场总装机容量 300MW，风电场所处海域水下滩面地形较平缓。测量包括水上和水下噪声调查。

9.1.1　水上噪声环境

　　1. 调查点位

　　为了解工程海域水上、水下声环境状况，对该项目海上风电场所处工程区域的声环境质量进行了监测。共设置 8 个环境噪声监测点位（包括 8 个水上监测点和 8 个水下监测点）。

　　2. 调查内容及时间

　　水上声环境调查内容为：①无计权（即 Z 计权）等效连续声级 LZeq；②测量期间所测到的最大声压级；③给出在 10Hz～20kHz 频率范围内的 1/3 倍频程的频带声压级分布。共调查 8 个点，每个测点连续监测时间为 5min 以上。

　　其中各调查内容的物理意义如下：

　　（1）无计权（Z 计权）等效连续声压级定义 LZeq：测量到的噪声能量按时间平均的结果。目前空气中环境噪声评价都是基于与人有关的各种噪声评价量，绝大多数都是以 A 计权声级为基础。但由于 A 计权声级为对低频噪声有较大衰减的计权测量方法，针对噪声对海洋生物影响分析，测量的等效连续声级为 Z 计权声级（即没有计权），此方法能更客观（与人耳听力无关）、更真实反映施工海域上空实际的噪声级分布。

　　（2）最大声压级。为各测点所监测的时间段中（每测点 5min 以上）出现的最大瞬时声压级（也称峰值声压级）。

（3）频带声压级。由于等效连续声级给出的是某段时间内的能量平均值，测量结果不能提供噪声在各频率上分布的信息，需要给出频带声压级分布。频带声压级指在有限频带内的声压级。声学中，用频程来表示两个声音的频率之间的间隔或频带宽度。本案例中给出了在 10Hz～20kHz 频率范围内的 1/3 倍频程的频带声压级分布。

3. 调查结果

根据海上声环境现状调查结果，海面上环境等效噪声级主要分布在 73～91dB 之间，最大声级约为 113dB。在 20Hz～20kHz 的频率分布范围内，噪声级的动态范围为 42dB。

9.1.2 水下噪声环境

1. 调查点位

与水上环境噪声各测点位置相同。

2. 调查内容及时间

调查内容为声压级与声压谱级。共调查 8 个站点，根据各测点具体的海域深度，每个站点在 3 个水层深度测量，每点测量记录时间均为 3min 以上。

3. 调查结果

该海域海洋环境背景噪声级随着频率的增高而下降，在频率 1Hz～26kHz 范围内噪声级的总动态变化范围为 73dB，而对某一个特点的频率（如 100Hz），在不同测点的动态变化范围为 30dB。总体上，在 100Hz 频率点以上的声压谱级均在 127dB 以下；500Hz 频点以上的声压谱级均在 117dB 以下；1kHz 频率以上的声压谱级为 113dB 以下；2kHz 频率以上的声压谱级降为 100dB 以下；而在 26kHz 频率上，声压谱级在 75dB 以下。

9.2 施工期水下噪声对海洋生物的影响

1. 施工期水下噪声源分析

该风电场工程施工噪声源主要包括以下两类。

（1）施工机械。施工现场的各类机械设备包括装载机、挖掘机、打桩机，还有电气接线埋设，疏浚噪声等，这类机械工程噪声是主要的海上施工噪声源。

（2）运输船只。施工中土石方调配、设备、材料等运输将动用大量运输船只，这些运输船的频繁行驶经过和施工将对施工海域产生较大干扰噪声。船舶噪声包括机械噪声、螺旋桨噪声和水动力噪声。

2. 桩基打桩噪声

水下打桩可分为冲击打桩和振动打桩两类。水下冲击打桩是海洋工程的典型主要强噪声来源，其特点为高声源级，单次冲击表现为脉冲式宽频波形，而对于一根桩柱需要多次冲击才能完成作业，因此表现为连续多个脉冲的脉冲串。

3. 水下打桩噪声的声压级和声谱级

根据国内外水下打桩噪声测量的文献资料，以及该风电场工程水下噪声影响评价专题在中国某海域开展的水下打桩噪声类比测量结果，类比分析该工程水下打桩噪声的声压级和声谱级。

专题研究在某海湾对水下打桩噪声进行了测量。该海域打桩类型为冲击打桩，钢管桩直径为 700mm，长度约为 25m。测量中设置 3 个打桩噪声监测点，其中前两个监测点布置在距离打桩船较近的钢管桩运输船上，第三监测点布置在距离较远的浮动平台上，监测点与打桩船的距离分别为 20m、40m 和 500m；测量到的声压级 SPL 分别为 171.6dB、159.3dB 和 140.1dB。算得声源级为 197.6dB/re 1μPa。

2011 年在某海域对直径 2.5m 的钢管桩水下打桩噪声进行的监测表明，40m 处测量到的声压级 183dB，可算出声源级为 215dB/re 1μPa。

4. 施工海域海洋生物安全距离

根据专题监测到的水下打桩相关数据，小型桩（钢管桩管径 70cm）声源级约 198dB/re 1μPa；直径 2.5m 钢管桩的声源级为 215dB/re 1μPa，该海上风电场工程所选桩柱管径为 2.4m，类比监测结果及参考国外文献资料，同时综合类比监测结果，结合该风电场区内海底地貌形态特点，以打桩所产生的均方根声源级为 220dB/re 1μPa 来进行计算。

根据声衰减计算公式计算出在保护阈值为 190dB（对鳍足目，如斑海豹，听力保护范围）、180dB（对鲸豚目，如江豚，听力保护范围）和 160dB（对海洋动物行为干扰）时，对单个风力发电机组桩基在撞击式施工时所对应的影响距离分别为 31.62m、100m、1000m。

由于项目施工中的时间有限，施工打桩作业中产生的水下噪声具有不连续，持续时间有限，无多声源叠加等特点，但打桩施工噪声将对临近的海洋生物资源造成明显的影响。因此，施工中应确立在距离桩基 1km 范围内为警告区域（对海洋动物行为产生干扰），应对鱼类活动需要进行可能的驱赶、搬移等工作。

5. 施工期水下噪声对鱼类的影响

总体上施工中水下噪声对鱼类的影响主要表现为噪声干扰导致鱼类暂时游离施工水域，在打桩作业中应采取"软启动"方式，使打桩噪声源的强度缓慢增强，即前几桩使用小强度的打桩措施，能驱使鱼类离开施工水域，可达到减小水下噪声导致渔业资源的损失，不会造成大范围鱼类死亡。

风电场施工噪声对渔业资源具有一定的影响，具体表现在不同鱼类对声压的忍受力不同，其中石首科鱼类对声压最为敏感。专题在某水产实业有限公司进行的大黄鱼声学实验表明：大黄鱼幼苗的敏感频率在 800Hz，声压级约 140dB/re 1μPa 时幼苗对声波即有明显反应，当声压级达到 172dB/re 1μPa 时有些幼苗直接死亡；大黄鱼小鱼的声敏感频率转移至 600Hz，当声强达到 150dB/re1μPa 以上小鱼有主动避开声源的行为，当声源强度达到 187dB/re 1μPa，在声源正上方的小鱼开始变得十分迟钝进而死亡；大黄鱼成鱼的声敏感频率也在 600Hz 附近，当声源达到 192dB/re 1μPa 时，鱼群受惊吓明显，反应迟钝，虽未产生直接死亡，但在其后行为发生明显变化，出现不进食等现象，并在后续的半个月时间中出现 90％的死亡。

因此，风力发电机组基础打桩作业对渔业资源将产生一定的影响，主要体现于对游动鱼类的驱赶作用。如果这一水域有石首鱼科种类产卵，打桩作业对石首鱼科种类产卵的影响不可避免。因此在鱼类产卵期应该暂停打桩作业。施工期对产卵场、索饵场和洄游通道的影响是负面的，主要是打桩和电缆铺设产生的增量悬沙，风力发电机组打桩形成的噪声。但是产卵场、索饵场和洄游通道功能的作用有一定的季节性，每年 5 至 7 月是主要季节。只要工程中作业顺序安排得当，电缆铺设和风力发电机组打桩尽可能地避开渔业敏感季节，施工对产卵场、索饵场和洄游通道的影响程度可以得到减缓和消除。

6. 施工期水下噪声对海洋生物的累积影响

虽然相关测量数据及研究表明中小幅度的撞击式桩基施工不会对一定距离外（如 200m 左右）的鲸豚类动物及海洋鱼类造成直接致死或致伤，但长时间较高声压水平的桩基施工对海洋鱼类的累积效应可能造成慢性影响。

施工期噪声可能会对海洋哺乳动物和鱼类的交流、行为、觅食和避敌产生短期的有害影响，施工船将会对在这一带水域活动的鱼类、特别是石首科鱼类造成滋扰，受影响的鱼类将因回避而离开施工区。但像许多其他哺乳动物一样，环境滋扰消失或较少时会恢复其原来的生活状态，当航道施工作业完成或滋扰减少时，部分海洋生物，如斑海豹等会恢复其原来的活动范围，迁移到较远水域的个体一般还会回迁。

7. 其他施工活动的影响分析

施工中的其他一般施工活动如航运和海上运输活动将使水下噪声级在某些低频段上提高 20～30dB。不同船型及运行速度产生的船舶噪声强度不同，但船运噪声主要在较低频率上，且噪声随着传播距离增大而逐渐衰落。

根据目前国际上对连续存在的水下噪声可能对海洋生物的行为干扰的安全级阈值设定 120dB 的导则要求，根据前述分析，除海上桩基础施工可能造成暂时、局部的水下噪声污染外，该海上风电场工程所采用的一般水下施工等活动基本上不会对海洋生物带来长期、不可逆的不利影响。

9.3 营运期水下噪声对海洋生物的影响

1. 营运期水下噪声类比监测

专题对目前正在营运的某海上风电场水下噪声进行了现场测量。测量中记录了风速、风向、海况、水深，GPS 定位，并同步记录了各风力发电机组的运行负荷。测量了水下噪声的声压级、功率谱级以及时—频域分布特点。

2. 营运期水下噪声影响类比分析

海上风电场类比监测结果表明：风力发电机组运行中水下噪声的频谱级基本上都较相似，总体强度上随频率增加而明显较小，在 1～20kHz 频段上功率谱级分布在 140dB/re 1μPa 到 65dB/re 1μPa 之间，在 120Hz 到 1.5kHz 有一较宽的裙带状谱，强度增加为 10～20dB/re 1μPa。在离 3 号风力发电机组 200m 靠近桥梁及航道上，100Hz 点上的功率谱级达到最大为 128dB/re 1μPa，比同样深度不同距离的功率谱提高 10～20dB/re 1μPa。由于水下噪声的时间—空间—频率等随时变化的特性，测量船只在远离风电场近 4km 处也测量到裙带状的低频背景噪声分布，因此总体由于风力发电机组噪声而引起的强度变化不大，基本上与海域其他点测量到的背景噪声相近。

风电场营运所带来的轻微的噪声增加对鱼类等海洋生物影响不大，即鱼类等海洋生物对海上风电场营运噪声做出行为响应的可能性不大，但不同海洋生物种群间由于个体差异

较大，仍需要对海洋生物本身的声学特性进行深入的研究。

9.4　噪声对海洋生物影响的实验研究

1. 实验方法

实验方法如下：

（1）采用不同发射声源级、不同频率和发射信号持续时间，在水下发射噪声，观测水下噪声对鱼类、无脊椎动物和底栖动物的行为变化。

（2）把原始记录到的某海上风电场类比监测水下噪声（取2组典型数据，特别是最大值数据组）作为噪声源，在水下播放观测鱼类等海洋生物的行为变化。

（3）鱼类及其他海洋生物的行为变化除了肉眼观测外，还将对其进行血液酶活力变化的测量，包括超氧化物歧化酶，碱性磷酸酶活性和酸性磷酸酶活性以及去甲肾上腺的测定，其目的是了解海洋生物的活力状态。

2. 实验鱼种及底栖生物的选择

依据环境影响评价单位对该海上风电场项目海域渔业资源的调查结论，同时结合专题可能进行的实际操作和实验条件，确定在试验中所选用的海洋生物的主要生物材料为大黄鱼、锚尾鰕虎鱼、半滑舌鳎、斜带石斑鱼、真鲷、卵形鲳鲹、花尾胡椒鲷、凡纳滨对虾、锐齿蟳、口虾蛄、菲律宾蛤仔、翡翠贻贝、牡蛎、文蛤、荔枝螺、棒锥螺、缢蛏。

3. 噪声对鱼类等海洋生物的影响

（1）噪声对鱼类等海洋生物的模拟实验研究结果表明：营运期水下噪声强度在设定的海洋生物实验条件下，对海域中典型鱼类［大黄鱼（成鱼）、锚尾鰕虎鱼、半滑舌鳎、斜带石斑鱼、真鲷、卵形鲳鲹、花尾胡椒鲷］等影响不明显。

（2）对大黄鱼的声特性实验结果表明：大黄鱼对声信号的敏感频率在600～800Hz，不同年龄的大黄鱼对声的敏感性略有区别，年龄越小，敏感频率越高。幼苗（1个月，鱼体长约2～3cm）、小鱼（6～7个月，体长10～15cm）及大鱼（12个月，体长20～25cm）在声源级为140dB的连续声脉冲下开始出现行为反应。因此，海上风电场在营运期所产生的120dB的水下噪声对大黄鱼等鱼类无明显影响。

（3）由于不同海洋生物种群间个体差异较大，特别是石首科中的大黄鱼幼鱼，测试表明：幼鱼大黄鱼的发声谱级在800Hz时为110dB，已低于海上风电场在该频段上的背景噪声，风电运营中的水下噪声是否会对幼鱼大黄鱼的通信产生影响还有待研究。

（4）由于水下噪声对不同鱼类的产卵场、索饵场和洄游通道研究不多，因此营运期水下噪声对产卵场、索饵场和洄游通道的影响还有待进一步深入的研究。

（5）风电场营运期水下噪声谱级分布强度较小，基本上与海洋环境背景噪声谱级相当，风电场营运中频率5kHz以上的噪声谱级均在95dB以下，因此，不会对该海域中其他的海洋哺乳动物的行为活动产生影响。

（6）要深入研究风电场对水下噪声的影响除了必须对实际海上风电场的水下噪声频谱进行实测外，还需要调查区域海洋鱼类的听阈值，海洋生物对声信号的敏感性研究等方面还需要国家层面、长周期的投入，需要进行大量的基础数据调查和实验。

9.5 防治措施与建议

1. 防治措施

防治措施如下：

（1）施工中的水下冲击式打桩将对周围海域的海洋生物、特别是大黄鱼、江豚等的行为活动将带来一定影响。鉴于施工期的打桩噪声具有强度高、时间相对短的特点，海上施工期应对每日预计打桩数量（即最高数量）、打桩的持续时间做出预测，在时间上控制一次一桩。

（2）施工期水下打桩中应严格确立在距离桩基一定范围为鱼类受水下噪声影响的危险区域，基于上述的分析在该项目中对应的保护距离为 1km，在该范围内应对鱼类、江豚活动进行可能的驱赶、搬移等工作。

（3）注意鱼类在遭到水下噪声影响时所处的生命周期，尽力避免鱼类在繁殖期、产卵期时的施工，建立水中作业时间窗概念。水中作业时间窗表示在该段时间中对某个物种的潜在影响最小，或者在该窗时间内物种本身的生命周期使之不受影响。

（4）确定打桩时间和形式前应该对海域内不同鱼类的活动和分布进行全面的考虑。由于鱼类具有多种行为使得它们遭受噪声影响的程度也不同。如产卵场、索饵场和洄游通道功能的作用有一定的季节性，每年 5—7 月是主要季节。工程中作业顺序应安排得当，电缆铺设和风力发电机组打桩尽可能地避开渔业敏感季节；如高机动游动的鱼类可以在打桩进行时离开该海域而停止施工后返回，而其他鱼类如虾虎鱼则具有较低的机动性，无法快速离开一个海域，因此，可以依据不同的鱼种其洄游迁徙的时间而确定打桩的时间。

（5）施工期的一般施工活动中，应注意施工机械和运输机械的维护和更新，尽量采用低噪声环保机械，避免噪声过大的运输船只在海上运输作业。

2. 建议

由于不同海域和不同声传播条件下，水下噪声强度的变化范围较大，建议在施工期进行水下打桩噪声的实际现场监测，评估施工海域水下噪声强度及传播影响距离，以进行实时的防护措施调整。

（1）施工期水下噪声跟踪监测。在风力发电机组基础施工期间，从施工期开始及时跟踪监测施工所产生的水下噪声特别是在施工期的第一个月，在风电站内安装的各类基础，至少应进行一次完整的水下噪声测量。在距离风力发电机组基础结构 300～1000m 处、不同的水层深度处（水听器离海面 1～3m，垂直阵一般应布设到近海底）实时监测风力发电机组桩基打桩时产生的水下噪声。

监测内容有：①打桩施工所产生的最大声压级 L_{peak}（dB/re 1μPa）；②噪声频带有效声压级（dB/re 1μPa）；③噪声声压谱（密度）级；④分析水下噪声时—频特性。

（2）营运期水下噪声跟踪监测。在海上风电场营运期，必须在不同风速风力发电机组的 3 个输出级别：低、中和额定风速输出时进行水下噪声测量。在距离风电场单个风力发电机组约 100m 处监测水下辐射噪声。同时应在距离风电场外部界限 3～4km 处进行水下背景噪声和风电噪声的综合测量。

监测内容有：①噪声频带有效声压级（dB/re 1μPa）；②噪声声压谱（密度）级；③分析水下噪声时—频特性；④可考虑同时测量风力发电机组营运在空气中的辐射噪声。

　　必须在风电场投入运行后的 12 个月内向相关部门提交工程海域水下噪声监测报告，在项目营运初期，进行江豚的观察。

第10章 山地型陆上风电场环境影响评价案例分析

10.1 工 程 概 况

10.1.1 地理位置及规模

风电场址区属低山丘陵地带，总面积约18.2km²。工程拟安装24台单机容量为2MW的风力发电机组，总装机容量为48MW。

10.1.2 工程布置

该风电场工程由24组风力发电机组、1座110kV变电站、场内道路工程和集电线路工程等组成。各工程组成及特性见表10-1。

表10-1 陆上风电场工程项目组成表

工程项目	工程组成及特性
风力发电机组安装场地	风力发电机组安装场地尺寸为45m×60m，占地面积5.81hm²
风力发电机组基础工程	风力发电机组基础采用C35混凝土，基础分上、下两部分，上部为正八边形棱柱体，高0.9m，两平行边距7.5m；下部为正八边形棱台柱体，底面平行边距为18.0m，最大高度为2.4m，最小高度为1.1m，风力发电机组基础埋深为3.1m
箱变基础工程	本工程风力发电机组单机容量为2MW，采用一机一变，每台风力发电机组采用一台容量2350kVA
110kV变电站工程	站区内地面场平高程为440.00m，总平面布置尺寸为117.0m×77.0m，总占地面积为9009.0m²。采用户外开敞式布置
场内道路工程	新建道路39.6km，路基宽度6m，碎石路面宽度5m，最大纵坡9%，截水沟及边沟采用土沟，跨沟排水设施采用直径1m单孔或双孔圆管涵，路基局部采用M7.5浆砌石路肩墙或护脚墙
集电线路工程	本工程集电线路直埋电缆长度为34.79km，直埋电缆开槽底宽0.8m，深1.0m，按1∶0.5开挖边坡，基础开挖完成后，应将槽底清理干净并夯实，敷设电缆的上下侧各铺100mm细砂，并在电缆上侧做盖砖保护

1. 风电场风力发电机组

（1）风力发电机组、箱变基础。该风电场拟采用单机容量为2.0MW的风力发电机组，机组轮毂高度80m，风力发电机叶轮直径93.4m，场区共布置24台风力发电机组。风力发电机基础拟采用正八边形承台桩基础和正八边形高台柱承台桩基础。机组采用一机一变，每台风力发电机组均配置电压等级35kV的箱式变压器，拟将箱变挂设在塔筒一侧，塔筒外侧设置爬梯，不另外设置箱变基础。

（2）风力发电机组总体布置。根据该风电场的山区丘陵地貌、地势起伏相对较大的地形条件，充分利用风电场的风能资源，以风力发电机组间距满足发电量较大，尾流影响较小为原则；同时考虑尽量减少风力发电机组噪声对居民点和风力发电机组发生事故时对输电线路的不利影响，风力发电机组距离居民点的距离大于 300m，距输电线路的距离不小于 120m。

2. 110kV 变电站

(1) 主要构筑物。升压站是整个风电场的运行控制中心，同时也作为风电场工作人员办公及生活场所。风电场新建一座 110kV 升压站，风电场全部风力发电机组的电能由箱变升压至 35kV 再经升压站升至 110kV 后接入 1 回 110kV 线路某变电站备用间隔。该升压站四周为 2.4m 高实体围墙，围墙内占地面积为 0.9hm^2。升压站内建筑物包括包括综合控制楼、35kV 配电室、无功补偿室、附属用房及水泵房等，总建筑面积 0.3hm^2。升压站内合并建设电站工作人员生活区，生活区宿舍。

(2) 站内给排水。站内生活和消防给水水源为地下井水，设计生活、杂用用水量为 8.7m^3/d，生活给水系统采用成套设备，包括生活水箱 1 个（8m^3）、2 台变频生活泵（一用一备）、配套气压罐、一套生活水消毒装置。消火栓系统一次灭火用水量为 180m^3。站区场地雨水通过雨水口收集，通过室外埋地雨水管道排至站外。电缆沟的雨水则通过排水暗管排至站区雨水检查井。生活污水系统由污水管道、化粪池、生活污水调节池、一体化污水处理设备（处理量为 0.5m^3/h）、集水池、两台潜水泵（一用一备）组成。含油废水排入事故油池进行油水分离，经过隔油后的污水不会对周围环境造成污染，分离后的废水排入站内雨水管道，存入油池中的油单独交由有资质的机构进行处理。

10.1.3　施工规划

1. 施工工厂、仓库布置

该工程所需的砂石料、黏土砖、水泥、钢材、木材、油料等材料均为外购。施工工厂、仓库等设施布置在升压站附近，场区内主要布置辅助加工厂、材料设备仓库、临时房屋等。

(1) 混凝土拌和系统。该工程混凝土用量总计 2.12 万 m^3，单台风力发电机组基础混凝土浇筑量为 522.0m^3，其余用于升压站与道路等，混凝土高峰期浇筑强度为 43.5m^3/h，升压站旁布置 HZS50 型搅拌站一座。

(2) 砂石料堆场。紧靠混凝土拌和系统布置一砂石料堆场。砂石料堆场占地面积约 0.1hm^2，堆高 4～5m。砂石料堆场采用 100mm 厚 C15 混凝土地坪，下设 100mm 厚碎石垫层，砂石料场设 0.5％排水坡度，坡向排水沟。

(3) 集电线路工程。工程集电线路为 3 回架空线路，均为单回线路，全长 34.79km，平均挡距 160m。全线路杆塔为单回路杆塔，共需单回路杆塔 218 基，其中预应力钢筋混凝土杆 131 基，铁塔 87 基。铁塔基础土石方开挖总量 10806.1m^3，土石方回填 8196.67m^3。电杆基础土石方开挖总量 5671.3m^3，土石方回填 4639.2m^3。

(4) 施工交通运输。风力发电机组经公路运输至风电场区。主变压器可经公路运输至施工现场。主要建筑材料均可从当地购买，通过公路运输方式运至工地现场。工程场内新建道路 39.6km，路基宽度 6m，碎石路面宽度 5m。

(5) 其他。工程所需的仓库集中布置在 110kV 升压站附近，主要设有水泥库、木材库、钢筋库、综合仓库、机械停放场及设备堆场。综合仓库占地 0.05hm^2。机械停放场占地 0.09hm²。

2. 施工管理及生活区布置

工程施工期的平均人数120人，高峰人数160人。施工临时生活办公区布置在110kV升压站附近。施工临时办公生活区占地面积约0.18hm²，建筑面积约0.12hm²。

3. 施工临时设施用地

工程临时设施建筑面积约0.18hm²，占地面积约0.54hm²。各施工临时设施建筑、占地面积详见表10-2。

表 10-2 施工临时设施建筑、占地面积一览表

序号	项 目 名 称	建筑面积 /m²	占地面积 /m²	备 注
1	混凝土拌和站	100	400	
2	砂石料堆场		1000	
3	综合加工厂	300	800	
4	综合仓库	200	500	
5	机械停放场		900	
6	临时生活办公区	1200	1800	
7	合计	1800	5400	

4. 土石方平衡与弃渣

工程土方开挖总量约74.14万m³，其中收集表土约4.70万m³，土方回填及填筑总量约55.22万m³，集电线路区就地回填利用0.44万m³，经土石方平衡后，产生弃渣13.74万m³。场内道路及场地铺碎石量50.43万m³、浆砌块石1.90万m³及砂料2.76万m³均由当地采石场提供，石方量不纳入工程土石方平衡调配。

渣场规划以"分散弃渣、相对集中、安全稳定、便于运弃"为原则进行布置。在集电线路区，土石方平衡后还剩余0.44万m³土石方沿线就地进行回填利用，在征地范围内根据实际地形进行平铺后，撒播草籽进行绿化。根据风电场范围所处位置的地形、风力发电机组布置及道路布置情况综合考虑，在风电场沿新建道路一侧的低洼地带设置3个弃渣场，总面积约6.35hm²，1～3号弃渣场弃渣总量为13.74万m³。

各弃渣场规划特性见表10-3。

表 10-3 风电场一期工程弃渣场规划特性一览表

渣场名称	位 置	地 形	平均运距/km	堆渣高程/m	容量/万m³	弃渣量/万m³	占地面积/hm²	占地类型
1号渣场	布置于6号与7号风力发电机组之间的冲沟内	沟底平缓，坡度小于19°	约2.0	394.00～410.00	4.00	3.16	1.95	灌木林地
2号渣场	布置于12号风力发电机组西北侧，紧邻场内新建道路	沟底平缓，坡度小于14°	约3.2	382.00～398.00	3.00	2.65	1.27	草地、旱地
3号渣场	布置于19号风力发电机组正北侧，紧邻进站道路	冲沟凹地，坡度约16°	约4.5	354.00～368.00	8.20	7.93	3.13	草地
合计						13.74	6.35	

5. 工程征地

该风电场工程总用地面积 60.83hm²，其中永久性占地面积为 47.36hm²，临时性占地面积 13.47hm²。占地情况见表 10-4。

表 10-4　风电场工程施工用地一览表

单位：hm²

序号	项 目 名 称	永久性征用地	临时性征用地	小计	占 地 类 型
1	110kV 升压站	1.12	0	1.12	草地、红薯与高粱旱地
2	风力发电机组及箱变基础	0.67	0	0.67	草地、灌木林地
3	风力发电机组安装场地	0	5.81	5.81	草地、灌木林地
4	场内道路	44.35	0	44.35	草地、交通设施用地
5	集电线路	1.22	0	1.22	草地、灌木林地
6	弃渣场	0	6.35	6.35	草地、灌木林地、农作物旱地
7	临时施工设施	0	0.54	0.54	草地
8	表土堆存场	0	0.77	0.77	草地、灌木林地、农作物旱地
9	合计	47.36	13.47	60.83	

6. 主体工程土建施工

（1）道路施工。公路土方采用挖掘机开挖，石方采用手风钻钻孔爆破，推土机集料，装载机配 5t 自卸汽车运至道路填方部位或相应的弃渣场，并根据现场开挖后的地质条件，在需要路段砌筑挡墙。土石方填筑采用 10t 自卸汽车卸料，推土机推平，按设计要求振动、分层碾压至设计密实度。

（2）风力发电机组及箱式变电站基础施工。基础土石方开挖采用推土机或反铲分层剥离，并辅以人工修正基坑边坡，基础开挖完工后，应将基坑清理干净，进行验收。基坑验收完毕后，根据地质情况对基础做出处理。浇筑基础混凝土时，先浇筑 100mm 厚度的 C15 混凝土垫层，待混凝土达到设计强度后，再进行绑扎钢筋、架设模板，浇筑 C25 基础混凝土。

（3）风力发电机组安装。该风电场共装有 24 台单机容量为 2MW 的风力发电机组，风力发电机组轮毂中心高度为 80m，叶轮直径为 93m。最长件为风力发电机组叶片，长度约 45.3m。根据已建风电工程风力发电机组吊装经验及总进度安排，采用两套起吊设备进行安装。主吊设备采用 600t 汽车式起重机（配超起装置），辅吊采用 150t 汽车式起重机。转子叶片和轮毂在地面组装好后，利用汽车式起重机整体提升，轮毂法兰和机舱法兰按要求联结。

（4）110kV 升压站施工。110kV 升压站内建筑物包括控制楼、综合楼、附属用房、水泵房等房屋建筑以及变配电建筑物。基础土石方开挖边坡按 1：1 控制，采用推土机或反铲剥离集料，一次开挖到位，尽量避免基底土方扰动，基坑底部留 30cm 保护层，采用人工开挖。开挖的土方运往施工临时堆渣区堆放，用于土方回填。混凝土用 6m³ 混凝土搅拌车运至施工现场，利用泵送入仓，人工平仓，振捣器振捣。

7. 施工总进度

工程建设总工期 12 个月，其中筹建期 2 个月。主体工程于第 1 年 4 月初开始，9 月底第一批风力发电机组具备发电条件，全部土建工程于 10 月底完成，第 1 年 12 月底 24 台机组全部投产发电，工程完工。

8. 工程投资

工程静态投资 50945 万元，静态投资 10613 元/kW，其中环保投资 1554.65 万元。

10.2 工 程 分 析

10.2.1 与国家产业政策符合性分析

根据国家《产业结构调整指导目录》，风力发电属国家鼓励的战略性新兴发展产业类项目。该风电场建设符合国家产业政策要求。

10.2.2 与国家"十二五"规划有关风力发电机组生产及风电建设管理要求的一致性分析

据国家"十二五"规划，风电工程属于国家指定的战略性新兴发展产业创新型工程。工程推荐采用某公司生产的单机容量为 2.0MW 的风力发电机组。该机型国产化率达到了 70% 以上，符合有关风电行业发展控制要求。

10.2.3 与地方"十二五"规划的符合性分析

该风电场的开发，涉及该市两个县，该两个县均将该项目列入《国民经济和社会发展第十二个五年规划》重大项目，并正在申报该地国民经济和社会发展第十二个五年规划重大项目。

10.2.4 项目选址合理性与风电场装机规模的可行性分析

该风电场工程区域地貌类型为丘陵—中低山—低中山，地势高低起伏较大，地形坡度一般为 5°~20°。项目占地不涉及泥石流易发区、崩塌滑坡危险区以及易引起严重水土流失和生态恶化的区域，不在国家划分的水土流失重点治理区及县级以上人民政府规划确定的和已建立的水土保持重点试验区和监测站点区，不涉及自然保护区、风景名胜区和饮用水源地保护区等环境敏感区，工程选址不存在制约因素。

该风电场场址选择符合《风电场场址选择技术规定》，选址基本合理。依据《风电场风能资源评估方法》和《风电场风能资源测量和评估技术规定》有关装机规模的要求，确定该工程单机 2MW 总装机 24 台风力发电机组的规模较为合理。

10.2.5 建设项目工程分析

1. 工艺流程简述及其排污节点分析

工艺流程为：风→风力发电机→箱式变压器→变电所→高压线路→电力系统。

工程排污环节流程见图 10 - 1。

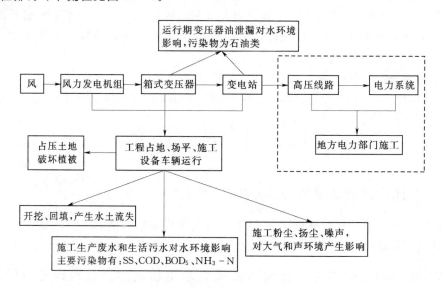

图 10 - 1　工程排污环节流程图

2. 工程布置、渣场选址、选线合理性分析

为最大限度地减少工程布置与施工过程中的水土流失、生态破坏与"三废"污染，风力发电机组布置时从地貌、地质、施工条件和土石方平衡等分别考虑电缆长度、道路长度和征占地等多方面比较分析，最终采取水土流失与生态破坏较小的工程方案。

工程布设 3 个弃渣场，各渣场位于天然缓坡冲沟内，下游无公共设施、工业企业、居民点等，周边无敏感对象，渣场选择合理。

集电线路大多采用架空线路，避免开挖造成不利环境影响；充分利用原有道路进行改建，减少了工程对地表植被的破坏。工程选线合理。

3. 主要污染源强

(1) 噪声。风电场工程的噪声主要包括施工噪声、交通运输噪声和风力发电机组运行噪声。施工使用的机械设备在作业过程中的声级约在 85～102dB (A) 范围内。交通运输噪声声级范围为 75～92dB (A)。风电场运行过程中，风力发电机组在 10m 高度的风速为 10m/s 时的标准状态下，轮毂处噪声约 102dB (A)。

(2) 固体废弃物。工程产生的固体废弃物包括施工弃渣和施工人员生活垃圾两类。施工弃渣 13.74 万 m^3。渣料主要是黄红壤土。

工程施工期平均人数 120 人，生活垃圾按 0.5kg/(人・d) 计，日均排放生活垃圾 60kg。运营期间，风电场规划 12 名工作人员，生活垃圾产生量很小。

(3) 废水。该工程高峰日用水量约 248m^3/d，其中生活用水量 28m^3/d，生产用水 220m^3/d，消防用水 36m^3/h。

1) 生活污水。施工人员和运营期工作人员生活污水排放，主要污染物为 BOD_5、COD_{Cr}、SS。施工期每天污水排放量 22.4m^3/d。风电场运行期污水排放量约为 3.4m^3/d。

2) 生产废水。施工生产用水包括施工期土建用水、施工机械用水、场内环境保护用水、浇洒道路用水等。施工期生产废水排放量为 $67.5m^3/d$。

运行期的生产废水主要是变压器发生事故时泄漏的含油废水。其泄漏的油量很小。

3）废气。工程对大气环境的影响主要是施工开挖、爆破产生的粉尘和运输车辆产生的扬尘，污染因子主要是 TSP。根据同类工程现场实测结果类比，风力发电机组基础开挖施工现场的 TSP 日均浓度在 $0.12\sim0.16mg/m^3$ 之间，距离施工现场 50m 的浓度为 $0.014\sim0.056mg/m^3$ 之间；混凝土拌和系统在距搅拌机下风向 50m 处 TSP 浓度为 $8.9mg/m^3$，下风向 100m 处为 $1.65mg/m^3$。

4）施工用地与植被损毁。该风电场工程总用地面积 $60.83hm^2$，其中永久性征地面积为 $47.36hm^2$，临时性用地面积 $13.47hm^2$。占用地的植被主要是草地与灌草丛，工程占用与破坏草地、灌草丛、林地植被面积 $53.74hm^2$。

5）电磁辐射。类比同样的 110kV 变电所，产生的工频电场、磁场中，工频电场较大值都出现在进出线下，在围墙外的导线下（导线距离地面的 12.5m）产生的工频电场为 $1.21\sim1.39kV/m$、工频磁场为 $2.7\times10^{-3}\sim3.0\times10^{-3}mT$。

6）污染源源强汇总表。综合以上工程污染与生态破坏影响分析成果，得到该风电场工程各种污染源源强汇总表，详见表 10-5。

表 10-5 风电场工程污染源源强汇总表

污染物	污 染 源	排放强度	单位	备 注
噪声	施工机械作业噪声	85~102	dB（A）	
	交通运输噪声	75~92	dB（A）	
	机组运行轮毂处噪声	102		10m 高度的风速为 10m/s 时
生活污水	施工人员生活污水	22.4	m^3/d	污染物质浓度较低
	运行期生活污水	3.4	m^3/d	
施工期生产废水	施工期土建用水废水	60	m^3/d	废水中的主要污染物为 SS
	施工机械清洗排水	4.5	m^3/d	
	场内杂用水排水	3.0	m^3/d	
TSP	风力发电机组基础开挖	0.12~0.16	mg/m^3	日均浓度
	混凝土拌和	8.9	mg/m^3	距搅拌机下风向 50m 处
		1.65	mg/m^3	距搅拌机下风向 100m 处
固废	施工弃渣	13.74	万 m^3	
	施工人员生活垃圾	60	kg/d	日均排放
	运行管理人员生活垃圾	12	kg/d	
植被破坏	工程占用林草地	53.74	hm^2	
工频电场	110kV 变电所	1.21~1.39	kV/m	围墙外导线下（导线距离地面的 12.5m）
工频磁场		$2.7\times10^{-3}\sim3.0\times10^{-3}$	mT	

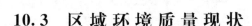

10.3　区域环境质量现状

10.3.1　自然环境简况

1. 地形、地貌、地质

该风电场工程区域地貌类型为丘陵～中低山～低中山，高程 500.00～1400.00m，场区地面高程一般为 400.00～500.00m，地形坡度一般为 5°～20°。

区域大地构造部位属扬子准地台之江南台隆（原江南地轴）南侧，南岭东西复杂构造带北缘一部分，无区域性断裂通过，也未发现大规模的滑坡、泥石流等不良地质体，场地稳定。

工程区 50 年基准期超越概率 10% 的地震动峰值加速度小于 0.05g，相应的地震基本烈度小于 VI 度，地震动反应谱特征周期为 0.35s，区域构造稳定性好。

各渣场布置范围内无大的水系通过，地表近东西向短浅冲沟较发育，冲沟多为干沟，水量受大气降水影响较大。弃渣场内地表第四系残坡积物广布，未发现大规模的滑坡、泥石流等不良地质体，在自然状况下，边坡稳定性较好。

2. 水文

工程区无大的河流通过。地表近东西向短浅冲沟较发育，大部分为干沟，水量受大气降水影响较大，每年 5—8 月为汛期。场址区地下水位埋深大于 15m，水量较稳定。

3. 气候与气象

风电场所在区域属亚热带湿润气候，多年平均气温为 17.2℃，年平均降水量为 1471.7mm，年平均日照时数 1566h。冬春季盛行北风，夏秋季盛行偏南风。

4. 生物资源

（1）植物。

1）景观生态系统。通过卫片解译、结合现有资料和实地调查，得到评价区土地利用现状及景观拼块数量统计情况见表 10-6。计算得到评价区各景观拼块指数和景观优势度值结果见表 10-7。

表 10-6　工程区土地利用现状及景观拼块数量统计表

类　　型	农作物旱地	灌木林地	灌草地	建筑及交通用地	水　　域
拼块数/块	6387	8674	11854	5763	2762
面积/hm²	273	1092	1000	228	137

表 10-7　评价区各景观拼块指数计算表　　　　　　　　　　　　%

类　　型	农作物旱地	灌草地	灌木林地	建筑及交通用地	水　　域
R_d	3.88	78.79	7.56	6.56	3.21
R_f	11.39	75.05	6.07	5.01	2.48
L	19.49	57.67	11.8	6.52	4.52
D_0	13.56	67.3	9.31	6.15	3.68

各拼块的优势度值中，灌草地的最高，说明灌草地是评价区的模地，在区域内对景观具有控制作用。

2）植被类型及其生产力。评价区植被有常绿阔叶林、落叶阔叶林、竹林、低山针叶林、灌丛、灌草丛、草甸、沼泽、水生植被等9个类型。

评价区地势较为平坦，气候条件较好，土地生产力处于较高水平，为 1979.73g/（$m^2 \cdot a$），区域恢复稳定性较强。

3）主要植物群落特征。经调查，评价区有 15 个主要植物群落：马尾松群落、杉木群落、细叶水团花群落、金荞麦群落、野生大豆群落、假俭草群落、青葙群落、葎草群落、芒萁群落、五节芒群落、白茅群落、毛竹群落、樟树＋檫木＋冬青群落和盐肤木－山苍子－山矾群落。

4）物种资源。评价区为中亚热带常绿阔叶林区，区内很少原生植被，地表覆盖物以农田植被为主，兼有林带、旱地草丛和河滩草甸植被。植被覆盖率高，但森林覆盖率低。

评价区共有维管植物 161 科 675 种，其中蕨类植物 24 科 63 种，种子植物 137 科 612 种（含栽培种、变种）。其中种子植物数量占该地 3973 种种子植物的 15.05%。

5）国家重点保护野生植物和古树名木。评价区分布野生大豆（Glycine Soja）和金荞麦（Rhizoma Fagopyri）2 种国家二级重点保护野生植物。野生大豆（Glycine Soja）在评价区内主要分布于第 16 号机组所在山脚下的河边、渠旁、芦苇塘边缘、排水沟边等潮湿处，但不在工程建设区内。金荞麦（Rhizoma Fagopyri）主要分布在第 17～20 号机座附近的山坡田边、旱土边和路边较潮湿的地段，但不在工程建设区内。评价区内居民村寨房前屋后分布有 2 棵挂牌保护的古树：枫香，树龄 150 年，三级保护；南酸枣，树龄 200 年，三级保护，但均不在该风电工程建设区内。

（2）陆生动物。该风电场不在该地的候鸟迁徙通道上，该评价区分布野生脊椎动物共 136 种，隶属于 24 目 59 科，其中鱼类 17 种，两栖类 6 种，爬行类 14 种，鸟类 84 种，哺乳类 15 种，动物种类组成见表 10－9，但风电场建设区域不是动物的主要栖息地。除发现 8 种国家 Ⅱ 级重点保护鸟类外，未发现其他国家级重点保护 Ⅰ、Ⅱ 级保护物种，但有该地保护物种和珍稀濒危物种，详见表 10－8。

表 10－8 风电场工程评价区珍稀濒危物种一览表

纲 名	该地重点保护物种	IUCN 珍稀濒危物种		中国特有物种
		级别	种数	
哺乳纲	9	易危和近危	2 和 3	—
鸟纲	49	近危	5	—
爬行纲	12	易危	4	1
两栖纲	4	近危	1	1

注：84 种鸟类中，有国家 Ⅱ 级保护鸟类 8 种：雀鹰（Accipiter Nisus）、松雀鹰（Accipiter Virgatus）、白尾鹞（Circus Cyaneus）、红隼（Falco Tinnunculus）、草鸮（Tyto Capensis Chinensis）、东方角鸮（Otus Sunia Malayanus）、领鸺鹠（Glaucidium Brodiei）、斑头鸺鹠（Glaucidium Cuculoides）；国际贸易公约附录 2 保护物种 9 种，附录 3 保护物种 3 种，其中公约附录 2 中的物种有 8 种与国家二级保护物种相重叠。该地的鸟类有 49 种系该地地方重点保护物种，IUCN 认定的近危物种 5 种，中日保护的候鸟 25 种，中澳保护的候鸟 7 种。此外还有 1 种国际贸易公约附录 3 的哺乳类保护物种。

（3）鱼类资源。评价区地表河流水系不发达，旱季工程区内基本没发现河流与溪沟，但在评价区所在山脉的山脚下有溪沟与小河，区域水系分布有 17 种淡水鱼，隶属 4 目，8 科。其群落结构如下：

1）鲤形目：2 科 11 种，即鲤科 10 种，鳅科 1 种。

2）鲇形目：2 科 2 种，即鲇科 1 种，鲿科 1 种。

3）合鳃目：1 科 1 种。

4）鲈形目：3 科 3 种，即鮨科 1 种，虾虎鱼 1 种，鳢科 1 种。

在已发现的 17 种鱼类中，未发现国家级保护物种，也未发现该地地方重点保护物种，但有中华鳑鲏（*Rhodeus Sinensis*）、带半刺厚唇鱼（*Acrossocheilus Cinctus*）和溪栉虾虎鱼（*Ctenogobius Wui*）3 种中国特有种。

5．土壤

场址区岩土体普遍具二元结构，基岩自上而下按风化程度可分 2 层，上层为黄红色的残坡积土，该土层厚度变化较大，一般厚度为 3～6m，局部大于 10m；下层为浅灰色的强风化白云岩或弱风化灰岩或白云岩。水田土壤为灰泥田和黄泥田，旱土主要为黄泥土和灰红土。山地土壤为薄腐厚层石灰岩黄红壤。土壤质地为中壤至黏壤土。

6．水土流失与水土保持

该风电场工程所在区域主要占地类型为草地、交通设施用地和林地。土壤侵蚀强度为微度，土壤侵蚀模数小于 500t/（km² · a）。该区域水土流失容许值为 500t/（km² · a），根据当地人民政府关于划分水土流失重点防治区的通告，该工程所涉及的两个县属水土流失重点监督区。

7．水、气、声环境质量

（1）地表水环境。

1）监测断面：风电场场址最南端省道旁的河段。

2）监测项目：水温、pH 值、悬浮物、粪大肠菌群、石油类、溶解氧、化学耗氧量、生化需氧量、总氮、总磷、氨氮等 11 项。

3）监测时段、频率：2010 年 10 月 13—15 日。

4）监测结果：对照 GB 3838—2002 中Ⅲ类水质标准值分析得知，项目区地表水水质完全满足 GB 3838—2002 中Ⅲ类水质标准。

（2）环境空气。

1）监测点位：当地省道与进入该工程第 21 号风力发电机组施工场地道路的交汇处。

2）监测项目、时段与频率：监测项目为二氧化氮（NO₂）、总悬浮颗粒物（TSP），监测时段为 2010 年 10 月 13—15 日连续监测 3 天。NO₂ 日平均浓度每天采样 18h，分两个时段进行（即：08：00—17：00、20：00—05：00）；TSP 日平均浓度每天连续采样 12h。

3）监测结果：对照 GB 3095—1996 及其修改通知中的二级标准值分析得知，该项目所在区域环境空气质量达到 GB 3095—1996 二级标准。

（3）声环境。

1）监测点位：当地省道与进入该工程第 21 号风力发电机组施工场地道路的交汇处，

以及第 19 号风力发电机组与升压站附近的集中村寨 2 个点。

2）监测项目：等效连续 A 声级（LAeq）。

3）监测时段及频次：2010 年 10 月 14 日分昼夜监测 1 天。

4）监测结果：对照 GB 3096—2008 中的 2 类标准值分析得知：项目所在区域满足 GB 3096—2008 中的 2 类标准。

10.3.2 社会环境简况

1. 社会经济结构

该区域经济结构主要以煤矿工业为主，种植业一般是自给自足，工业较发达，各种能源消耗均呈逐年增长趋势，但单位 GDP 能耗、电耗及规模工业增加值能耗呈逐年下降趋势。该风电场涉及的乡镇的社会经济水平在该市属上等水平。工程区交通便利，有省道、县道、乡村道和矿山公路组成路网。故工程所在地区社会经济基础较好，是该市经济社会发展"十强"乡镇。

2. 土地利用

该风电场工程占地区主要为草地、林地和交通设施用地，土地利用现状格局的拼块类型分为耕地、林地、草地、水域、建筑及交通用地共 5 种类型，其中灌草地和林地所占面积较大，是整个工程区的主要用地类型。整个工程区土地利用现状及拼块数量统计情况见表 10 - 9。

表 10 - 9　工程区土地利用现状拼块类型及数量一览表

类　　型	农作物旱地	灌木林地	灌草地	建筑及交通用地
拼块数/块	6387	8674	11854	5763
面积/hm²	273	1092	1000	228

3. 人群健康

风电场周边涉及村镇近三年无地方性疾病。

4. 交通

该项目涉及的省道由北向南穿过风电场区，公路交通便利。风电场距当地县城区约 26.6km，距邻近县城区约 58km。

5. 文物古迹与矿产资源

经调查，工程区域内未发现具有保护价值的文物古迹和重要开采价值的矿产资源。

10.3.3 重要环境保护对象

该风电场工程不涉及自然保护区、风景名胜区、水源保护区等敏感区，评价区内有少量重点保护动植物。

1. 生态保护对象

生态敏感保护对象见表 10 - 10。

表 10－10　风电场工程评价区重点保护物种一览表

纲名	该地重点保护物种	IUCN 珍稀濒危物种		中国特有物种
		易危	近危	
哺乳纲	鲁氏菊头蝠、皮氏菊头蝠、中蹄蝠、东方蝙蝠、华南兔、黄鼬、鼬獾、猪獾	中蹄蝠、猪獾	小缺齿鼹、黄鼬、鼬獾	—
鸟纲	小鸊鷉、池鹭、大白鹭、灰胸竹鸡、环颈雉、丘鹬、山斑鸠等 49 种，隶属于 24 科	—	黄胸鹀、树麻雀、红嘴相思、画眉、喜鹊、	—
爬行纲	多疣壁虎、北草蜥、中国石龙子、蝘蜓、赤链蛇、红点锦蛇、黑眉锦蛇、灰鼠蛇、虎斑颈槽蛇、华游蛇、乌梢蛇、蝮蛇	黑眉锦蛇、灰鼠蛇、乌梢蛇、蝮蛇	—	北草蜥
两栖纲	镇海林蛙、沼蛙、泽蛙、饰纹姬蛙	—	黑斑蛙	镇海林蛙

评价区的国家Ⅱ级重点保护鸟类不在该省的候鸟迁徙通道上，但是每年 3—4 月由南向北、9—10 月由北向南迁徙的候鸟以宽迁徙通道形式于该风电场上空飞行，所以应该予以保护。

评价区分布的 17 种鱼类中，未发现国家级保护物种，也未发现地方重点保护物种，仅有 3 种中国特有物种，即中华鳑鲏（*Rhodeus Sinensis*）、带半刺厚唇鱼（*Acrossocheilus Cinctus*）和溪栉虾虎鱼（*Ctenogobius Wui*）。

2. 水环境保护对象

风电场区内没有地表河流，为保护好工程所在大区域的地表水系的水质，将该风电场所在山脉地表水可能流入的河道水质作为评价范围内地表水环境的保护对象。该条河流无生活、生产用水要求，对水质没有特殊保护要求。

3. 大气与声环境保护对象

该风电场工程区大气、声环境主要保护对象情况详见表 10－11。

表 10－11　风电场工程区大气、声环境主要保护村寨表

工程建设项目		受保护村寨	与表第 1 列工程项目的距离或方位	保护要求
1～18、21、23、24 号风力发电机组		无		
19 号风力发电机组		村 1 约 10 户	距风力发电机组施工场地约 400m	夜间 9 点以后禁止施工
20 号风力发电机组		村 2 约 10 户	距风力发电机组施工场地约 250m	夜间 9 点以后禁止施工
22 号风力发电机组		村 3 约 5 户	300m，位于该风力发电机组东南侧的山下	夜间 9 点以后禁止施工
道路	村 2 境内与省道交汇处	村 2 约 10 户		少鸣喇叭，洒水降尘，减少粉尘和扬尘的产生
	进入第 9 号风力发电机组的道路	村 4 约 20 户	距运输道路约 200m	少鸣喇叭，夜间 9 点以后禁止施工，洒水降尘，减少粉尘和扬尘的产生
	进入升压站与施工生活区、办公区的道路与省道的交汇处	村 5 约 10 户	距进场道路 100m	洒水降尘，减少粉尘和扬尘的产生，少鸣喇叭，夜间 9 点以后禁止施工

工程建设项目	受保护村寨	与表第1列工程项目的 距离或方位	保护要求
升压站	村1约10户	距升压站约300m	选择噪声达标的机电设备
渣场	无	—	—

10.4 山体植被及水土流失影响分析

10.4.1 山体植被

工程占地区大多属荒草地，基本上都是一些常见的种类，受损坏的植物物种主要是：五节芒、青葙、假俭草、盐肤木、构骨、芒萁、黄荆、菝葜等常见种类，工程施工不会直接导致植物物种数量减少。

评价区内虽有国家2级重点保护野生植物金荞麦和野生大豆，但它们不位于工程建设区内，不会受到施工直接破坏。因此施工期如果管理和保护得当，则工程建设对植物多样性不会造成明显影响。

10.4.2 水土流失

该风电工程建设期扰动地表面积60.83hm²，损坏水土保持设施面积53.74hm²，其中损坏邻近县水土保持设施面积为28.87hm²，损坏当地县水土保持设施面积为24.87hm²。损坏的水土保持设施主要为草地、林地和耕地。工程产生弃渣13.74万m³，在不采取有效的水土保持措施情况下将产生水土流失总量5792t，其中新增水土流失量4510t。新增水土流失重点区域主要为：风力发电机组基础区、集电线路区和施工道路区等大面积开挖裸露面。

10.5 鸟类及生境影响预测与评价

10.5.1 野生鸟类的活动规律

该风电场所在省地处中国候鸟三条迁徙途径的中部候鸟迁徙区，来自西伯利亚、内蒙古东部和中部草原，华北西部地区、陕西等地区的候鸟，冬季越过秦岭和大巴山区南迁。这些迁徙鸟类以华中区的东部丘陵平原亚区与西部山地高原亚区间的山脉大川以及江河湖泊为地面参照物，进入四川盆地以及两广沿海或更南地区越冬。夏季又沿该路线返回。除此之外，还有青藏高原、云贵高原某些种类的候鸟，因季节影响而进行的短距迁徙和某些种类所作的自西向东的迁徙。这些鸟类在迁徙过程中均要经过该省的山脉。鸟类迁徙的形式大同小异，根据鸟类群体在迁徙途中的飞行范围，将迁徙鸟类分为宽面迁徙和窄面迁徙两种形式。

迁徙鸟类繁殖地与越冬地之间的距离可从几百米直至上万千米。鸟类迁徙速度随种类而异，通常陆地迁徙鸟速度大多在 30～70km/h，鸟类在迁徙中每天飞行 6～8h，飞行速度为 30～40km/h，每天平均飞行距离 200～280km。通过观察发现，候鸟的迁徙速度受风（气流）的影响，顺风快，逆风慢，同时也受气温（冷慢，热快）和季节（春快，秋慢）的影响。故而不少鸟类迁徙多在白天（因为白天大陆上升气流活动强烈）或季风时节，乘风（气流）而迁徙。这点在猛禽迁徙中表现尤为明显，它们在迁徙时经常成群结队以盘旋滑翔方式向前方作滚动式迁徙。

鸟类迁徙高度一般低于 1000m，小型鸣禽的迁徙高度不超过 300m，大型鸟可达 3000～6300m，个别种类可以飞越 9000m，鸟类夜间迁徙的高度往往低于白天。候鸟迁徙的高度亦与天气有关。天晴时，鸟飞行较高；在有云雾或强劲的逆风时，则降至低空飞行。

10.5.2 风电场与候鸟通道的位置关系

该风电场不在该地的主要候鸟迁徙通道之列。

10.5.3 风电场对野生鸟类可能造成的影响

通过实地调查和历史资料统计，该风电场有记载的鸟类有 84 种，其中雀形目鸟类有 58 种，其余 26 种隶属鹳形目、隼形目等 11 个目。这些物种中有留鸟 51 种、冬候鸟 11 种、夏候鸟 16 种、旅鸟 6 种。调查得知这些鸟类繁殖或者越冬期游荡于该区域，迁徙时多数没有固定的迁徙通道。因此，拟建的风电场对迁徙鸟类不会产生影响。

依照鸟类的遇见率从高到低排序，拟建的风电场鸟类依次为小云雀（遇见率为 0.1234）、山麻雀（遇见率为 0.0881）、灰眶雀鹛（遇见率为 0.0661）、家燕（遇见率为 0.0529）、白颈乌鸦（遇见率为 0.0529）、黑喉石䳭（遇见率为 0.0441）、大山雀（遇见率为 0.0397）、领雀嘴鹎（遇见率为 0.0353）、白鹡鸰（遇见率为 0.0353）、金腰燕（遇见率为 0.0309）、白头鹎（遇见率为 0.0265）、黑卷尾（遇见率为 0.0265）、黄眉鹀（遇见率为 0.0265）、灰林鹎（遇见率为 0.0221）、山树莺 4（遇见率为 0.0177）、红隼（遇见率为 0.0133）、金翅雀（遇见率为 0.0133）、灰鹡鸰（遇见率为 0.0089）、红头穗鹛（遇见率为 0.0089）、红嘴蓝鹊（遇见率为 0.0089）、红尾水鸲（遇见率为 0.0089）、褐柳莺（遇见率为 0.0089）、暗绿绣眼（遇见率为 0.0089）、画眉（遇见率为 0.0044）、池鹭（遇见率为 0.0044）、董鸡（遇见率为 0.0044）、山鹨（遇见率为 0.0044）。总体分析得知，拟建的风电场鸟类的密度为 0.000903 只/m²，密度很小。

红隼是飞行得最快的鸟类之一，它的巡航速度多在 40～80km/h，俯冲攻击猎物时，最快可以达到 322km/h，飞行高度在 10～500m 之间。

金腰燕、家燕急飞速度在 110～190km/h 之间，回巢的过程中如果受到惊吓，它会以难以置信的敏捷程度 180°转向。

山麻雀、金翅雀、小云雀、大山雀、白鹡鸰、白头鹎飞行的速度为 32.2～59.6km/h。飞行高度一般在 10m 左右。

白颈鸦、红嘴蓝鹊、黑喉石䳭、灰林鹎、董鸡等飞行的速度为 16～32km/h。

鸟类夏季和秋季的南北迁飞速度为 50～60km/h，高度为 50～400m 之间，白天迁飞的高度大于晚上。常在满月时分的夜晚成群迁徙。空中电缆造成迁徙鸟类死亡占意外死亡数的 22%～25%。

拟建的风电场不在当地的候鸟迁徙通道上，但是每年 3—4 月由南向北、9—10 月由北向南迁徙的候鸟以宽迁徙通道形式于该风电场上空飞行。拟修建的风力发电场工程规划面积约为 18.2km²，其中风力发电机组风叶直径为 93.4m，24 台风力发电机组的总扫掠面积为 157583.36m²，按照理论值推算，可能对当地的 142.29 只鸟类形成潜在的威胁。根据拟建的风电场鸟类密度分析，可能造成的威胁概率见表 10-12。

表 10-12　受该风电场威胁的鸟类概率表　　　　　　　单位：只

物　种　名	保　护　级　别	受威胁的个体数量（理论值）
小云雀	三有	14.07
山麻雀	日三有	9.25
灰眶雀鹛	—	6.94
家燕	日澳三有 D	5.55
白颈鸦	D	5.55
黑喉石䳭	日三有	4.63
大山雀	三有 D	4.17
领雀嘴鹎	三有 D	3.71
白鹡鸰	日澳三有	3.71
金腰燕	日三有 D	3.24
白头鹎	三有 D 特	2.78
黑卷尾	三有 D	2.78
黄眉鹀	三有	2.78
灰林䳭	—	2.32
山树莺	—	1.85
红隼	Ⅱ公约 2	1.39
金翅雀	三有 D	1.39
灰鹡鸰	澳三有	0.93
红头穗鹛	—	0.93
红嘴蓝鹊	三有 D	0.93
红尾水鸲	—	0.93
褐柳莺	三有	0.93
暗绿绣眼	三有 D	0.93
画眉	公约 2 三有 D	0.46
池鹭	D 三有	0.46

注：1. Ⅱ：国家Ⅱ级保护动物。
　　2. 公约 2：世界贸易公约附录二保护动物。
　　3. 三有：有益的、有特殊科学价值和经济意义的国家级保护动物。
　　4. 濒危：中国濒危动物红皮书"濒危"级别。
　　5. D：当地重点保护物种。
　　6. 日：中日候鸟保护物种。
　　7. 澳：中澳候鸟保护物种。
　　8. 特：中国特有物种。

分布于风电场的小型鸟类的飞行高度在 10m 左右，风力发电机组轮毂高度为 80m，风轮边缘距地面有较高的距离。风力发电机组对小型鸟类，特别是对小型留鸟影响不大。

小型候鸟每年 3—4 月迁来筑巢繁殖，9—10 月迁离，整个夏季均在风电场附近活动捕食。这些鸟类受到风力发电机组伤害的理论数据是 0.46～14.07 只/年，风力发电机组叶轮转速 3～10r/min，除特殊情况外，鸟类通常能够避开风叶的伤害，实际上受伤害的个体数会低于 23 只/年，该数量占当地鸟类总数的 2.64%。该风电场对南北迁徙的野生鸟类影响不大。

体型较大或较重的鸟和一些捕食其他鸟类的猛禽等大部分在当地属于不常见的鸟，与风力发电机组相碰撞的几率极低，所以风力发电机组对该类鸟的影响极小。

工程建设过程中和项目运行期工作人员的滥捕乱猎会对鸟类造成伤害，特别是分布在风力发电机组周边的鸟巢、幼鸟和鸟类的栖息地容易受到外来人员的影响。

10.6　噪声环境影响预测与评价

工程施工使用的机械设备在作业过程中，由于碰撞、摩擦及振动而产生噪声，其声级约在 85～102dB（A）范围内，根据对风电场实测资料，手风钻在露天作业时为 90～100dB（A）。施工噪声的衰减计算采用无指向性点声源的几何发散衰减的基本公式计算，预测结果见表 10-13。

表 10-13　施工机械噪声衰减计算结果

施工机械	距 声 源 距 离								
	<50m	50m	100m	150m	200m	250m	300m	350m	400m
手风钻机噪声/[dB（A）]	102	68	62	58	56	54	52	51	50

经计算得知，距声源 50m 处，噪声即降到 70dB（A）以下，因此，施工场界的噪声满足 GB 12523—1990 昼间 85dB（A）的要求；距声源 150m 处，噪声即降到 58dB（A）以下，即可满足 GB 3096—2008 2 类标准昼间 60dB（A）的要求。该工程施工作业均安排在昼间，且施工噪声源 150m 以内均没有居民居住，不会影响当地村民的正常生活。

运营期，风力发电机组在运转过程中产生的噪声来自于风轮叶片旋转时产生的空气动力噪声和齿轮箱和发电机等部件发出的机械噪声，其中以风力发电机组内部的机械噪声为主。该风电场采用单机容量为 2MW 的风力发电机组，在 10m 高度的风速为 10m/s 时的标准状态下，机组运行时轮毂处噪声约 102dB（A）。

由于风力发电机组间相距较远，大于 500m，每个风力发电机组可视为一个点声源，因此，噪声预测采用处于自由空间的点声源衰减公式和多声源叠加公式对预测点进行预测。

不考虑多个声源噪声叠加情况下，单个声源噪声影响预测结果见表 10-14。

表 10-14　单个风力发电机组噪声衰减计算结果

距声源水平距离/m	10	50	100	150	200
单个风力发电机组噪声/[dB（A）]	54.6	52.7	49.5	46.7	44.5

从表 10-14 可以看出，昼间水平距离 10m 外、夜间水平距离 100m 外的噪声满足 GB 3096—2008 中的 2 类标准，即昼间 60dB(A)、夜间 50dB(A) 的要求。由于风力发电机组之间相距较远，相邻风力发电机组距离至少在 500m 以上。经计算昼间 10m 外、夜间 100m 外的噪声可满足《声环境质量标准》(GB 3096—2008) 2 类标准要求，不会影响当地村民的正常生活。

另据当地某同类风电场竣工验收场界（沿风电场四周布点）噪声实测数据（2010 年 9 月）分析得知，厂界四周噪声监测值昼间均在 30~55dB（A），夜间均在 30~40dB（A），均满足 GB 12348—2008 中的 2 类标准：昼间 60dB（A）、夜间 50dB（A）的要求。由此类比分析认为，该风电场运行期的场界噪声将会满足标准要求。

10.7 景观影响分析

升压站内综合控制楼建筑物采用简中式建筑形式，建筑看起来沉稳而典雅，设计中充分考虑建筑风格的个性塑造，与场区绿化相结合，创造出良好的工作空间，充分体现了简中式建筑的特点。

风电场建成后，安装的 24 台 2MW 风力发电机组组合在一起可以构成一个非常独特的人文景观，这种人文景观具有群体性、可观赏性，使人们在欣赏美丽的草山时，还可观赏壮观的风力发电机组群。

但施工期间，道路修筑、施工机械碾压及基础开挖等活动，将损坏原有地表植被，重塑地形地貌，形成裸露地表，导致水土流失，破坏生态环境和原区域自然景观的协调性，短期内会降低景观的质量与稳定性，但这些影响具有短暂性和局部性。为塑造好风电工程区风电建筑人文景观与自然景观和谐统一的秀美景观，建议进一步从建筑物的高度、风格、造型、色彩等方面优化设计，使人工景观与周围景观色调保持协调、一致。

10.8 电磁辐射影响分析

评价电磁辐射影响的范围主要是变电所以前的部分输电设施与升压站。

输变电设施的频率为 50Hz，和广播电视、通信和微波的频率 105~109Hz 相比，频率低得多。对人身基本不会产生任何影响。

根据实际测量结果，500kV 的高压输电线的辐射强度小于 53dB，其单位面积的辐射功率相当于一般城市家庭中所接收到的无线电广播电磁波辐射功率强度的十分之一，它对人身不会产生任何影响。因此，电压等级为 35kV 的输电设施所产生的电磁辐射对人体健康造成的影响是十分微小的。

据类比调查结果，变电所周围产生的工频电场、磁场中，工频电场较大值都出现在进出线下，在围墙外的导线下（导线距离地面 12.5m）产生的工频电场为 1.214~1.387kV/m、工频磁场为 $2.7×10^{-3}~3.0×10^{-3}$mT。变电所运行期间产生的工频电场、磁场将满足 HJ/T 24—1998 要求的工频电场 4kV/m、工频磁场 0.1mT 的推荐限值。又据当地某同类风电场竣工验收电磁辐射实测结果分析得知，风电场运行时不会产生电磁辐射。参照国外的研究成果表明，该工程建成后产生的电磁场不会对周围环境产生影响。

为避免运行期外来人员进入变电所附近、保证外来人员的生命安全，主体工程设计中提出了在升压站（变电所）四周设置 2.4m 高实体围墙，在电线电缆及变电站周边 300m 范围内不允许建设居民住宅；选购无线电电器设备时要求电压不大于 $250\mu V$。

10.9 其他环境影响预测与分析

10.9.1 废水

施工期合计日生产废水排放量为 $67.5m^3/d$，其主要污染物有 SS 和石油类。工程建设区内没有地表河流，生产废水排放量不大且排放点分散，土壤吸水性强，废水直接排放不存在影响地表水质问题，也不会影响到该风电场山体脚下的金江河水质，但不符合建设项目环境保护相关规定要求。工程区地下水埋深于地表 15m 以下，且生产废水排放量较小，地表土壤吸水性能好，故生产废水排放不会影响地下水。

运行期的生产废水主要是变压器发生事故时泄漏的含油废水。变压器均配备有集油装置，一般情况下不会发生漏油现象。但在事故情况下，将对变压器周围局部范围的土壤产生一定污染，同时随降雨形成的径流也会对局部溪沟水质带来一定影响。

10.9.2 大气

风能属于清洁能源，对大气环境的影响仅限于施工期，主要影响源是运输设备的车辆和进场道路的挖填，以及混凝土拌和进料，可能受影响的主要对象有：一些居民区的环境空气。

部分地区受进场道路改扩建施工粉尘与运输车辆扬尘影响，村 4 居民点受场内施工道路和运输车辆产生的扬尘影响。由于施工规模小，施工相对简单，工期短，施工期间产生粉尘是短期的、暂时的和局部的，对该地区环境空气质量不会产生大的影响。

另一部分居民区距风力发电机组基础与升压站土建施工场地约 200～400m，遇大风可能会受施工粉尘影响，但该风电场主风能和主风向集中在西北偏北～东北偏北向，上述居民区均不位于风力发电机组基础开挖场地下风向，且开挖规模不大，土建施工时间较短，约 1 个月，施工扬尘对居民区空气质量影响应该在可接受的范围。

10.9.3 固体废物

工程建设产生施工弃渣 13.74 万 m^3，施工人员生活垃圾 60kg/d，运行期电站管理人员产生生活垃圾 12kg/d。各渣场地形均是山坳，占地均是坡度较缓的荒草地，周围 200m 以内没有居民，渣料运距短，运输道路两旁也没有集中居民分布，弃渣对环境的不利影响主要是产生水土流失。

生活垃圾若乱堆乱放，则会为蚊子、苍蝇和鼠类的孳生提供良好场所；同时垃圾中有害物质也可能随水流渗入地下或随尘粒飘扬空中，污染环境，传播疾病，影响人群健康。

10.10　环保对策措施

10.10.1　噪声污染防护

为降低道路运输车辆噪声对沿线居民的影响，在对外交通干线上的运输车辆通过省道地段时应适当减速行驶，并在这些集中居民点设减速禁鸣标志，禁鸣高音喇叭。

在风力发电机组招标设计时，选择具有较好防噪设施的机组，运营期加强对风力发电机组的维护，使其处于良好的运行状态。

在风电场工程区内新建项目需满足防护距离为300m的要求。

10.10.2　生活垃圾处理

施工期间在每个施工区设立垃圾桶（箱），安排专人定期定点收集生活垃圾，纳入当地生活垃圾清运和处理系统。

运营期间，设立垃圾桶，定点收集后由环卫部门统一及时清运，送至当地垃圾转运站一并处置。

10.10.3　废（污）水处理

在变电站场址区布设沉淀池和隔油池对废水一并进行处理。集中收集后进入沉淀池，经过8h沉淀后，废水进入事故油池进行油水分离，分离后的废水或用于场区绿化，或排入站内雨水管道；存入油池中的油单独运到符合规定的地点，沉淀污泥定期清理后与生活垃圾一并送垃圾场。处理工艺见图10-2。

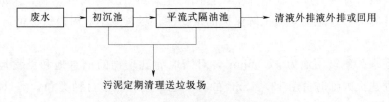

图10-2　生产废水处理工艺流程图

为预防变压器油泄漏，建议在变压器底部设置一个小型集油池，当发生油泄漏时，废油可进入集油池，避免流入周围区域。

根据工程布置特点，考虑永临结合的方式，将施工期施工人员生活污水排入污水池后并入升压站永久生活区生活污水一体化处理设施一并处理。运行期电站管理人员生活污水处理已在主体工程升压站系统设计中设计了污水管道、化粪池、生活污水调节池、一体化污水处理设备（处理量为0.50m³/h）、集水池、两台潜水泵（一用一备）处理系统。生活污水处理流程见图10-3。经处理后的上层水用于场区洒水降尘或绿化，污泥沉渣经污泥干化池干燥后外运。经一体化污水处理设备处理的污水回用于树木、花草、农作物的浇灌。

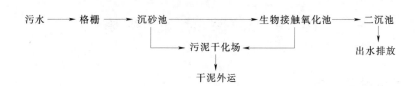

图 10 - 3　生活污水处理流程图（WSZ - A）

10.10.4　粉尘污染防护

混凝土拌和楼作业区布置要远离居民区，并及时洒水，每天洒水不少于 4 次。混凝土拌和应采用成套封闭式拌和楼进行生产，并配置袋式除尘装置。对施工区道路进行管理与养护，采取洒水降尘，使路面保持清洁，并处于良好运行状况；采用密闭式自卸运输车辆，原料和成品运输实行口对口密闭传递。对回填土、废弃物和临时堆料应按指定的堆放地堆放，场地周围采取围挡措施，大风季节在临时堆料场上面被以覆盖物，防止大风引起的扬尘污染。

10.10.5　生态保护措施

该工程生态保护措施主要是植被恢复与国家重点保护野生动物的防护措施。实施该风电场工程水土保持方案报告书有关水土保持植物措施后，可恢复植物面积 41.35hm²，使项目区林草覆盖率达到 59.44%，稍高于项目区原有植被覆盖率。

野生动物活动范围广、规避风险与适应能力较强，一般不会受风电场建设影响，为了最大限度减小对评价区的国家重点保护野生动物的影响，预防措施有以下方面：

（1）加大教育宣传力度，杜绝捕获和食用野生青蛙、蛇、鸟等动物，采取各种方式，如宣传栏、挂牌等，让施工人员了解保护的重要性，尽量减小对周边保护植物与动物生境的破坏。

（2）工程永久建筑用地为 47.36hm²，对当地哺乳动物的栖息地和觅食地影响不大，但为减缓工程建设因临时占用 13.47hm² 的林草地可能对兔形目种类和食肉目种类的栖息地产生的不利影响，必须按《水土保持方案报告书》针对各防治分区提出的植物措施及时实施，尽可能地恢复植被原貌，从而降低对当地哺乳动物栖息地的负面影响。

（3）进一步优化设计，尽可能将分散分布的风力发电机组集中布置，特别是紧临道路与居民点的风力发电机组应进行优化调整，并优化项目建设用地规模和风力发电机组安装施工方式，尽量减少施工用地，以最大限度减少工程建设对生态环境的影响。

（4）开展环境监理，将工程支付与生态保护任务结合起来，将工程支付作为一种调节手段，以确保工程区生态环境保护工作落到实处。

（5）风力发电机组运行初期建议业主组织省内鸟类专家开展风力发电机组对鸟类的影响观测与调查分析，必要时请专家提出恰当的保护措施，使迁徙鸟类主动规避风力发电机组布置区。

10.11　环境经济损益分析

（1）节能效益，节约原煤。该风电场装机容量48MW，项目投产后，每年可提供上网电量为9007万kWh，按火力发电标煤消耗量340g/kWh计，每年可节约标煤3.1万t，折合原煤4.3万t。

（2）减排效益，减排有害气体。经估算，每年可减少二氧化硫（SO_2）排放量约588.1t，一氧化碳（CO）约8.1t，碳氢化合物（C_nH_m）3.3t，氮氧化物（以NO_2计）334.0t，二氧化碳（CO_2）7.3万t，还可减少灰渣排放量约0.9万t。

（3）生态效益，使植被得到恢复。林草植被恢复率可达到98.95%，林草覆盖率不低于原有水平，达到59.44%，扰动土地整治率达95.59%，拦渣率可达94.32%，水土流失总治理度达93.42%，有效控制工程建设引起的水土流失。

（4）总体效益分析。该风电工程的开发，可产生较好的经济效益和社会效益，同时具有一定的节能减排效益。

报告提出的各项环保措施实施后，可以最大限度地减免工程兴建对环境的不利影响，避免因环境损失而造成的潜在经济损失。因此，工程在环境经济上具有合理性和可行性。

10.12　公 众 参 与

10.12.1　调查方式与内容

为了解社会各阶层人士对兴建该风电项目的态度及工程建设对当地环境的影响评估看法，开展了一次公众参与调查。在公众代表的选择上，注意广泛性与随机性，并考虑了地区、性别及年龄结构、文化结构和职业组成等因素。重点调查区域为工程建设涉及村、镇。调查对象分为团体和民众两种。参与团体为风电场所在区县的发改局、环保局、国土局、林业局、农业局、疾病控制中心、水务局、统计局等相关政府部门。参与调查的民众为上述涉及的村民。

公众参与调查形式主要采取口头访问与问卷调查，共发放公众参与调查表58份，其中机关团体20份，个人群众38份。收回55份，其中团体17份，个人群众38份。调查内容包括工程建设可能产生的环境影响，可以采取的保护措施和公众对工程建设的态度等。

另外，为了保证评价结果的客观性与科学性，特邀请了当地专业环境监测中心分别开展了生态专题调查与环境质量现状监测工作，以确保评价成果的真实性、权威性以及措施的可行性。

10.12.2　调查结果与解决办法

根据公众参与调查结果得知：100%的机关团体和民众均认为风电建设对当地经济有好处，均同意建设该项目，应该按环境影响评价单位提出的环境保护措施，加强生态保护

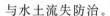

与水土流失防治。

在与当地国土局地矿股调查与沟通的过程中，发现第一次规划的第 10 号至 12 号风力发电机组、第 14 号至 15 号风力发电机组在当地某铁矿区范围内，并经业主到该省国土资源厅核实确认。同时生态实地调查过程中发现原规划的第 13 号风力发电机组所在山体表面与周围山体特别不同，原生植被生长非常茂密，生物学家认为那可能是动物的避难所。因此，设计单位会同业主及时调整该风电场一期工程开发范围，将原来规划的二期工程调整为一期工程，开发范围也相应调整。随即再次在调整后的风电开发范围内开展了第二次公众参与调查，调查结果表明调整后的风电场开发范围不涉及重大环境敏感对象，相关机关团体均积极支持该项目建设。

公众调查结果表明：100% 的百姓认为项目建设有利于当地的经济发展，不会影响他们的生活，也不会污染环境，也都希望尽早建设。但是，调查某镇某村一宗氏祠堂附近的百姓时，他们不同意第 19 号风力发电机组入场道路建设的位置。针对这个意见，设计单位又会同业主、当地县及镇政府以及村民代表一起开会讨论、商量解决办法，最终将第 19 号风力发电机组进行了调整，解决了问题。

10.13　环境管理与监测计划

（1）水质监测。电站运行期管理人员生活污水排放量小，且采用一体化污水处理设备进行达标处理，处理后的水质不直接排入地表水体，故水质监测只规划施工期生活污水监测。初步拟定监测断面 1 个，设在生活区污水排放口。监测项目为 PH、SS、COD、BOD_5、总磷、氨氮、石油类、粪大肠菌群等 8 项。每季度监测 1 次，每年监测 4 次。监测方法按水污染监测调查与有关饮用水监测规定的方法进行。

（2）大气环境监测。环境空气质量监测只考虑施工期。拟在省道某段与进入工程第 19 号风力发电机组、升压站施工场地道路的交汇处设置一个大气环境监测点 1 个，监测项目为 PM_{10}、TSP。施工期间，每年监测 2 次，冬季、夏季各监测 1 次，具体时间根据监测点施工强度确定，选择在施工高峰时段开展监测，每次监测时段按大气监测有关规范选取。监测方法按国家环保总局规定的大气监测方法进行。

（3）声环境监测。施工期声环境监测设点设在省道某段与进入工程第 19 号风力发电机组、升压站施工场地道路的交汇处，以及升压站附近的村寨 2 个点。监测项目主要为 A 声级和等效连续 A 声级。工程施工期间各季度各监测 1 天，共 4 次，由于该风电场工程只在昼间施工，故每一测点仅在昼间测量。监测方法按原国家环保总局的噪声监测方法进行。

运营期，环境噪声监测点设在升压站附近的集中村寨 1 个点，监测项目主要为 A 声级和等效连续 A 声级，并且进行昼间和夜间测量。第 1 年每季度各监测 1 天，共 4 次。以后可根据风力发电机组运行稳定情况决定是否需要继续监测。监测方法按原国家环保总局的噪声监测方法进行。

（4）人群健康监测。人群健康监测对象主要是施工区施工人员。施工期间，人群健康每年监测 2 次。施工人员的健康监测由施工单位自行负责。

（5）生态环境跟踪监测。

1）监测内容：主要包括工程区域内国家重点保护野生动物（重点为鸟类）的栖息、迁徙情况调查，以及国家重点保护野生植物的损坏及保护措施落实情况调查。

2）监测方法：主要采取收集资料、实地调查、公众访问等方式进行。

3）监测时间：2年，施工期1年，运行期1年。

（6）水土保持监测。水土保持监测采取地面观测和调查监测相结合的方法，对3号弃渣场、6号弃渣场、施工道路（进站道路）进行地面观测和调查监测。地面观测以土壤侵蚀强度为主，监测降水量、降水强度、水土流失治理程度、水土流失控制率等为主；对水土流失防治责任范围内的主要水土流失因子的变化情况、水土流失状况、水土保持措施的实施情况和效益等进行调查监测。

施工准备前进行1次全面的调查监测，需对地形地貌、地面组成物质、降水（风、温度等）、植被状况、水土保持设施及其质量、水土流失等进行资料收集和现场观察，并查阅相关资料。施工期内主要监测正在使用的弃渣场的弃渣量变化，正在实施的水土保持措施建设情况等至少每10天监测记录1次；扰动地表面积、水土保持工程措施拦挡效果，水土流失量等至少每月监测记录1次；主体工程建设进度、水土流失影响因子、水土保持植物措施生长情况等至少每3个月监测记录1次。遇暴雨、大风等情况应及时加测。水土流失灾害事件发生后1周内完成监测。

10.14 评价结论与建议

该风电场工程区域内没有厂矿企业和文物古迹，环境质量现状良好。

评价区为中亚热带常绿阔叶林区，但原生植被基本破坏殆尽，现存植被主要为灌草丛和旱地农作物，偶有小片次生阔叶林和马尾松针叶林，零星分布少量人工低质低效杉木林。区内共有维管植物161科675种，其中蕨类植物24科63种，种子植物137科612种（含栽培种、变种），其中分布野生大豆（*Glycine Soja*）和金荞麦（*Rhizoma Fagopyri*）两种国家二级重点保护野生植物和枫香、南酸枣2棵挂牌保护的三级古树，但它们不在工程建设区内，不会受到工程建设直接影响。

评价区内分布野生脊椎动物共136种，隶属于24目59科，其中鱼类17种，两栖类6种，爬行类14种，鸟类84种，哺乳类15种。其中有8种国家Ⅱ级重点保护鸟类和部分该省保护物种及珍稀濒危物种，但工程建设区不是保护动物的主要活动范围，也不是鸟类的主要迁徙通道，由于动物活动范围广、生态习性多样、主动规避风险能力与适应能力较强，受风力发电场建设影响不大。

风能是清洁、可再生能源，属国家鼓励类项目，是目前国家发展新能源战略的重点项目，该风电场工程是所在县《国民经济和社会发展第十二个五年规划》重大项目之一。评价单位与当地县的发改局、环保局、国土局、林业局、农业局等相关政府部门的沟通与核对调查得知，该风电场工程建设符合各专项规划，不论是团体还是个体民众均表示支持工程建设。

该风电场工程装机容量48MW，每年可为电网提供电量9007万kWh。与燃煤电厂相

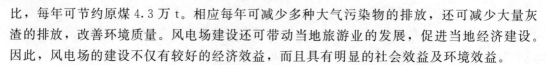

比，每年可节约原煤 4.3 万 t。相应每年可减少多种大气污染物的排放，还可减少大量灰渣的排放，改善环境质量。风电场建设还可带动当地旅游业的发展，促进当地经济建设。因此，风电场的建设不仅有较好的经济效益，而且具有明显的社会效益及环境效益。

该风电场工程对环境的不利影响主要是风力发电机组基础开挖与进场道路施工破坏植被、产生水土流失，施工粉尘、噪声、废水和生活垃圾等污染物产生量小，主要是影响施工人员，对当地居民的影响小，且不利影响可通过采取适当的防护措施减小至最低程度。

为确保工程范围内的环境质量不下降，生态破坏程度降至最小，应加强工程施工区的环境监理与管理，落实以下各项环境保护措施：生活污水和生产废水处理、废渣与生活垃圾处理、大气环境保护、声环境保护、人群健康保护、生态保护与水土保持措施等。为确保环境保护措施实施，发包时业主单位要确保环保项目纳入工程监理，工程开工前要拟定施工区环境保护措施实施计划，并确保 1554.65 万元的环境保护投资及时到位。

综上所述，该风电场工程的建设不存在制约工程建设的环境问题，只要采取防、治、管相结合的环保和水保措施，工程建设对环境的不利影响将得到有效控制，风电场运行期不排污，节能减排效益明显，从环境角度分析，工程建设可行。

参 考 文 献

［1］ 贺德馨. 中国风能发展战略研究［J］. 中国工程科学，2011，13（6）：95-100.

［2］ 王素霞. 国内外风力发电的情况及发展趋势［J］. 电力技术经济，2007，19（1）：29-31.

［3］ 沈又幸，郭玲丽，曾鸣. 丹麦风电发展经验及对我国的借鉴［J］. 华东电力，2008，36（11）：
153-157.

［4］ 李亚宁. 甘肃省风力发电现状及发展对策［J］. 电力科技与环保，2015，31（4）：6-8.

［5］ 黄维学，方涛. 我国海上风电发展现状、问题和措施［J］. 设计与计算，2011，4：1-3.

［6］ 钱瑜. 环境影响评价［M］. 2版. 南京：南京大学出版社，2012.

［7］ 栾晓峰. 上海鸟类群落特征及其保护规划研究［D］. 华东师范大学，2003.

［8］ 许遐祯，郑有飞，杨丽慧，等. 风电场对盐城珍禽国家自然保护区鸟类的影响［J］. 生态学杂志，
2010，29（3）：560-565.

［9］ Desholm M. , Fox A. D. , Beasley P. D. L. , et al. Remote techniques for counting and estimating the number of bird-wind turbine collisions at sea: a review［J］. Ibis, 2006, 148（s1）: 76-89.

［10］ Skov H. , Leonhard S. B. , Heinänen S. , et al. Horns Rev 2 Monitoring 2010-2012. Migrating Birds. Orbicon, DHI, Marine Observers and Biola［R］. Report commissioned by DONG Energy, 2012.

［11］ Cadee G. C. , Hegeman. Primary production of the benthic microflora living on tidal flats in the Dutch Wadden Sea［J］. Neth. J. Sea. Res. 1974, 8: 206-291.

［12］ 郑国侠，宋金明，戴纪翠，等. 南黄海秋季叶绿素a的分布特征与浮游植物的固碳强度［J］. 海洋学报，2006，28（3）：109-118.

［13］ 唐启升. 中国专属经济区海洋生物资源与栖息环境［M］. 北京：科学出版社，2006.

［14］ Pinkas L. , Oliphant M. S. , Iverson L. K. Food habits of albacore, bluefin tuna, and bonito in California waters［J］. Calif Dep Fish Bull, 1971, 152: 1-105.

［15］ 褚建. 风力发电对青海生态环境的影响［J］. 青海环境，2006，16（3）：123-124.

［16］ Slabbekoorn H. , Ripmeester E. A. P. 2008. Birdsong and anthropogenic noise: implications and applications for conservation. Molecular Ecology, 2008, 17: 72-83.

［17］ Francis C. D. , Ortega C. P. , Cruz A. Noise pollution changes avian communities and species interactions［J］. Current biology, 2009, 19（16）: 1415-1419.

［18］ Robisson P. , Aubin T. , Bremond J. C. 1993. Individuality in the voice of the emperor penguin Aptenodytes forsteri: adaptation to a noisy environment［J］. Ethology, 94: 279-290.

［19］ Aubin T. , Jouventin P. How to vocally identify kin in a crowd: the penguin model［J］. Advances in the Study of Behavior, 2002, 31: 243-277.

［20］ Rabin L. A. , Greene C. M. Changes to acoustic communication systems in human-altered environments［J］. Journal of Comparative Psychology, 2002, 116（2）: 137.

［21］ Brumm H. , Slabbekoorn H. Acoustic communication in noise［J］. Advances in the Study of Behavior, 2005, 35: 151-209.

［22］ Warren P. S. , Katti M. , Ermann M. , et al. Urban bioacoustics: it's not just noise［J］. Animal behaviour, 2006, 71（3）: 491-502.

［23］ Erne N. ，Amrhein V. Long - term influence of simulated territorial intrusions on dawn and dusk singing in the Winter Wren：spring versus autumn. Journal of Ornithology，2008，149 (4)：479 - 486.

［24］ Slabbekoorn H. ，Peet M. Ecology：Birds sing at a higher pitch in urban noise ［J］. Nature，2003，424 (6946)：267 - 267.

［25］ Catchpole C. K. ，Slater P. J. B. Bird song：biological themes and variations ［M］. Cambridge：Cambridge University Press，2008.

［26］ Nemeth E. ，Brumm H. Blackbirds sing higher - pitched songs in cities：adaptation to habitat acoustics or side - effect of urbanization? ［J］. Animal behaviour，2009，78 (3)：637 - 641.

［27］ Sun J. W. C. ，Narins P. M. Anthropogenic sounds differentially affect amphibian call rate ［J］. Biological Conservation，2005，121 (3)：419 - 427.

［28］ Hu Y. ，Cardoso G. C. Which birds adjust the frequency of vocalizations in urban noise? ［J］. Animal Behaviour，2010，79 (4)：863 - 867.

［29］ Wood W. E. ，Yezerinac S. M. Song sparrow (Melospizamelodia) song varies with urban noise ［J］. The Auk，2006，123 (3)：650 - 659.

［30］ Hanowski J. A. M. ，Niemi G. G. ，Blake J. G. Response of breeding and migrating birds to extremely low frequency electromagnetic fields ［J］. Ecological Applications，1996：910 - 919.

［31］ Kahlert J. ，Desholm M. ，Clausager I. Investigations of migratory birds during operation of Nysted offshore wind farm at Rødsand：Preliminary analysis of data from spring 2004 ［J］. Note from NERI commissioned by Energi E，2004，2：36.

［32］ Desholm M. Preliminary investigations of Bird - turbine collisions at Nysted Offshore Wind Farm and Final Quality Control of Thermal Animal Detection System (TADS) ［R］. Rønde，Denmark：National Environmental. Research Institute，2005.

［33］ Kingsley A. ，Whittam B. Potential impacts of wind turbines on birds at north cape，Prince Edward Island ［R］. A report for the Prince Edward island energy corporation，2001.

［34］ 李文婷. 青海省建设大型风电场对环境的影响 ［J］. 青海环境，2004，14 (2)：83 - 84.

［35］ 魏科技，姜海萍，等. 徐闻沿海风力发电场对鸟类的影响分析 ［J］. 环境科学月管理，2011，36 (7)：153 - 157.

［36］ Fox A. D. ，Desholm M. ，Kahlert J. ，Christensen T. K. ，Petersen I. K. Information needs to support environmental impact assessment of the effects of European marine offshore wind farms in birds ［J］. Ibis，2006，148，129 - 144.

［37］ 贺志明. 鄱阳湖区风电场开发对候鸟的影响 ［J］. 安徽农业科学，2010，38 (6)：3039 - 3042.

［38］ Christsen T. K. ，Hounisen J. P. Investigations of migratory birds during operation of Horns Rev offshore wind farm 2004 ［R］. National Environmental Research Institute，2005.

［39］ 王明哲. 2011风力发电场对鸟类的影响 ［J］. 西北师范大学学报：自然科学版，2011，47 (3)：87 - 90.

［40］ 马鸣. 新疆的国际性濒危鸟类及重要鸟区 ［J］. 干旱区研究，1999，(9).

［41］ 卞兴忠，蒋志学. 风力发电场对鸟类迁徙的影响分析与对策［J］. 环境科学导刊，2010，29(4)：80 - 82.

［42］ 施月英，郑先祐. 风能场对彰化海岸鸻形目鸟类的群聚与活动类型的冲击 ［J］. 环境与生态学报，2008，1 (1)：47 - 64.

［43］ Drew Ittal，Langston Rhw. Assessing the impacts of wind farms on birds ［J］. Ibis，2006，148：29 - 42.

［44］ 张勤先，曲殿旭，程雪秋. 风电场建设中有关问题探讨 ［J］. 中国电力，2001，34 (9)：49 - 51.

［45］ Erickson W. P. ，Johnson G. D. ，Strickland M. D. ，Young D. P. ，Jr Sernja K. J. ，Good R. E. Avian collisions with wind turbines：a summary of existing studies and comparisons to other sources of avian collision mortality in the United States [R]. Western EcoSystems Technology Inc. National Wind Coordinating Committee Resource Document，2001.

[46] Kerlinger P. Avian mortality at communication tow ers：a rev iew of recent literature，research and methodology [R]. Cape May ，NJ：Curry Kerlinger，2000.

[47] 董晓湛. 风力发电对环境的影响 [J]. 风力发电，2003，(1)：11－15.

[48] Madder M. ，Whiffield D. P. Upland raptor s and the assessment of wind farm impacts [J]. Ibis，2006，148 (1)：43－56.

[49] Barrios L，Rodriguez A. Behavioral and environmental correlates of soaring－bird mortality at offshore wind turbines [J]. Journal of Applied Ecology，2004，41：72－81.

[50] Smallwood K. S. ，Thelander C. G. Developing methods to reduce bird mortality in the Altamont Passwind resource area，California energy commission public interest energy research program final project report [R]. Prepared by bioresource consultants，2006.

[51] Orloff S. ，Flannery A. A continued examination of avian mortality in the Altamont Pass Wind Resource Area [M]. California Energy Commission，1996.

[52] Winkelman J. E. The impact of the Sep Wind park near Oosterbierum，The Netherlands，on birds，4：disturbance [J]. RIN Report，1992，92 (5).

[53] 杨小力. 西北地区风力发电的环境价值研究 [J]. 生态经济，2010 (7)：143－145.

[54] 刘学海，纪育强，李君益，等. 胶州湾全域潮流物理模型的相似条件及模型比尺和总体设计 [J]. 海洋科学进展，2011，29 (3)：395－403.

[55] 张琴，陶建峰，张长宽，等. 台州湾浅海滩涂大规模围垦下水动力变化分析 [J]. 海洋通报，2015，34 (4)：392－398.

[56] 赵洪波，张庆河，许婷. 九龙江河口湾港区水沙运动数值模拟研究 [J]. 泥沙研究，2015，(4)：38－43.

[57] 祁昌军，吴王燕，蒋欣慰，等. 江苏响水近海风电场对海洋水动力影响的数值模拟 [J]. 中国港湾建设，2014，4：6－9.

[58] 徐和兴. 泥沙模型试验中几个主要问题的介绍 [J]. 华水科技情报，1982 (1)：14－31.

[59] 史志强. 海上风电复合筒型基础周围局部冲刷研究 [D]. 天津大学，2013.

[60] 李孟国，曹祖德. 海岸河口潮流数值模拟的研究与进展 [J]. 海洋学报，1999，21 (1)：111－125.

[61] 王晓姝. 上海近海风电场桩群对潮流影响数值研究 [D]. 河海大学，2007.3.

[62] 安永宁，杨鲲，王莹，等. MIKE21 模型在海洋工程研究中的应用 [J]. 海岸工程，2013，32 (3)：1－10.

[63] 吴志易，徐项煜. 基于 SMS 的长江口—杭州湾海域建模 [J]. 中国水运，2013，13 (12)：125－126.

[64] 姜尚，吴耀建，罗阳，等. 基于 Delft 3D 模型的液体化工码头醋酸泄露风险数值模拟 [J]. 海洋湖沼通报，2013，1：137－144.

[65] Xu P. ，Mao X. Y. ，Jiang W. S. ，et al. A Numerical Study of Tidal Asymmetry：Preferable Asymmetry of Nonlinear Mechanisms in Xiangshan Bay，East China Sea [J]. Ocean Univ. China (Oceanic and Coastal Sea Research)，2014，13：733－741.

[66] 李孟国. 海岸河口泥沙数学模型研究进展 [J]. 海洋工程，2006，24 (1)：139－154.

[67] 陆永军，窦国仁，韩龙喜，等. 三维紊流悬沙数学模型及应用 [J]. 中国科学 (E 辑)，2004，34 (3)：311－328.

[68] 李孟国，时钟，秦崇仁. 伶仃洋三维潮流输沙的数值模拟 [J]. 水利学报，2003，(4)：51－57.

[69] 董文军，李世森，白玉川. 三维潮流和潮流输沙问题的一种混合数值模拟及其应用 [J]. 海洋学报，1999，21 (2)：108－114.

[70] 李芳君，陈士荫. 疏浚引起泥沙扩散的三维数值模拟 [J]. 泥沙研究，1994，(4)：68－75.

［71］ 韩海骞. 潮流作用下桥墩局部冲刷研究［D］. 浙江大学，2006.

［72］ Breusers H. N. , Nicollet G. C. , Shen H. W. Local scour around cylindrical piers［J］. Journal of Hydraulic Research，1977，15（3）：211－252.

［73］ Sumer B. M. , Fredsoe J. , Christiansen N. Scour around a vertical pile in waves［J］. Journal of Waterway，Port，Coastal and Ocean Engineering，1992，118（1）：15－31.

［74］ Jones J. S. , Sheppard D. M. Scour at wide bridge piers［C］. Proceedings of Joint Conference on Water Resource Engineering and Water Resources Planning and Management. Minneapolis：，2000.

［75］ 王恕昌，史致丽，孙秉一，等. 胶州湾东北部海水中锌的存在形态及其分布［J］. 山东海洋学院学报，1980，（1）：64－78.

［76］ Leonhard S. B. , Pedersen J. Benthic communities at Horns Rev before，during and after construction of Horns Rev offshore wind farm［R］. Final report，Annual report 2005. Vattenfall Denmark/Sweden：134.

［77］ 王云龙，成永旭，徐兆礼. 长江口疏浚土悬沙对中华绒螯蟹幼体发育和变态的影响［J］. 中国水产科学，1999（5）：20－23.

［78］ Stenberg Claus. Effect of the Horns Rev 1 Offshore Wind Farm on Fish Communities. Follow－up Seven Years after Construction：Follow－up Seven Years after Construction Charlottenlund：DTU Aqua［R］. Institut for Akvatiske Ressourcer，2011.

［79］ Malme C. I. , Miles P. R, Clark C. W. , Tyack P. , Bird J. E.. Investigations on the potential effects of underwater noise from petroleum industry activities on migrating gray whale behavior［R］. Report No. 5366 submitted to the Minerals Management Service，U. S. Department of the Interior，NTIS PB86－174174，Bolt，Beranek，Newman，Washington，DC. 1983.

［80］ Wartzok D. , Warkins W. A. , et al. Movements and behavious of bowhead whales in response to repeated exposures to noise associated with industrial activities in the Beaufort Sea［R］. Report from Purdue University for Amoco Production Company，Anchorage，AK，1989：228.

［81］ Richardson，W. J. , C. R. Greene, et al. Marine Mammals and noise［M］. Academic Press，San Diego，CA，1995：576.

［82］ Olesiuk P. F. , Nichol L. M. , Sowden M. J. , et al. Effect of the sound generated by an acoustic harassment device on the relative abundance and distribution of harbor porpoises（Phocoena phocoena）in Retreat Passage，British Columbia［J］. Marine Mammal Science，2002，18（4）：843－862.

［83］ Johnson S. R. , Burns J. J. , Malme C. I. , Davis R. A.. Synthesis of information on the effects of noise and disturbance on major haulout concentrations of Bering Sea pinnipeds［R］. OCS study MMs 88－0092. Report from LGL Alaska Research Associates，Inc. , for U. S. Minerals Management Service，Anchorage，AK，1989.

［84］ Erbe C. The masking of beluga whale vocalizations by icebreaker noise［D］. Ph D. Thesis，University of British Columbia，Vancouver，British Columbia，Canada，1997.

［85］ Ridgeway S. H. Who are the Whales?［M］. Bioacoustics，1997，8：3－20.

［86］ Au W. W. L. , Green M. Acoustic interaction of humpback whales and whale－watching boats［J］. Marine Environmental Research，2000，49（5）：469－481.

［87］ Andrews M. , Kamminga C. , Ketten D. Are Low Frequency Sounds A Marine Hearing Hazard：A Case Study in the Canary Islands［J］. Proc. I. O. A. 1997，19（9）：77－84.

［88］ Miksis J. L. , Grund M. D. , Nowacek D. P. , et al. Cardiac response to acoustic playback experiments in the captive bottlenose dolphin（Tursiops truncatus）［J］. Journal of Comparative Psychology，2001，115（3）：227.

［89］ Richardson W. J. , Malme C. I. Zones of noise influence ［J］. Marine mammals and noise, 1995: 325 – 386.

［90］ Würsig B. , Greene C. R. , Jefferson T. A. Development of an air bubble curtain to reduce underwater noise of percussive piling ［J］. Marine Environmental Research, 2000, 49 (1): 79 – 93.

［91］ Enger P. S. Frequency discrimination in teleosts—central or peripheral? ［M］. New York: Springer, 1981: 243 – 255.

［92］ Hastings M. C. , Popper A. N. , Finneran J. J. , et al. Effects of low-frequency underwater sound on hair cells of the inner ear and lateral line of the teleost fish Astronotusocellatus ［J］. The Journal of the Acoustical Society of America, 1996, 99 (3): 1759 – 1766.

［93］ McCauley R. D. , Fewtrell J. , Duncan A. J. , et al. Marine seismic surveys: Analysis of airgun signals; and effects of air gun exposure on humpback whales, sea turtles, fishes and squid ［J］. Rep. from Centre for Marine Science and Technology, Curtin Univ. , Perth, WA, for Austral. Petrol. Prod. Assoc. , Sydney, NSW, 2000: 8 – 5.

［94］ McCauley R. D. , Fewtrell J. , Popper A. N. High intensity anthropogenic sound damages fish ears ［J］. The journal of the acoustical society of America, 2003, 113 (1): 638 – 642.

［95］ Christopher C. Secrets of Whale's Long – distance Songs Are Being Unveiled by U. S. Navy's Undersea Microphones-But Sound Pollution Threatens ［N/OL］. http: //www. news. comell. edu.

［96］ Jepson P. D. , Arbelo M. , Deaville R. , et al. Gas – bubble lesions in stranded cetaceans ［J］. Nature, 2003, 425 (6958): 575 – 576.

［97］ Blackwell S. B. , Lawson J. W. , Williams M. T. Tolerance by ringed seals (Phoca hispida) to impact pipe – driving and construction sounds at an oil production island ［J］. The Journal of the Acoustical Society of America, 2004, 115 (5): 2346 – 2357.

［98］ Kastelein R. A. , Verboom W. C. , Muijsers M. , et al. The influence of acoustic emissions for underwater data transmission on the behaviour of harbour porpoises (Phocoena phocoena) in a floating pen ［J］. Marine Environmental Research, 2005, 59 (4): 287 – 307.

［99］ NMFS. Taking and importing marine mammals; Taking marine mammals incidental to construction and operation of offshore oil and gas facilities in the Beaufort Sea, California ［J］. Fed. Resist. , 2000, 65 (102): 34014 – 34032.

［100］ Nedwell J. R. , Parvin S. J. , Edwards B. , et al. Measurement and interpretation of underwater noise during construction and operation of offshore windfarms in UK waters ［R］. Subacoustech Report, 2007.

［101］ Nedwell J. R. , Edwards B. , Turnpenny A. W. H. , et al. Fish and Marine Mammal Audiograms: A summary of available information ［J］. Subacoustech Report ref: 534R0214, 2004.

［102］ Sovacool B. K. Contextualizing avian mortality: A preliminary appraisal of bird and bat fatalities from wind, fossil – fuel, and nuclear electricity ［J］. Energy Policy, 2009, 37 (6): 2241 – 2248.

［103］ Inger R. , Attrill M. J. , Bearhop S. , et al. Marine renewable energy: potential benefits to biodiversity? An urgent call for research ［J］. Journal of Applied Ecology, 2009, 46 (6): 1145 – 1153.

［104］ Drewitt A. L. , Langston R. H. W. Assessing the impacts of wind farms on birds ［J］. Ibis, 2006, 148 (s1): 29 – 42.

［105］ Linley E. A. S. , Wilding T. A. , Black K. , Hawkins A. J. S. , Mangi S. Review of the reef effects of offshore wind farm structures and their potential for enhancement and mitigation ［R］. Report to the Department for Business, Enterprise and Regulatory Reform, 2007.

［106］ Wilhelmsson D. , Malm T. , Öhman M. C. The influence of offshore windpower on demersal fish

[J]. ICES Journal of Marine Science: Journal du Conseil, 2006, 63 (5): 775 - 784.

[107] Langhamer O. , Wilhelmsson D. Wave power devices as artificial reefs [C] //Proceedings of the 7th European Wave and Tidal Energy Conference. 2007: 11 - 13.

[108] Petersen I. K. , Clausager I. , Christensen T. J. Bird numbers and distribution on the Hornv Rev. Offshore wind farm area [R]. Annual status Report 2003. Report commissioned by Elsam Engineering A/S 2003. Ronde, Denmark: National Environmental. Research Institute, 2004.

[109] Petersen I. K. , Fox A. D. 2007 Changes in bird habitat utilization around Horns Rev 1 offshore wind farm, with particular emphasis on Common Scoter. Commissioned by Vattenfall A/S NERI/ Ministry of Environment Report number: 36.

[110] Everaert J. , Stienen E. W. M. Impact of wind turbines on birds in Zeebrugge (Belgium) [J]. Biodiversity and Conservation, 2007, 16 (12): 3345 - 3359.

[111] Desholm M. , Kahlert J. Avian collision risk at an offshore wind farm [J]. Biology letters, 2005, 1 (3): 296 - 298.

[112] Stewart G. B. , Pullin A. S. , Coles C. F. Poor evidence - base for assessment of windfarm impacts on birds [J]. Environmental Conservation, 2007, 34 (01): 1 - 11.

[113] Guillemette M. , Larsen J. K. , Clausager I. Impact assessment of an offshore wind park on sea ducks. National Environmental Research Institute [R]. NERI Tech. Rep. 227, Denmark, 1998.

[114] Bech M. , Frederiksen R. , Pedersen J. , et al. Infauna monitoring Horns Rev Wind Farm. Annual State Report 2004 [R]. Denmark, 2005.

[115] Krijgsveld K. L. , Fljn R. C. , Japink M. , van Horssen P. W. , Heunks C. , Collier MP. , Poot M. J. M. , Beuker D. , Birksen S. Effect Studies Offshore Wind Farm Egmond aan Zee [R]. Bureau Waardenburg Report 10 - 219. 2011.

[116] Kahlert J. , Petersen I. K. , Desholm M . , Clausager I. Investigations of migratory birds during operation of Nysted offshore wind farm at Rodsand: preliminary Analysis of Data from Spring 2004 [R]. NERI Note commissioned by Energi E2. Ronde, Denmark: National Environmental. Research Institute, 2004.

[117] Desholm M. Preliminary investigations of Bird - turbine collisions at Nysted Offshore Wind Farm and Final Quality Control of Thermal Animal Detection System (TADS) [R]. Rønde, Denmark: National Environmental. Research Institute, 2005.

[118] Pettersson J. The impact of offshore wind farms on bird life in Southern Kalmar Sound, Sweden: a final report based on studies 1999—2003 [M]. Eskilstuna: Swedish Energy Agency, 2005.

[119] Hueppop O, Dierschke J, EXO K M, et al. Bird migration studies and potential collision risk with offshore wind turbines [J]. Ibis, 2006, 148 (s1): 90 - 109.

[120] Percival S. M. Birds and wind farms in Ireland: A review of potential issues and impact assessment [J]. Consultant Report, Durham, UK, 2003.

[121] Alerstam, T. Bird Migration [M]. Cambridge: Cambridge University Press, 1990.

[122] Richardson W. J. Bird Migration and Wind Turbines: Migration Timing, Flight Behaviour, and Collision Risk [R]. Proceedings of National Avian - Wind Power Planning Meeting II, 2000: 132 - 140.

[123] Lamberson R. H. , McKelvey R. , Noon B. R. , Voss C. , 1992, A dynamic analysis of northern spotted owl viability in a fragmented forest landscape [J]. Conservation Biology 1992, 6: 505 - 512.

[124] Dit Durell, Sarah. E. A. , Le V. , Goss - Custard J. D. , Clarke R. T. Differential response of migratory subpopulations to winter habitat loss [J]. Journal of Applied Ecology, 1997, 134: 155 - 1164.

[125] Carlson A. The effect of habitat loss on a deciduous forest specialist species: the white - backed

woodpecker (*Dendrocopos leucotos*)　[J] . Forest Ecology and Management, 2000, 131: 215 - 221.

[126] Percival S M. Birds and wind farms in Ireland: A review of potential issues and impact assessment [R]. Consultant Report, Durham, UK, 2003.

[127] Crockford N. J. A review of the possible impacts of wind farms on birds and other wildlife [R]. JNCC report, 1992.

[128] Winkelman J. E. Bird impact by middle - sized wind turbines - on flight behaviour, victims, and disturbance [J] . Limosa, 1985, 58: 117 - 121.

[129] Winkelman J. E. Bird/wind turbine investigations in Europe: proceedings National Avian - Wind Power Planning Meeting, Denver, Colorado, 20 - 21 July 1994 [J]. 1995.

[130] Able K. P. Gatherings of angels. Migrating birds and their ecology [M] . Ithaca: Cornell Univ. Press, 1999.

[131] Dillon Consulting Limited. Wind turbine Environmental Assessment [R] . TREC and Toronto Hydro, 2000.

[132] Orloff S. , Flannery A. A Continued Examination of Avian Mortality in the Altamont Pass Wind Resource Area [R]. Final Report to the California Energy Commission. Tiburon, CA: BioSystems Analysis, 1996.

[133] Pettersson J. , Stalin T. Influence of offshore windmills on migration birds in southeast coast of Sweden [J]. Report to GE Wind Energy, 2003.

本书编辑出版人员名单

总 责 任 编 辑　陈东明

副总责任编辑　王春学　马爱梅

责 任 编 辑　丁　琪　李　莉

封 面 设 计　李　菲

版 式 设 计　黄云燕

责 任 校 对　张　莉　梁晓静　吴翠翠

责 任 印 制　帅　丹　孙长福　王　凌